PostgreSQL 徹底入門

石井達夫 / 監修
近藤雄太、正野裕大、坂井潔、鳥越淳、笠原辰仁 / 著

インストールから機能・仕組み、アプリ作り、管理・運用まで

第4版

はじめに

　PostgreSQL（ポストグレスキューエル）はオープンソースのリレーショナルデータベース管理システム（RDBMS）です。Linux、macOSといったUNIX系OSはもちろんのこと、Windowsにも対応しています。すべてのソースは公開されており、用途を問わず無料で利用できます。またBSDライセンスという、オープンソースのライセンスの中でも非常に緩やかなライセンスを採用しているので、独自に機能の改変や追加を行っても公開義務はありません。

　データベースは、簡単に言えばデータを保存しておく「箱」の集まりです。もっと言えば、その箱に仕切りをつけることで、簡単にデータを整理した状態でしまったり、そのデータをいろいろな場面で楽に取り出したりできるようにしたものがデータベースです。リレーショナルデータベース（RDB）は、その箱を、列と行を持つテーブルのセット、つまり表形式で持ち、1つの箱（＝表）に入ったデータを別の箱のデータと関連付けることで、複雑なデータや大規模なデータを柔軟に取り扱うことができるようにしてくれます。RDBMSは、このRDBをコンピュータ上で操作できるようにした管理システムです。

　1986年、カリフォルニア大学バークレイ校でPOSTGRES（POST-inGRES）プロジェクトが始まり、当初Postgres（ポストグレス）として誕生したデータベースは、1996年以降にはPostgreSQLへ名前を変えます。その後、インターネットを通じて世界中の研究者／ソフトウェア開発者などのボランティアらの手によって、多様な機能追加や絶え間ないバグ修正を20年以上に渡って施されてきたPostgreSQLは、現在では他の商用／オープンソースのRDBMS製品と比較してもまったく遜色のない、高い性能、機能性、そして信頼性を誇るRDBMSへと成長しました。

　本書は、日頃からPostgreSQLと深く関わっている執筆陣が、豊富な経験と知識をもとに、そのインストール方法、SQLの使い方から、アプリケーションの作成、そして運用にいたるまでを、さまざまな分野／視点から紹介した解説書です。PostgreSQLの最新の機能であるロジカルレプリケーションやパラレルクエリに関しても解説しています。

　本書を通じて、読者の皆さまにPostgreSQLの魅力をお伝えすることができればと願っております。

筆者一同

改訂にあたって

本書はPostgreSQL 11を対象に執筆しました。前版は2010年にPostgreSQL 9.0を対象に執筆しましたが、この間にPostgreSQLは8回のメジャーバージョンアップを経て、成長を続けてきました。

改めてこの間の進化を振り返ってみると、まず大規模データのOLAP系の処理について格段の機能・性能の向上が図られ、増大し続けるデータとその分析へのニーズに対応してきたことがわかります。一方、従来PostgreSQLをはじめとするRDBMSが得意としてきたOLTP（オンライントランザクション処理）系の処理についても着実な性能向上を実現しました。また、運用性やセキュリティなど非性能面についても世界中の開発者・ユーザーの努力によってPostgreSQL本体へ多様な改善が取り込まれました。

PostgreSQL本休以外に目を向けると、その高い拡張性を生かしてさまざまな野心的な機能がエクステンションとして実装されるとともに、クラウドベンダー各社によりPostgreSQLをベースにしたDBaaS（Database as a Service）が開発され一般的に利用されるようになるなど、PostgreSQLの利用の裾野はますます広がりを見せています。

このように目覚ましい発展を遂げているPostgreSQLですが、本書はPostgreSQLの入門書です。初版以来、初めてPostgreSQLに触れる、あるいはそもそもデータベースに触れるのが初めてという方から、ちょっと使ったことはあるけどもう少し詳しく知りたいという初心者の方に向けて執筆しています。

そのため、第4版でも新しさに焦点を当てるのではなく、新旧問わず今後もPostgreSQLの基本として初学者が押さえておくべきポイントを選別し、全面的に改訂を行いました。

本書序盤の第1章〜第4章では、PostgreSQLの概要やインストール方法、基本的なSQLについて解説しています。PostgreSQL、データベースに触れるのが初めてという方は、まずここまで押さえることを目標にしてみてください。ある程度の前提知識がある方は不足している基礎知識がないかチェックしてみるとよいでしょう。

中盤の第5章、第6章では、PostgreSQLを使ったアプリケーションを構築します。プログラミングの経験があまりない方でも読み進められるよう、プログラムの詳細な解説とともにステップ・バイ・ステップでアプリケーションを作り上げていきます。

終盤の第7章〜第13章では、PostgreSQLの基本的な仕組み、セキュリティ、運用、レプリケーションについて解説しています。PostgreSQLのDBAであれば押さえておきたいポイントを記載していますが、やや難しい内容も含むため、PostgreSQLに初めて触れる人は初めからすべてを理解しようとせず、必要のある箇所や興味のある箇所からかいつまんで読んでみるとよいでしょう。

本書を活用することによってPostgreSQLを使いこなすユーザーが増え、PostgreSQLの利用が促進されることを願っています。

謝辞

PostgreSQLを今もなお開発し続けているPostgreSQL Global Development Groupの方々に感謝します。PostgreSQLの新しいバージョンがリリースされるたびにその進化には目を見張るばかりです。

そして、監修していただいた石井達夫さんに感謝します。日本におけるPostgreSQLの先駆者である石井さんから多くの助言をいただいたことにより、内容をよりわかりやすいものに洗練できました。

また、執筆者を集めてまとめ上げていただいた稲葉香理さんと佐藤友章さんに感謝します。お二人にまとめ役を務めていただいたことにより、執筆者の方向性がばらばらにならずに執筆に専念できました。

お忙しい中で共同執筆を引き受けていただいた坂井潔さん、笠原辰仁さん、鳥越淳さん、正野裕太さんと、執筆にご理解いただいた職場の皆さん、ご家族の皆さんに感謝します。

最後に、このような執筆の機会を与えていただき、不慣れな執筆者に最後までお付き合いいただいた翔泳社の方々に感謝します。

筆者を代表して
近藤 雄太

付属データのダウンロード

本書の付属データ（サンプルコード）は、以下のサイトからダウンロードできます。

https://www.shoeisha.co.jp/book/download/9784798160436

本書の表記

紙面の都合により、コードおよびコマンドの出力などを途中で折り返している箇所があります。コードなどを折り返す場合は、➡マークを行末につけています。

目次

はじめに ii

改訂にあたって iii

謝辞 iv

1 PostgreSQLについて知ろう　　1

1.1 データベースとは 2
- 1.1.1 データベースの役割 2
- 1.1.2 データモデル 3

1.2 PostgreSQLの歴史 4
- 1.2.1 POSTGRES 4
- 1.2.2 Postgres95 4
- 1.2.3 PostgreSQL 4

1.3 WindowsユーザーのためのPostgreSQL 6

1.4 PostgreSQL公式Webサイトの歩き方 7

2 インストール（Windows編／Linux編）　　9

2.1 インストールの準備 10
- ■ハードディスクの空き容量 10
- ■メモリの容量 10

2.2 Windowsへのインストール 10
- 2.2.1 動作環境 11
- 2.2.2 one click installerのダウンロード 11
- 2.2.3 PostgreSQLのインストール 12
  - ■1. インストーラの起動 12
  - ■2. インストールディレクトリの選択 12
  - ■3. インストールするコンポーネントの選択 13
  - ■4. データディレクトリの選択 14
  - ■5. パスワードの指定 15
  - ■6. ポート番号の指定 16
  - ■7. ロケールの指定 16
  - ■8. インストール情報の確認 17
  - ■9. インストールの開始 18
  - ■10. インストールの完了 18
- 2.2.4 スタックビルダによるソフトウェアのインストール 20
  - ■1. スタックビルダの起動 20
  - ■2. PostgreSQLの選択 20
  - ■3. ソフトウェアの選択 21
  - ■4. ダウンロードの開始 22
  - ■5. インストールの開始 23
  - ■6. インストールの完了 24
- 2.2.5 パスの設定 24
- 2.2.6 アンインストール 25

v

2.3	Linuxへの Yum によるインストール	26
2.3.1	Yum リポジトリの設定	26
2.3.2	PostgreSQL のインストール	28
2.3.3	環境設定	30
2.3.4	アンインストール	31
2.4	PostgreSQL の起動	31
2.4.1	データベースクラスタの作成	31
2.4.2	サーバーの設定	33
	■ $PGDATA/postgresql.conf	34
	■ $PGDATA/pg_hba.conf	34
2.4.3	サーバーの起動／停止	34
2.5	サーバーの自動起動	35
2.5.1	Windows での自動起動	35
	■ サービスへの登録	35
	■ サービスの登録解除	36
	■ サービスの起動／停止	37
2.5.2	Linux での自動起動	38
	■ サービスの登録	38
2.6	PostgreSQL 操作入門	38
2.6.1	ユーザーの作成	38
2.6.2	データベースの作成	39
2.6.3	データベースへのログイン	40

3 Windows で PostgreSQL を使う ～かんたん pgAdmin マニュアル　　41

3.1	pgAdmin 4	42
3.2	サーバーの追加	43
3.3	データベースの構築	46
3.4	データの編集	48
3.4.1	テーブルの作成	48
	■ テーブル名の入力	50
	■ 列の作成	50
	■ 制約の追加	52
3.4.2	データの編集	54
3.4.3	制約違反を試す	57
3.4.4	データの削除	57
3.4.5	データの検索	58
3.5	管理コマンドの実行	62
3.5.1	メンテナンス	62
3.5.2	テーブルスペースの管理	63
	■ permission denied エラーで失敗する場合	64
3.5.3	ログインロールとグループロールの管理	65
	■ ログインロールの作成	65
	■ グループロールの作成	68

3.5.4	バックアップ／リストア	69
	■バックアップ	69
	■リストア	70

4 SQL入門 71

4.1	RDBMSを操作するための言語──SQL	72
4.2	psql	72
	4.2.1　psqlの起動	72
	4.2.2　データベースへの接続	73
	4.2.3　psqlのバックスラッシュコマンド	74
	■SQL文の終わり	75
	■大文字と小文字の区別	76
	■エラーの表示	76
4.3	DDL（CREATE／DROP）	77
	4.3.1　スキーマの作成（CREATE SCHEMA）	77
	4.3.2　スキーマの削除（DROP SCHEMA）	78
	4.3.3　テーブルの作成（CREATE TABLE）	79
	4.3.4　テーブルの削除（DROP TABLE）	81
	4.3.5　シーケンスの作成（CREATE SEQUENCE）	81
	4.3.6　シーケンスの削除（DROP SEQUENCE）	81
4.4	DML（INSERT／SELECT／UPDATE／DELETE）	82
	4.4.1　挿入（INSERT）	82
	4.4.2　検索（SELECT）	84
	4.4.3　更新（UPDATE）	87
	4.4.4　削除（DELETE）	88
4.5	DML（SELECTのオプション）	89
	4.5.1　SELECT…AS	89
	4.5.2　LIMIT…OFFSET	89
	4.5.3　GROUP BY／HAVING	90
	4.5.4　JOIN	91
	4.5.5　副問い合わせ（サブクエリ）	92
4.6	DDL（インデックスと制約）	93
	4.6.1　インデックスとは	93
	■インデックスの効果	93
	■インデックス使用時の注意点	94
	4.6.2　インデックスの作成（CREATE INDEX）	94
	4.6.3　インデックスの削除（DROP INDEX）	95
	4.6.4　制約とは	96
	4.6.5　NOT NULL制約	96
	4.6.6　ユニーク（UNIQUE）制約	96
	4.6.7　主キー（PRIMARY KEY）制約	97
	4.6.8　チェック（CHECK）制約	98
	4.6.9　デフォルト（DEFAULT）制約	98
	4.6.10　外部キー（FOREIGN KEY）制約	98

vii

4.7	トランザクション	101
4.7.1	トランザクションの開始 (BEGIN)	102
4.7.2	トランザクションのコミット (COMMIT)	104
4.7.3	トランザクションのロールバック (ROLLBACK/ABORT)	105
4.7.4	セーブポイント (SAVEPOINT)	106
4.7.5	ロック	108
	■ SELECT ... FOR UPDATE	109
	■ LOCK TABLE	109
4.8	パラレルクエリ	110
4.8.1	パラレルクエリが実行される条件と設定	111
	■ クエリの処理条件	111
	■ クエリ対象のテーブルやインデックスのサイズ	112
	■ パラレルクエリを使うための設定	112
4.8.2	パラレルクエリの効果	113
4.9	その他の SQL コマンド	115
4.9.1	COPY	115
4.9.2	TRUNCATE	116

5 PHP で PostgreSQL を使う ～ PHP アプリケーションの作成 (1) 117

5.1	開発環境のセットアップ	118
5.1.1	PostgreSQL と PHP のインストール	118
5.1.2	php.ini の設定	121
5.1.3	環境変数の設定	122
5.1.4	phpinfo ファイルの作成	125
5.1.5	ビルトインウェブサーバーの起動	125
5.2	データベースプログラムを書いてみよう	128
5.2.1	データベースとテーブルの作成	129
5.2.2	データベースへの接続	130
5.2.3	テーブルの内容の表示	132
5.2.4	テーブルへのデータ挿入	136
5.2.5	テーブルのデータの変更／削除	141
5.2.6	データベースプログラミングの要点	151
5.2.7	まとめ	151

6 PHP で PostgreSQL を使う ～ PHP アプリケーションの作成 (2) 153

6.1	SNS アプリケーションを作ってみよう	154
6.1.1	「かんたん SNS」の機能	154
6.1.2	「かんたん SNS」の大まかな流れ	155
6.1.3	テーブルの設計	156
	■ CHECK 制約に正規表現を使う	158
	■ lower 関数を用いて大文字小文字を無視した UNIQUE 制約	159
	■ REFERENCES … ON DELETE CASCADE、ON DELETE SET NULL	160

		■comments.parent_comment_id	160
6.1.4	ドキュメントルートの変更とWebサーバーの起動	161
6.2	**ユーザー登録とログイン処理**	**161**
6.2.1	共通関数・クラス	161
	■functions.php	162
	■Csrf.php	163
	■common.php	165
6.2.2	ユーザー登録	166
	■入力項目チェック	168
	■エラー処理	170
	■POST時の処理	177
6.2.3	ログイン処理	180
6.3	**タイムラインの表示**	**189**
	■COUNT関数	191
	■JOIN句	191
	■IN演算子	191
	■OFFSETとLIMIT	192
	■ORDER BY句	192
	■「次へ」「前へ」のpageの算出	193
6.4	**投稿の書き込み処理／削除処理**	**195**
	■チェック処理（4〜17行目）	197
	■投稿処理（20〜29行目）	197
	■共通CSSファイルの作成	202
	■header.htmlのインクルード	203
6.5	**ログアウト処理**	**204**
6.6	**フォロー／アンフォロー機能**	**205**
6.7	**コメント機能**	**215**
6.7.1	投稿の削除	219
6.7.2	コメントの登録	222
	■WITH問い合わせ	234
	■再帰クエリ	236
6.8	**退会処理**	**239**
	■トランザクション処理	240
6.9	**まとめ**	**242**

7 PostgreSQLの仕組みを理解する　　　　243

7.1	**PostgreSQLのプロセス**	**244**
7.1.1	フロントエンドとバックエンド	244
7.1.2	バックエンドプロセス	245
	■postmaster —— 最初に起動するプロセス	245
	■postgres —— 接続ごとに起動するプロセス	245
	■logger —— ログをファイルに保存するプロセス	246
	■checkpointer —— チェックポイントを実現するプロセス	246

ix

- background writer
  - —— 共有メモリバッファ上のデータをディスクに書き込むプロセス 247
- walwriter —— データの変更内容をWALファイルに書き込むプロセス 247
- autovacuum launcher/autovacuum worker
  - —— 定期的なメンテナンスを実行するプロセス 247
- stats collector —— 稼働統計情報を収集するプロセス 247
- logical replication launcher
  - —— ロジカルレプリケーションのワーカを起動するプロセス 247
- walsender/walreceiver
  - —— マスター／スタンバイサーバー間でWALの送受信を行うプロセス 248
- parallel worker —— パラレルクエリを処理するプロセス 248

7.1.3 フロントエンドプロセス 248
- psql 248
- COPY文と\copyコマンド 249

7.1.4 フロントエンドとバックエンドのやり取り 250
- フロントエンドプロトコル／バックエンドプロトコル 250
- libpqの機能 250

7.1.5 メモリ構造 252
- 共有メモリバッファ 252
- WALバッファ 253
- ワークメモリ 253
- メンテナンスワークメモリ 254

7.2 PostgreSQLのデータベースファイル 254

7.2.1 データベースファイルの格納場所 254

7.2.2 データの一覧 255
- baseディレクトリ 256
- globalディレクトリ 257
- pg_tblspcディレクトリ 257
- pg_walディレクトリ 258

8 PostgreSQLをきちんと使う 259

8.1 日本語の扱い 260

8.1.1 ロケール 260

8.1.2 文字コード 261
- データベースエンコーディングの指定方法 261
- クライアントエンコーディングの指定方法 262

8.1.3 EUC_JPとSJIS 262
- PHPの場合 263
- Javaの場合 264
- 格納されている文字コードを確認する 264

8.2 チェックサム 265

8.3 PostgreSQLの起動と停止 266

8.3.1 PostgreSQLの起動 266

8.3.2 PostgreSQLの停止 267

8.4	設定——postgresql.conf	267
	8.4.1　設定変更の方法	268
	■postgresql.confの編集	268
	■ALTER SYSTEM コマンド	268
	■SET コマンド	269
	8.4.2　設定反映のタイミング	270

9 PostgreSQLをセキュアに使う　273

9.1	ネットワークからのアクセス制御	274
	9.1.1　listen_addresses —— 接続の制御	274
	9.1.2　pg_hba.conf —— クライアント認証	275
	■trust —— 認証を行わずに接続を許可する	276
	■reject —— 認証を行わずに接続を拒否する	277
	■md5 —— パスワード認証を行う	278
	■scram-sha-256 —— 堅牢なパスワード認証を行う	279
9.2	ユーザーによるアクセス制御	280
9.3	データベースオブジェクトへのアクセス制御	281
	9.3.1　所有者とスーパーユーザー	282
	9.3.2　権限の付与／剥奪	283
	■オブジェクトへの権限の付与／剥奪	283
	■スキーマへの権限の付与／剥奪	284
	9.3.3　サーチパスの保護	284
	9.3.4　権限の確認	286
	9.3.5　UPDATE／DELETE 権限と SELECT 権限	287
	9.3.6　列の参照の許可	287
	9.3.7　行の参照の許可	289
	9.3.8　特定の操作の許可	290
9.4	通信の暗号化	290

10 PostgreSQLの動作状況を把握する　293

10.1	ログの監視	294
	10.1.1　ログ出力先の設定	294
	10.1.2　ログレベルとログ出力設定	294
	■ログレベル	294
	■ログレベルに応じたログ出力設定	295
	10.1.3　ログ出力内容の設定	296
	10.1.4　有用なログ関連の設定	296
	■遅いSQL文（スロークエリ）をログに出力する	296
	■特定のユーザーが実行した SQL文をログに出力する	297
	■処理を実施したアプリケーション名を出力する	297
	■チェックポイントの情報を出力する	298
	■ロック獲得待ちの情報を出力する	298
	■一時ファイルの情報を出力する	298
	10.1.5　ログローテーションの設定	299

xi

10.2	PostgreSQLから得られる情報	300
	10.2.1 稼働統計情報	300
	■稼働統計情報の注意点	300
	10.2.2 重要な稼働統計情報	300
	■pg_stat_database	300
	■pg_stat_user_tables	301
	■pg_stat_user_indexes	302
	■pg_stat_activity	303
	10.2.3 オブジェクトサイズの確認	304
10.3	OSの情報	305

11 PostgreSQLをメンテナンスする 307

11.1	VACUUM	308
	11.1.1 追記型アーキテクチャ	308
	11.1.2 VACUUMによる不要領域の回収	309
	11.1.3 自動VACUUM	310
	■VACUUM実行の判断	310
	11.1.4 手動VACUUM	311
	11.1.5 VACUUMの状況確認	312
	■自動VACUUMのログ	312
	■pg_stat_all_tablesビュー	312
	■pg_stat_progress_vacuumビュー	313
11.2	統計情報の解析	313
	11.2.1 ANALYZEコマンド	314
11.3	インデックス	314
	11.3.1 インデックスの断片化	314
	11.3.2 REINDEXコマンド	315
11.4	クラスタ化	315
	11.4.1 CLUSTERコマンド	316
11.5	テーブル／インデックスの肥大化対策	317
	11.5.1 VACUUM FULLコマンド	317
11.6	実行計画	318
	11.6.1 EXPLAINコマンド	318
	■ANALYZEオプション	320
	■BUFFERSオプション	321
	11.6.2 実行計画の確認ポイントと対処	322
11.7	PostgreSQLのバージョンアップ	323
	11.7.1 PostgreSQLのバージョニングルール	323
	11.7.2 マイナーバージョンアップ	323
	11.7.3 メジャーバージョンアップ	324
	■論理バックアップを利用する方法	324
	■pg_upgradeを利用する方法	325

12 PostgreSQLのバックアップとリストア　327

12.1 論理バックアップと物理バックアップ 328
12.2 論理バックアップ 329
12.2.1 pg_dump 329
- pg_dumpの使い方 329
- バックアップファイルの形式 330
- バックアップ対象 330
- パラレルバックアップ 330
12.2.2 pg_restore 331
- 特定のオブジェクトのみを取り出す方法 331
12.2.3 pg_dumpall 333
12.3 オフライン物理バックアップ 334
12.4 オンライン物理バックアップ 334
12.4.1 WAL 334
12.4.2 オンライン物理バックアップの設定 336
12.4.3 オンライン物理バックアップの手順 337
- pg_start_backup()の実行 337
- 物理バックアップの取得 337
- pg_stop_backup()の実行 338
12.4.4 オンライン物理バックアップのリストア 339
- 物理バックアップをdataディレクトリに戻す 339
- 最新のWALログをdataディレクトリに戻す 339
- recovery.confファイルを設定する 339
- PostgreSQLを起動する 340
12.4.5 pg_basebackup 340

13 レプリケーションを使う　343

13.1 レプリケーションとは 344
13.1.1 PostgreSQLのレプリケーション 344
- ストリーミングレプリケーションの特徴 345
13.1.2 ストリーミングレプリケーションのアーキテクチャ 345
13.1.3 ロジカルレプリケーション 346
13.2 ストリーミングレプリケーション環境の構築 347
13.2.1 プライマリ1台、スタンバイ1台のレプリケーション構成 ... 348
- プライマリの設定 348
- スタンバイの設定 349
13.2.2 プライマリ1台、スタンバイ2台のレプリケーション構成 ... 350
- パラメータ 351
13.3 さまざまなレプリケーションの機能 352
13.3.1 同期／非同期レプリケーション 352
- 同期と非同期の違い 352
- 同期レプリケーション環境の構築 353
- スタンバイの応答タイミング 354

xiii

	■スタンバイ故障の影響	354
13.3.2	マルチ同期レプリケーション	355
	■クォーラムコミット	356
13.3.3	レプリケーションの遅延への対応	357
	■アーカイブWAL	357
	■wal_keep_segments	358
	■レプリケーションスロット	358
13.3.4	カスケードレプリケーション	359
13.4	**レプリケーションの運用**	**360**
13.4.1	レプリケーション状況の確認	360
	■レプリケーション実施状況	360
	■同期レプリケーションの実施状況	361
	■遅延状況	361
13.4.2	フェイルオーバーとフェイルバック	361
	■フェイルオーバー	361
	■フェイルバック (旧プライマリの再組み込み)	364
13.4.3	レプリケーションの衝突	366
	■レプリケーション衝突の対策	366

索引	**368**
監修者・執筆者紹介	**377**

COLUMN

インストーラが自動生成したアカウントの管理について	15
サービスが残ってしまった場合について	37
データベースクラスタのバージョンアップ	37
クエリツール	60
大文字・小文字の区別と二重引用符	76
スキーマの有効利用	78
列名を指定しないINSERT	83
関数	87
UPDATEやDELETEコマンドの取り消し	88
インデックスの種類	95
文字エンコーディングに注意	122
SQLインジェクション	140
htmlspecialchars関数とrawurlencode関数——HTMLにPHPの変数の中身を埋め込む	142
SQLの処理	246
ログの意味	335

Chapter

1

PostgreSQLについて知ろう

PostgreSQLについて知ろう

1.1 データベースとは

　ビジネスのIT化が進む中で、これまで多くのシステムが開発されてきました。これらのシステムに共通しているのは、「システムは何らかのデータを管理している」ということです。システムが管理するデータとしては、顧客情報や商品の売上記録などが挙げられますが、システム内にはこうしたデータが大量に集められています。顧客情報や商品の売上記録は、企業にとって財産となる重要なデータですが、これらのデータを正しく効率的に活用するには、データを集中的に管理し、きちんと保守をする必要があります。こうしたニーズを満たすために考え出された仕組みが**データベース**です。

　本来、データベースとはデータの集合を指す言葉であって、形のない概念的なものです。その概念的なデータベースをコンピュータソフトウェア上で操作／管理できるようにしたものを**データベース管理システム**（DataBase Management System：**DBMS**）と呼びます。本書で取り上げるPostgreSQLもこのDBMSの1つです。

　なお、一般にデータベースといえばDBMSを指します。本書でもDBMSを「データベース」と記述することがあるので、文脈に応じて読み替えてください。

1.1.1 データベースの役割

　DBMSには、主に次の機能が備わっています。

- **データの管理**
  データベースで取り扱うデータの形式を定義します。また、データを追加／削除／更新／検索する機能も提供します。

- **トランザクション管理**
  口座振替の入金処理と出金処理を必ずセットで実行するなど、関連する複数の処理で矛盾が起こらないよう、データベースの操作の一貫性を保証します。

- **同時実行制御**
  複数のユーザーが同時にデータを操作しても、データに不整合が生じないように制御します。

- **セキュリティ機構**
  データベースが権限のないユーザーによってアクセスされ、データベース内に格納されていた機密情報などが漏えいすると、重大な問題を引き起こします。データベースには、このような不正アクセスを防止するセキュリティ機構があります。

- 障害回復管理

  コンピュータが故障するなど、データベースに何らかの障害が発生した場合でも、データベース内のデータを障害が発生する前の状態に復元する機能が搭載されています。

1.1.2 データモデル

　DBMSでは、データを効率良く操作するために、データを何らかの統一された形式で表現し（**データモデル**）、管理します。代表的なデータモデルは、データを**関係**（リレーション：relation）で表現する**関係モデル**です。「関係」の概念は、しばしば表（**テーブル**）を用いて説明されます（**図1.1**）。関係モデルでは、関連する表を連結したり、表の一部を取り出したりといった操作をしながらデータを利用します。PostgreSQLを含め、現在の商用データベースの多くは、この関係モデルを使っています。関係モデルを利用したDBMSを**リレーショナルデータベース管理システム**（Relational DataBase Management System：**RDBMS**）と呼びます。

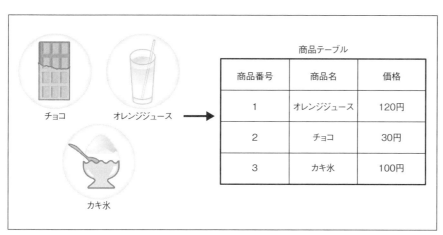

図1.1　関係モデル

　表形式で格納されたデータを操作するには、「SQL」と呼ばれる専用の言語を使用します。SQLについては、第4章で詳しく説明します。

PostgreSQLについて知ろう

1.2 PostgreSQLの歴史

今やオープンソース系のDBMSとして高い人気を誇るPostgreSQLですが、このDBMSがどのようにして生まれ、発展していったのか、これまでの歩みを簡単に振り返ってみます。

1.2.1 POSTGRES

PostgreSQLは、1986年に「POSTGRES」という名前で誕生しました。開発の中心となったのは、カリフォルニア大学バークレイ校のMichael Stonebraker教授で、主に研究開発を目的として開発されました。

POSTGRESの設計については、興味深い論文[1]が残っています。この論文にはPOSTGRESの目標が掲げられており、そこには現在のPostgreSQLにも受け継がれている機能が記述されています。たとえば、複合型のサポートやユーザー定義可能な型などがあります。なお、POSTGRESでは、データの操作をSQL言語ではなく「POSTQUEL」という言語で操作するようになっています。

その後、研究やビジネスにPOSTGRESを使用する場面が増えてきましたが、本来の研究目的以外でのPOSTGRESのメンテナンスやサポートなどに時間が費やされてしまい、POSTGRESプロジェクトはバージョン4.2を最後に1993年に解散しました。

[1]
http://db.cs.berkeley.edu/papers/ERL-M87-13.pdf

1.2.2 Postgres95

POSTGRESは、カリフォルニア大学バークレイ校での開発終了後、Andrew YuとJolly Chenという学生によって改良されました。この改良によって、POSTGRESではPOSTQUELに代わってSQL言語を使うようになりました。また、巨大化していたソースコードの整理も行われました。改良が終わったPOSTGRESは、1995年にWeb上でPostgres95という名前で公開されました。

1.2.3 PostgreSQL

Andrew YuとJolly Chenが卒業した後、現在のPostgreSQL開発チームへプロジェクトが引き継がれました。また、Postgres95という名前では1996年以降はふさわしくないということで、PostgreSQLと名前を変更し、バージョンを6.0としました。PostgreSQLのバージョン番号6.0から9.6までは、「8.2.4」や「9.0.1」といったように、「x.y.z」という形式で付けられていました。「x.y」までの数字をメジャーバージョン、そのあとの「z」をマイナーバージョン

と呼びます。バージョン番号10以降は「x.y」という形式で付けられるようになり、「x」がメジャーバージョン、「y」がマイナーバージョンを表します。マイナーバージョンの番号は、主にバグ修正が行われると上がります。一方、メジャーバージョンの番号は、新機能の追加など、大きな仕様変更が行われると上がります。メジャーバージョンが上がった場合、データを新バージョンへ移行する必要があります。

初期のPostgreSQLは、日本語などの英語以外の言語には対応していませんでした。そこで、石井達夫氏が日本語を扱うための機能を追加し、バージョン6.3でその機能が正式に取り込まれました。バージョン6.3では、日本語に対応させるためにコンパイルオプションを使用する必要がありましたが、バージョン7.3からは標準で国際化対応になっており、日本語、中国語、韓国語などさまざまな言語を扱うことが可能です。

現在では、インターネット上[2]で主にメーリングリストを中心としてオープンに開発が行われています。開発体制は、コアメンバーと呼ばれるプロジェクトの中心メンバーと、主要開発メンバー、バグを見つけてパッチを提供するその他のプログラマで構成されています。日本にもPostgreSQL開発者が存在します。

メジャーバージョンが上がるごとに、PostgreSQLに追加された主な機能を**表1.1**にまとめて示します。

【2】
https://www.postgresql.
org/

表1.1 **メジャーバージョンごとに追加された主な機能**

バージョン	追加された主な機能
6.0 1997/1	UNIQUEインデックス、IN句、BETWEEN句
6.1 1997/6	GEQOオプティマイザ、GROUP BY、TIMESTAMP型、TIME型、DATE型、SETコマンド、SHOWコマンド、RESETコマンド
6.2 1997/10	JDBC、TRIGGER、TIMEZONE型、INTERVAL型、FLOAT型、DECIMAL型、NOT NULL
6.3 1998/3	サブクエリ、マルチバイト
6.4 1998/10	PL/pgSQL
6.5 1999/6	MVCC、ホットバックアップ、一時テーブル、行ロック
7.0 2000/5	外部キー
7.1 2001/4	WAL、TOAST、外部結合
7.2 2002/2	統計情報、並行VACUUM
7.3 2002/11	スキーマ、国際化対応、フロントエンド／バックエンドプロトコル V3の実装
7.4 2003/11	問い合わせ性能の向上、インフォメーションスキーマ
8.0 2005/1	Windows対応、PITR、テーブルスペース、セーブポイント
8.1 2005/11	2相コミット、ロール、自動VACUUM、ビットマップスキャン
8.2 2006/12	インデックスの同時作成、FILLFACTOR、INSERT/UPDATE/DELETE RETURNING
8.3 2008/2	全文検索 (tsearch2)、HOT、負荷分散チェックポイント、非同期コミット、SQL/XML
8.4 2009/7	ウィンドウ関数、共通テーブル式／再帰問い合わせ、並列リストア、VACUUMの改善
9.0 2010/9	本体組み込みのレプリケーション、アクセス権限設定の拡張、DO文による関数のインライン実行、64ビットWindowsへのネイティブ対応

バージョン	追加された主な機能
9.1 2011/9	同期レプリケーション、外部テーブル、拡張モジュールのパッケージ化、真のシリアライザブル隔離レベル、UNLOGGEDテーブル、WITH句によるデータ変更、GiSTインデックスの近傍検索、sepgsql
9.2 2012/9	Index-only scan、並列実行処理性能向上、カスケードレプリケーション、JSONデータ型、範囲データ型、DDL命令改善
9.3 2013/9	postgres_fdw、マテリアライズドビュー、LATERAL結合、JSONデータ型の機能拡充、pg_trgmの拡張、ページチェックサム、レプリケーションの拡張、ロックの拡張、並列pg_dump、設定ファイルの分割配置、pg_isready、COPY FREEZE、再帰VIEW、更新可能VIEW、ラージオブジェクトの拡張、pg_xlogdump
9.4 2014/12	バイナリJSONデータ型、GINインデックスの性能向上、WAL書き込みの性能向上、SQLによるサーバー設定変更、pg_prewarm、遅延レプリケーション、レプリケーションスロット、マテリアライズドビューリフレッシュのロック競合軽減、ロジカルデーコーディング更新可能ビューのCHECKオプション、集約クエリのFILTERオプション、行ロックエラーメッセージの拡張、pg_stat_archiver
9.5 2016/1	行単位セキュリティ、BRINインデックス、pg_rewind、UPSERT機能、外部スキーマインポート、外部テーブル継承、GROUP BY拡張、バイナリJSONデータ型の拡張、checkpoint_segmentsの廃止とmax_wal_size,min_wal_sizeの導入
9.6 2016/9	パラレルクエリ、ストリーミングレプリケーションの拡張、XID凍結処理の改善、全文検索のフレーズ検索、多CPU同時実行における性能改善、postgres_fdwの機能改善、pg_stat_activityの拡張、pg_stat_progress_vacuum
10 2017/10	ロジカルレプリケーション、宣言的パーティショニング、パラレルクエリの機能拡充、ハッシュ（Hash）インデックスのレプリケーション対応、同期レプリケーションの拡張、pg_stat_activityの拡張、CREATE STATISTICS、libpq複数接続先指定
11 2018/10	JITコンパイル、パーティショニングの機能改善、パラレルクエリの機能改善、カバリングインデックス、プロシージャ内でのトランザクション制御、SCRAM認証、ALTER TABLE .. ADD COLUMNの性能改善、ウィンドウ関数の拡張

　この表を見るとわかるように、すでにPostgreSQLは商用データベースと比べても遜色のないものとなっています。

1.3　Windowsユーザーのための PostgreSQL

　PostgreSQLのWindows版パッケージには、Windowsユーザー向けに次のような機能拡張が施されています。

● Windows用のインストーラが用意されている

　GUI上でさまざまな設定が可能なインストーラが用意されています。また、PostgreSQLを管理するGUIツール「pgAdmin 4」[3]が同梱されています。インストーラについては、次章で詳しく説明します。

【3】
https://www.pgadmin.
org/

- **Windowsのサービスに PostgreSQL を登録できる**

  Windowsのサービスに PostgreSQL を登録でき、Windowsの起動時に自動的に PostgreSQL を起動させることができます。実際の登録方法については、次章で説明します。

- **PostgreSQL が出力するログをイベントログに書き出すことができる**

  Windowsのロギング機構であるイベントログに PostgreSQLのログを出力できます。イベントログを見るには「イベントビューア」を使います（**図1.2**）。

図1.2　イベントビューア

1.4　PostgreSQL公式Webサイトの歩き方

PostgreSQLには開発チームが運営している公式Webサイトがあります。

　https://www.postgresql.org/

Webサイトの画面上部にメニューが配置されており、次のようなメニューがあります。

- **About**（https://www.postgresql.org/about/）

  PostgreSQLを初めて利用しているユーザー向けに、PostgreSQLの特徴がまとめられています。

CHAPTER 1 PostgreSQLについて知ろう

- **Download**（https://www.postgresql.org/download/）
  PostgreSQLのソースコード、各OS向けのビルド済みのバイナリファイルをダウンロードできます。

- **Documentation**（https://www.postgresql.org/docs/）
  PostgreSQLのマニュアル、各バージョンのリリースノートを参照できます。また、PostgreSQLの技術書籍情報（洋書）や、PostgreSQLのライブラリ、ツール、オンラインチュートリアルをまとめたリンク集、PostgreSQL公式Wikiへのリンクがあります。

- **Community**（https://www.postgresql.org/community/）
  PostgreSQLに関する情報のコミュニケーション手段として、メーリングリストやIRC、Slack、ブログに関する情報がまとめられています。

- **Developers**（https://www.postgresql.org/developer/）
  PostgreSQLの開発者向けの情報がまとめられています。

- **Donate**（https://www.postgresql.org/about/donate/）
  寄付ページです。

- **Your account**（https://www.postgresql.org/account/）
  PostgreSQL開発コミュニティ用のアカウント管理ページです。PostgreSQLのパッチ投稿やレビューの際などにアカウントが必要になります。

Chapter

2

インストール
（Windows編／Linux編）

CHAPTER 2　インストール（Windows編／Linux編）

　この章では、PostgreSQLのインストールおよび起動方法について解説します。最初に、PostgreSQL 11をWindowsとLinuxへインストールする方法を説明していきます。

2.1　インストールの準備

　PostgreSQLのインストールを始める前に、必要なハードディスクの空き容量とメモリ容量を確認しておく必要があります。

■ハードディスクの空き容量

　PostgreSQLをソースコードからインストールする場合、ソースコードの展開用に150MB程度の空き容量が必要です。さらに、これをコンパイルし、オブジェクトファイルを生成するために50MB程度、コンパイルが正しくできたかどうかをテストするために500MB程度、インストールディレクトリに50MB程度が必要です。したがって、最終的に必要なハードディスクの空き容量は350～900MBになります。

　また、インストールするバイナリファイル以外に、データベースのデータを格納するのに必要なハードディスク容量も用意しておかなければなりません。こちらは必要な容量がシステムによって異なるので、正しく見積もるようにしてください。

■メモリの容量

　PostgreSQLを動作させるには、最低でも128KBのメモリ領域が必要です。また、データの並べ替えなどを行うために、さらにメモリ領域が必要となります。メモリ領域は十分に確保しておくことをおすすめします。

　デスクトップを立ち上げる場合は、個人用途であってもかなりのメモリが消費されるので、512MB以上のメモリを搭載することをおすすめします。多数のユーザーが使用するサーバー用途では、1GB以上のメモリを搭載するようにしてください。

2.2　Windowsへのインストール

　ここからは、WindowsへPostgreSQLをインストールする方法を説明していきます。ここでは、OSのバージョンはWindows 10（64ビット版）、インストール先がC:¥Program Files¥PostgreSQL¥11¥であることを前提として話を進めます。

2.2.1 動作環境

PostgreSQLは、Windows 2000 SP4以降で動作します。Windows 95/98/MEは動作対象外です。また、ファイルシステムについては、FATおよびFAT32は推奨されていません。その理由として次の3つが挙げられます。

- **信頼性に疑問がある**

  NTFSにはジャーナリングと呼ばれるディスク復旧機能がありますが、FATおよびFAT32にはその機能がありません。そのため、Windowsがクラッシュした場合、データが損傷するおそれがあります。

- **セキュリティ機能が不足している**

  FATには、ファイルに対するアクセスコントロール機能がありません。つまり、第三者が自由にファイルを書き換えることができます。

- **テーブルスペースを利用できない**

  PostgreSQL 8.0からテーブルスペースという機能が追加されました。テーブルスペースとは、PostgreSQLのデータを複数のディスクに分散させるための機能です。PostgreSQLでは、テーブルスペースを実現するために、NTFSから導入されたリパースポイントと呼ばれる機能を使っています[1]。リパースポイントがないFATおよびFAT32では、テーブルスペース機能を利用できません。

【1】
具体的には、UNIXのシンボリックリンクにあたる機能をWindowsで実現するために使用されています。

2.2.2 one click installerのダウンロード

まず、PostgreSQLのインストーラとバイナリをダウンロードします。次のWebページにアクセスしてください。

https://www.enterprisedb.com/downloads/postgres-postgresql-downloads

PostgreSQLのインストーラをダウンロードします[2]。ダウンロードしたpostgresql-11.2-2-windows-x64.exeがPostgreSQLのインストーラです。

【2】
本書執筆時ではPostgreSQL 11.2が最新バージョンです。

CHAPTER 2 インストール（Windows編／Linux編）

2.2.3 PostgreSQLのインストール

PostgreSQLのインストールには管理者権限が必要です。postgresql-11.2-1-windows-x64.exeのアイコンを右クリックし、ショートカットメニューから「管理者として実行」を選択すると、インストーラが起動します。

以降、表示される各画面について順を追って見ていきましょう。

■1. インストーラの起動

PostgreSQLのインストーラが起動します（図2.1）。「Next」ボタンをクリックして次の画面に進みます。

図2.1 「Setup - PostgreSQL」

■2. インストールディレクトリの選択

PostgreSQLをインストールするディレクトリを指定します（図2.2）。デフォルトではC:¥Program Files¥PostgreSQL¥11となっています。通常の場合は、特に変更する必要はありません。

図 2.2 「Installation Directory」

■3. インストールするコンポーネントの選択

　システムにインストールするコンポーネントを選択します（**図2.3**）。コンポーネントは4つあり、「PostgreSQL Sever」がPostgreSQLの本体です。「pgAdmin 4」はPostgreSQLのGUI管理ツールです。「Stack Builder」（スタックビルダ）はPostgreSQLに関連するツールやドライバー、Webアプリケーション、Web開発用ソフトウェアなどの追加インストールするときに使います。「Command Line Tools」はPostgreSQLのクライアントライブラリやツール群が納められています。「PostgreSQL Server」や「pgAdmin 4」をインストールする場合は「Command Line Tools」もインストールするようにしてください。

　デフォルトでは、4つすべてにチェックが入っています。特に変更する必要はありません。

インストール（Windows編／Linux編）

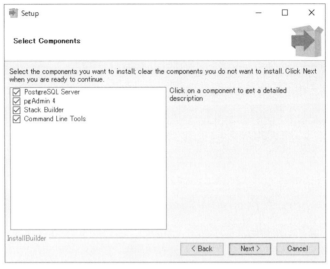

図2.3 「Select Components」

■ 4. データディレクトリの選択

データを格納するディレクトリ（データベースクラスタと呼びます）を選択します（図2.4）。デフォルトではC:¥Program Files¥PostgreSQL¥11¥dataとなっています。特に変更する必要はありません。

図2.4 「Data Directory」

■5. パスワードの指定

PostgreSQLのスーパーユーザー（postgres）のパスワードを指定します（図2.5）。

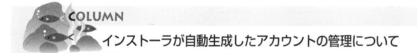

図2.5 「Password」

COLUMN
インストーラが自動生成したアカウントの管理について

サービスを起動するWindowsアカウントが存在しないと、インストーラが自動的にアカウントを作成してくれます。しかし、困ったことに、コントロールパネルから起動した「ユーザーアカウント」画面では、インストーラによって作成されたユーザーを選択することができません。

パスワードの変更やアカウントの削除を行うときは、管理者権限のあるユーザーでコマンドプロンプトを起動して、次のコマンドを実行してください。

【パスワードを変更したい場合】
```
net user ユーザー名 パスワード
```

【ユーザーを削除したい場合】
```
net user ユーザー名 /DELETE
```

コントロールパネルの「ユーザーアカウント」を使ってユーザーを作成した場合は、同じ画面でユーザーの設定を編集できます。

■6. ポート番号の指定

　PostgreSQLのサーバーがクライアントからの接続を受け付けるポート番号を指定します（図2.6）。デフォルトでは「5432」となっています。他のアプリケーションが5432ポートを使用していなければ、特に変更する必要はありません。

図2.6　「Port」

■7. ロケールの指定

　データベースクラスタのロケールを指定します（図2.7）。ロケールとは、文字の並べ替えや種類、通貨や数字、日付の書式など、言語や地域ごとの動作の違いを取り扱うための仕組みです。デフォルトでは「[Default locale]」となっており、日本語版のWindowsでは「Japanese_Japan.932」となります。しかし、日本語のデータを取り扱う場合には、ロケールによる恩恵が少なく、ロケールの処理の分だけ時間がかかるので、ロケールを「C」に指定して無効にすることを推奨します。

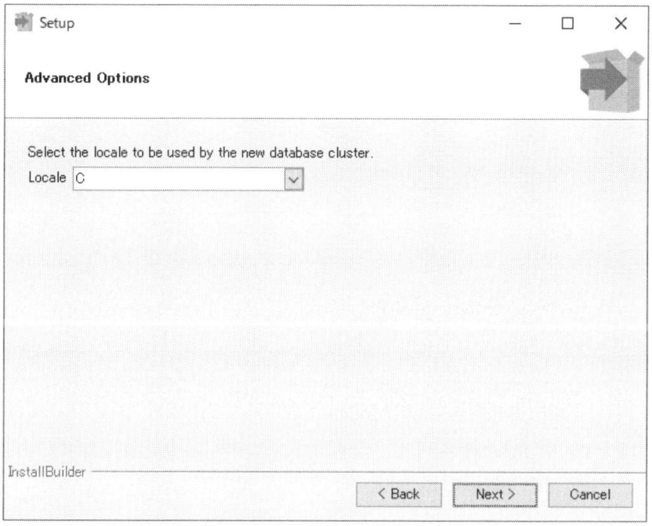

図 2.7 「Advanced Options」

■ 8. インストール情報の確認

インストールに使われる情報の一覧が表示されます（**図2.8**）。

図 2.8 「Pre Installation Summary」

■9. インストールの開始

　これでPostgreSQLをインストールする準備は完了です（図2.9）。「Next」ボタンをクリックしてインストールを開始しましょう。

図2.9 「Ready to Install」

■10. インストールの完了

　PostgreSQLのインストールは完了です（図2.10）。「Launch Stack Builder at exit?」にチェックを入れたままにしておくと、インストーラの終了後にスタックビルダが起動します。スタックビルダはインストールしたあとからでも起動できます。スタックビルダの詳細については次項で説明します。「Finish」ボタンをクリックしてインストーラを終了します。

2.2 Windowsへのインストール

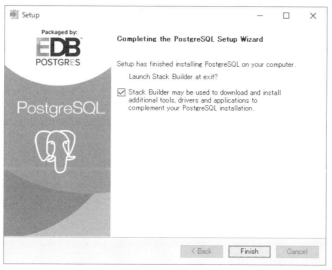

図2.10 「Completing the PostgreSQL Setup Wizard」

インストール後のディレクトリ構成は、表2.1のようになります。

表2.1 インストール後のディレクトリ構成

ディレクトリ／ファイル	説明
bin¥	PostgreSQLのサーバーおよびクライアントプログラム
data¥	データベースクラスタ
debug_symbols¥	デバッグシンボルファイル
doc¥	PostgreSQLのドキュメントと追加モジュールのドキュメント
include¥	ヘッダーファイル
installer¥	インストーラから呼び出されるスクリプト
lib¥	DLLファイル
pgAdmin4¥	GUIクライアントツール pgAdmin 4 とそのドキュメント
scripts¥	Windowsの「スタート」メニューからpsqlの起動やサーバーの起動／停止を行うスクリプト
share¥	PostgreSQLに必要なさまざまな共有ファイル
pg_env.bat	PostgreSQLの環境変数を設定するバッチファイル
uninstall-postgresql.exe	アンインストーラ

binフォルダー以下には、PostgreSQLのサーバーコマンドおよびクライアントコマンドがインストールされます。インストールされるコマンドの一部を表2.2に示します。

CHAPTER 2 インストール（Windows編／Linux編）

表2.2 PostgreSQLの主なサーバーコマンドとクライアントコマンド

コマンド	説明
clusterdb	CLUSTERを実行する
createdb	データベースを作成する
createuser	ユーザーを作成する
dropdb	データベースを削除する
dropuser	ユーザーを削除する
initdb	データベースクラスタを初期化する
pg_controldata	データベースクラスタのさまざまな情報を表示する
pg_ctl	postmasterを起動／停止する
pg_dump	1つのデータベースをバックアップする
pg_dumpall	すべてのデータベースをバックアップする
pg_restore	pg_dumpでダンプしたデータを復元する
postgres	PostgreSQLデータベースサーバーコマンド
psql	SQLを対話的に実行する
vacuumdb	VACUUM[3]を実行する

【3】
VACUUMについては第11章で説明します。

2.2.4 スタックビルダによるソフトウェアのインストール

スタックビルダでは、PostgreSQLに関連するツールやドライバー、Webアプリケーション、Web開発用ソフトウェアをインストールできます。PostgreSQLのみを使用する場合には、他のソフトウェアをインストールする必要はありません。

■1. スタックビルダの起動

スタックビルダによるソフトウェアのインストールには管理者権限が必要です。Windowsの「スタート」メニューから「PostgreSQL 11」→「Application Stack Builder」を「管理者として実行」すると、スタックビルダが起動します。また、インストーラの最後に「Launch Stack Builder at exit?」にチェックを入れていると、インストーラの終了後に自動的にスタックビルダが起動します。

■2. PostgreSQLの選択

ソフトウェアをインストールするPostgreSQLを選択します（図2.11）。これまでの説明に従ってPostgreSQLをインストールしている場合には、「PostgreSQL 11 (x64) on port 5432」を選択します。

図2.11 「スタックビルダへようこそ！」

■3. ソフトウェアの選択

インストールするソフトウェアを選択します（図2.12）。

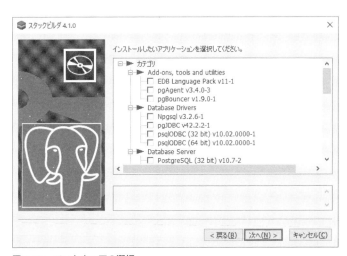

図2.12 ソフトウェアの選択

ソフトウェアの一覧は前画面で選択したPostgreSQLの設定に応じてダウンロードされます。本書執筆時のソフトウェアの一覧は図2.13に示すとおりです。

CHAPTER 2 インストール（Windows編／Linux編）

図2.13　スタックビルダでインストールできるソフトウェアの一覧

■4. ダウンロードの開始

　前画面で選択したソフトウェアが表示されます（**図2.14**）。選択したソフトウェアに問題がなければ、ダウンロードディレクトリを選択します。デフォルトではユーザーの一時ディレクトリとなっています。特に変更する必要はないでしょう。「次へ」ボタンをクリックしてダウンロードを開始します。

図 2.14　ダウンロードの開始

■ 5. インストールの開始

ダウンロードが終わると、ソフトウェアをインストールする準備は完了です（**図 2.15**）。「次へ」ボタンをクリックすると、各ソフトウェアのインストーラが起動します。インストーラに従ってインストールしてください。

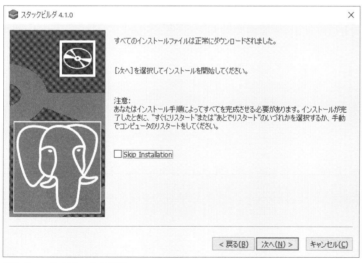

図 2.15　インストールの開始

■6. インストールの完了

すべてのソフトウェアのインストールは完了です（図2.16）。「終了」ボタンをクリックしてインストーラを終了します。

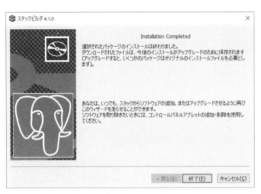

図2.16 インストールの完了

2.2.5 パスの設定

インストールが終了したら、次に環境設定を行います。コマンドプロンプトからPostgreSQLのコマンドを実行できるように、環境変数PATHを設定します。「コントロールパネル」から「システムとセキュリティ」→「システム」を開き、左側にある「システムの詳細設定」をクリックし、「システムのプロパティ」ダイアログボックスを表示します（図2.17）。

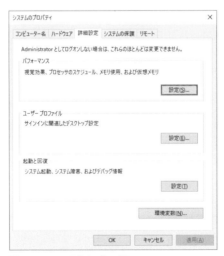

図2.17 システムのプロパティ

「詳細設定」タブを選択して「環境変数」ボタンをクリックすると、環境変数の設定画面が表示されるので、ここでユーザー環境変数を設定します。すでに変数PATHが存在する場合は、PATHを選択して「編集」ボタンをクリックし、変数PATHが存在しない場合は「新規」ボタンをクリックして、それぞれ次のように設定を変更してください。

- 新規作成の場合
  「変数名」に「PATH」、「変数値」に「%PATH%;C:\Program Files\PostgreSQL\11\bin」を入力します。

- 追加の場合
  「変数値」の最後に「;C:\Program Files\PostgreSQL\11\bin」を追加します。

2.2.6 アンインストール

PostgreSQLをアンインストールするには、コントロールパネルの「プログラム」から「プログラムのアンインストール」を開きます（図2.18）。

図2.18 PostgreSQLのアンインストール

データベースクラスタが不要な場合は、これも削除します[4]。先ほど説明した手順でインストールした場合、データベースクラスタはC:\Program Files\PostgreSQL\11\dataになります。このフォルダーをエクスプローラなどから手動で削除してください。また、スタックビルダでインストールしたソフトウェアは別途アンインストールが必要です。

【4】
データベースクラスタについては、「2.5.1 データベースクラスタの作成」で説明します。

2.3 LinuxへのYumによるインストール

次は、Linux に Yum を使用して PostgreSQL をインストールする方法について説明していきます[5]。ここでは、CentOS 7（64 ビット版）へのインストールを想定し、Yum によってパッケージから PostgreSQL をインストールする手順を紹介します。

Yum（Yellowdog Updater Modified）とは、ソフトウェアのインストールやアンインストール、他のソフトウェアとの依存関係を管理するパッケージ管理システムです。CentOS 以外にも Red Hat Enterprise Linux や Fedora といった RPM 形式のパッケージを採用するディストリビューションで利用されています。ここで紹介する手順は、Red Hat Enterprise Linux や Fedora でも基本的に同じです。

2.3.1 Yumリポジトリの設定

Yum によってパッケージをインストールする場合、どこからパッケージをダウンロードするかを指定するため、Yum リポジトリを設定する必要があります。Yum リポジトリとは、パッケージが格納されている場所のことです。

CentOS では、あらかじめ Yum リポジトリが設定されており、そこから PostgreSQL のパッケージをインストールできます。しかし、あらかじめ設定されている Yum リポジトリのままでは、古いバージョン（CentOS 7 では PostgreSQL 9.2 系のバージョン）のパッケージしかインストールできないことがあります。

そこで、最新バージョンの PostgreSQL を使用したい場合には、PostgreSQL の本家サイトが公開する Yum リポジトリを使用するように設定する必要があります。

PostgreSQL の本家サイトでは、PostgreSQL の本家サイトが提供する Yum リポジトリを使用するように設定するためのパッケージが、ディストリビューションごと、PostgreSQL のメジャーバージョンごとに提供されています。

　　https://www.postgresql.org/download/linux/redhat/

ここでは、CentOS 向けの PostgreSQL 11 系のパッケージ（https://download.postgresql.org/pub/repos/yum/11/redhat/rhel-7-x86_64/pgdg-centos11-11-2.noarch.rpm）をダウンロードします。パッケージのダウンロードが完了したら、rpm コマンドでパッケージをインストールします。

【5】
シェル上での操作で、rootの作業なのか一般ユーザーでの作業なのかを区別するために、rootの場合は「#」で始まるプロンプトとし、一般ユーザーの場合は「$」で始まるプロンプトとします。

2.3 LinuxへのYumによるインストール

```
# rpm -ivh pgdg-centos11-11-2.noarch.rpm
warning: pgdg-centos11-11-2.noarch.rpm: Header V4 DSA/SHA1 Signature, key ID 442df0f8:
NOKEY
Preparing...                          ################################# [100%]
Updating / installing...
   1:pgdg-centos11-11-2                ################################# [100%]
```

　次に、あらかじめ設定されているYumリポジトリから古いバージョンのPostgreSQLの
パッケージがインストールされないように、viなどのエディタでYumリポジトリの設定ファ
イルを編集します。

```
# vi /etc/yum.repos.d/CentOS-Base.repo
```

[base]と[updates]セクションの末尾にexclude=postgresql*という行を追加します。

```
[base]
name=CentOS-$releasever - Base
mirrorlist=http://mirrorlist.centos.org/?release=$releasever&arch=$basearch&repo=os&in
fra=$infra
#baseurl=http://mirror.centos.org/centos/$releasever/os/$basearch/
gpgcheck=1
gpgkey=file:///etc/pki/rpm-gpg/RPM-GPG-KEY-CentOS-7
exclude=postgresql* ──────[追加]

#released updates
[updates]
name=CentOS-$releasever - Updates
mirrorlist=http://mirrorlist.centos.org/?release=$releasever&arch=$basearch&repo=updat
es&infra=$infra
#baseurl=http://mirror.centos.org/centos/$releasever/updates/$basearch/
gpgcheck=1
gpgkey=file:///etc/pki/rpm-gpg/RPM-GPG-KEY-CentOS-7
exclude=postgresql* ──────[追加]
```

　編集するYumリポジトリの設定ファイルとセクションはディストリビューションによって異
なります。CentOS以外の場合には「Yum HOWTO」を参照して編集してください。

```
https://yum.postgresql.org/howtoyum.php
```

インストール(Windows編/Linux編)

2.3.2 PostgreSQLのインストール

　Yumリポジトリの設定が完了したら、いよいよPostgreSQL 11をインストールできる状態となります。

　Yumでパッケージをインストールするにはyumコマンドを使用します。yumコマンドにはYumへの動作をコマンドとして指定して実行します。パッケージをインストールするにはinstallコマンドを指定して実行します。

```
# yum install パッケージ名
```

　PostgreSQLの本家サイトの公開するYumリポジトリではPostgreSQL以外にも関連するソフトウェアのパッケージが提供されています。また、PostgreSQL自体も複数のサブパッケージに分割されて提供されています（表2.3）。

表2.3　PostgreSQLの本家サイトが提供する主なパッケージ

パッケージ名	説明
postgresql11	クライアントプログラムとライブラリ
postgresql11-libs	共有ライブラリ
postgresql11-llvmjit	JITコンパイラ
postgresql11-server	サーバープログラム
postgresql11-docs	ドキュメント
postgresql11-contrib	追加モジュール
postgresql11-devel	開発ヘッダーファイルとライブラリ
postgresql11-plperl	PL/Perl
postgresql11-plpython	PL/Python
postgresql11-pltcl	PL/Tcl
postgresql11-test	テストスイート

　ここでは、サブパッケージを含めてPostgreSQLのパッケージをすべてインストールします。パッケージ名にはワイルドカードを使用できます。'postgresql11*'と指定するとパッケージ名の最初に「postgresql11」が付くパッケージが対象となります。ただし、ワイルドカードを付けてすべてのパッケージをインストールしようとすると、JITコンパイル機能を提供するpostgresql11-llvmjitパッケージが依存するOS側のLLVMのバージョンが古いため、このままではインストールができません[6]。そこで、Linux用の拡張パッケージを提供しているEPEL[7]からpostgresql11-llvmjitに対応したパッケージをあらかじめダウンロードし、インストールしておきます。CentOS 7の場合、https://dl.fedoraproject.org/pub/epel/7/x86_64/Packages/l/から、「llvm5.0-5.0.1-7.el7.x86_64.rpm」と「llvm5.0-libs-5.0.1-7.el7.x86_64.rpm」をダウンロードし、rpmコマンドを使って両パッケージをインストールしておいてください。

【6】
具体的には、postgresql11-llvmjitはLLVM 5.0以上を要求しますが、CentOS 7がデフォルトで提供するLLVMのバージョンは3.4です。

【7】
EPEL (Extra Packages for Enterprise Linux)については次のURLを参照。
https://fedoraproject.org/wiki/EPEL/ja

2.3 LinuxへのYumによるインストール

```
# yum -y install 'postgresql11*'
Running transaction
  Installing : postgresql11-libs-11.2-2PGDG.rhel7.x86_64              1/44
  Installing : postgresql11-11.2-2PGDG.rhel7.x86_64                   2/44
  Installing : postgresql11-server-11.2-2PGDG.rhel7.x86_64           3/44
…… (省略) ……
  Verifying  : postgresql11-libs-11.2-2PGDG.rhel7.x86_64             1/44
  Verifying  : perl-HTTP-Tiny-0.033-3.el7.noarch                     2/44
  Verifying  : 1:tcl-8.5.13-8.el7.x86_64                             3/44

Installed:
  postgresql11.x86_64 0:11.2-2PGDG.rhel7
  postgresql11-contrib.x86_64 0:11.2-2PGDG.rhel7
  postgresql11-debuginfo.x86_64 0:11.2-2PGDG.rhel7
  postgresql11-devel.x86_64 0:11.2-2PGDG.rhel7
  postgresql11-docs.x86_64 0:11.2-2PGDG.rhel7
  postgresql11-libs.x86_64 0:11.2-2PGDG.rhel7
  postgresql11-llvmjit.x86_64 0:11.2-2PGDG.rhel7
  postgresql11-odbc.x86_64 0:11.00.0000-1PGDG.rhel7
  postgresql11-plperl.x86_64 0:11.2-2PGDG.rhel7
  postgresql11-plpython.x86_64 0:11.2-2PGDG.rhel7
  postgresql11-pltcl.x86_64 0:11.2-2PGDG.rhel7
  postgresql11-server.x86_64 0:11.2-2PGDG.rhel7
  postgresql11-tcl.x86_64 0:2.4.0-2.rhel7.1
  postgresql11-test.x86_64 0:11.2-2PGDG.rhel7

Dependency Installed:
  libicu-devel.x86_64 0:50.1.2-17.el7
  perl.x86_64 4:5.16.3-294.el7_6
  perl-Carp.noarch 0:1.26-244.el7
…… (省略) ……

Complete!
```

　これでPostgreSQLのインストールは完了です。PostgreSQLパッケージと依存関係のあるパッケージも自動的にインストールされます。

　パッケージのインストール時にPostgreSQLサーバー用の管理ユーザーが自動的に作成されます。ユーザー名は「postgres」です。これ以降、一般ユーザーはpostgresユーザーで作業しているものとします。

2.3.3 環境設定

　PostgreSQLのインストールが終了したところで、次にユーザーの環境設定をします。なお本書では、ログインシェルとしてbashを使っているものと想定します。

　viなどのエディタで~postgres/.pgsql_profileを作成します。基本的にユーザーの環境変数は.bash_profileで編集しますが、PostgreSQLの本家サイトが公開するYumリポジトリを通してPostgreSQLをインストールする場合に限り、.pgsql_profileを使う必要があります。これは、本家サイトのPostgreSQLはインストールの都度、postgresユーザーの.bash_profileは自動的に上書きするようになっているからです。

```
$ vi ~postgres/.pgsql_profile
```

次のように.pgsql_profileを編集します。

```
PATH=/usr/pgsql-11/bin:$PATH

MANPATH=/usr/pgsql-11/share/man:$MANPATH

PGDATA=/var/lib/pgsql/11/data
export PATH MANPATH PGDATA
```

- PATH
  PostgreSQLのコマンドを絶対パスで指定せずに実行できるよう、環境変数PATHを設定します。

- MANPATH
  PostgreSQLのコマンドのオンラインマニュアルを参照できるよう、環境変数MANPATHを設定します。

- PGDATA
  データベースクラスタのパスになります。詳細については、「2.4.1　データベースクラスタの作成」で説明します。

　.pgsql_profileを編集し終えたら、.bash_profileを再読み込みしてください。.bash_profileから.pgsql_profileも読み込まれるようになっています。

```
$ source ~postgres/.bash_profile
```

　パッケージからPostgreSQLをインストールした場合には、プログラムが標準的な場所に

インストールされます。そのため、通常、環境変数PATHやMANPATHを別途設定する必要はありません。しかし、PostgreSQL 9.0からは、異なるメジャーバージョンのサーバープログラムをインストールできるように、サーバープログラムが/usr/pgsql-x（xは11や9.0などのメジャーバージョン）ディレクトリにインストールされるようになりました。したがって、前述のように.bash_profileを編集する必要があります。

2.3.4 アンインストール

YumによってインストールしたPostgreSQLのパッケージをアンインストールするには、yumコマンドにremoveコマンドを指定して実行します。

```
# yum remove 'postgresql11*'
```

2.4 PostgreSQLの起動

ここまででPostgreSQLのインストールが終了しましたが、この段階ではまだPostgreSQLサーバーは起動していません[8]。PostgreSQLサーバーを起動するには、次の手順を実行します[9]。

1. データベースクラスタの初期化
2. サーバーの設定
3. サーバーの起動
4. サーバーの停止

以降、これらの手順について説明していきます。

2.4.1 データベースクラスタの作成

データベースクラスタとは、PostgreSQLが管理するデータを実際に記録するための領域です。実際には、ファイルシステム上にディレクトリが作成され、その下にPostgreSQLが管理するさまざまなファイルが作成されます。1つのデータベースクラスタ内には、**図2.19**のように複数のデータベースを作成できます。また、データベースクラスタには、データベース情報やユーザー情報など、すべてのデータベースに共通のデータも格納されます。

【8】
Windowsにインストールした場合は初期化も終えているので、以降は読み飛ばしてもかまいません。

【9】
ここからは、Linux上のターミナルでの作業を想定していますが、Windowsのコマンドプロンプトでも基本的に操作は同じです。パスなどをWindows向けに置き換えて読み進めてください。

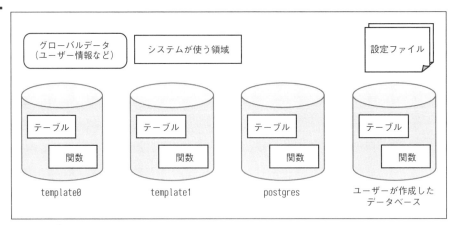

図2.19 データベースクラスタ

　この領域を事前に作成しておかないと、PostgreSQLサーバーを起動させることができません。そのため、PostgreSQLではinitdbというコマンドを使ってデータベースクラスタを作成できるようになっています。initdbを実行すると、template0、template1、postgresというデータベースが作成されます。template0とtemplate1は文字どおり、テンプレートとして機能するデータベースです。具体的には、ユーザーがデータベースを作成しようとすると、template1がテンプレートとして使われ、作成されたデータベースはtemplate1の内容を引き継ぐことになります。今後作成するデータベースに共通のテーブルなどを引き継がせたい場合は、template1にテーブルを作っておくことで自動的にそのテーブルを作成させることができます。template0は、initdb 実行直後のtemplate1と同じものです。template0は書き込みができないため、常に最初の状態が保たれます。template1にいろいろと手を入れていて、新しく作成するデータベースにtemplate1の内容を引き継がせたくない場合は、template0をもとに新しいデータベースを作成できます。postgresはデフォルトの接続先のデータベースです。

　initdbの主なオプションを次に示します。

- **--pgdata**または**-D**
  データベースクラスタを作成する場所。省略した場合は、環境変数PGDATAの場所に作成されます。このオプションと環境変数PGDATAの両方とも指定がない場合は、エラーとなります。

- **--encoding**または**-E**
  デフォルトのデータベースの文字コードを指定します。日本語を使用したい場合は、EUC_JP、UNICODE (UTF-8)、MULE_INTERNALを使用します。一般的には、UTF-8が使われます。

- **--no-locale**

  デフォルトのデータベースのロケールを無効にします。日本語のデータを取り扱う場合には、ロケールによる恩恵が少なくロケールの処理の分だけ時間がかかります。

- **--username** または **-U**

  PostgreSQLのスーパーユーザーを指定します。このオプションが省略された場合は、initdbの実行ユーザーと同名のスーパーユーザーが作成されます。

本書では、次の条件でinitdbを実行します。

- スーパーユーザー —— postgres
- エンコーディング —— UTF8
- データベースクラスタの位置 —— /var/lib/pgsql/11/data

initdbを実行してデータベースクラスタを作成します。

```
$ initdb -E UTF8 --no-locale
```

initdbが成功すると、次のようなメッセージが表示されます。

```
Success. You can now start the database server using:

    /usr/pgsql-11/bin/pg_ctl -D 11/data -l logfile start
```

では、initdbを実行した結果、どのようなファイルが生成されているか確認してみましょう。

```
$ ls $PGDATA
base          pg_hba.conf    pg_notify     pg_stat        pg_twophase  postgresql.auto➜
.conf
global        pg_ident.conf  pg_replslot   pg_stat_tmp    PG_VERSION   postgresql.conf
pg_commit_ts  pg_logical     pg_serial     pg_subtrans    pg_wal
pg_dynshmem   pg_multixact   pg_snapshots  pg_tblspc      pg_xact
```

2.4.2 サーバーの設定

データベースクラスタ内には、PostgreSQLサーバーの設定ファイルが含まれています。設定ファイルの詳細については、第8章の「8.4 設定 —— postgresql.conf」で解説するので、ここでは最低限の事項について取り上げます。

インストール（Windows編／Linux編）

■ $PGDATA/postgresql.conf

サーバーの実行時のリソースなどを設定するファイルです。

- listen_addresses
  TCP接続（外部のマシンからの接続）を許可する場合は、この値を変更する必要があります。listen_addresses = '*' と記述してください。

- port
  サーバーを起動するポート番号を設定します。デフォルトは5432です。このポート番号が他のプログラムによって使用されている場合は、他の番号に変更してください。

- log_destination
  PostgreSQLサーバーが出力するログの出力先を設定します。Linuxの場合はsyslogに出力できます。syslogに出力させたい場合は、log_destination = 'syslog' と記述してください。Windowsの場合は、イベントログに出力できます。その場合は、log_destination = 'eventlog' と記述してください。

■ $PGDATA/pg_hba.conf

クライアントからのアクセスコントロールを設定するためのファイルです。デフォルトでは、サーバーが動作しているマシンからのみログインを許可する設定になっています。

2.4.3 サーバーの起動／停止

サーバーの設定が完了すれば、いよいよPostgreSQLサーバーを起動できます。
PostgreSQLサーバーの起動には、postgresコマンドかpg_ctlコマンドを使います。例として、pg_ctlを使って起動してみます。

```
$ pg_ctl start
swaiting for server to start.... done
server started
```

PostgreSQLサーバーを停止する場合も、pg_ctlコマンドを使います。

```
$ pg_ctl stop
waiting for server to shut down.... done
server stopped
```

これで正常に終了することができました。PostgreSQLサーバーの起動と停止の詳細につ

いては、第8章の「8.3 PostgreSQLの起動と停止」で解説します。

2.5 サーバーの自動起動

OSを起動するたびに手動でPostgreSQLサーバーを起動するのは大変なので、OSで用意されている機構を利用してPostgreSQLサーバーを自動的に起動できるように設定します。ここでは、WindowsとLinuxで自動起動する方法を説明します。

2.5.1 Windowsでの自動起動

「2.2 Windowsへのインストール」では、インストーラ上でデータベースクラスタの初期化およびサービスの登録を行いました。ここでは、手動でサービスの登録を行う方法について説明します。以降の作業は、管理者権限で行ってください。

■サービスへの登録

サービスへ登録するためには、pg_ctlコマンドを使います。コマンドプロンプトを起動して、次のコマンドを実行します。

```
pg_ctl register [オプション]
```

指定できるオプションとして、次のものがあります。

● -N
Windowsへ登録するサービス名を指定します。サービス名にスペース文字がある場合は「"」(二重引用符)で囲んでください。

● -U
サービスを開始するためのWindowsのユーザー名です。PostgreSQL用のユーザー名ではないので注意してください。

● -P
サービスを開始するユーザー用のパスワードです。

たとえば、次のように実行します。

```
C:¥> pg_ctl register -D C:¥data -N "PostgreSQL 11" -U postgres -P postgresのパスワード
```

35

登録したサービスは、コントロールパネルの「システムとメンテナンス」→「管理ツール」
→「サービス」から確認できます（図2.20）。

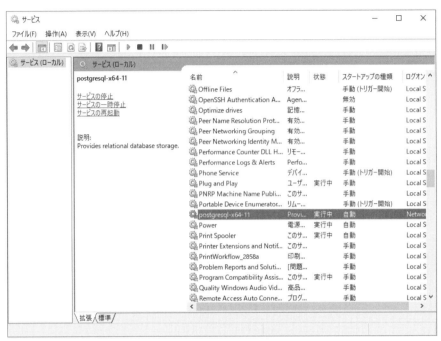

図2.20 「サービス」ダイアログボックス

■サービスの登録解除

登録したサービスを解除するときも、登録のときと同様にpg_ctlを使用します。

```
pg_ctl unregister [オプション]
```

-Nオプションを使うと、Windowsへ登録されているサービス名を指定できます。たとえ
ば、次のように実行します。

```
C:¥> pg_ctl unregister -N "PostgreSQL 11"
```

COLUMN サービスが残ってしまった場合について

「pg_ctl register」でサービスを登録したままPostgreSQLをアンインストールしてしまった場合、サービスが残ってしまう可能性があります。その場合は、scコマンドを使ってサービスを削除します。

```
sc delete サービス名
```

■ サービスの起動/停止

サービスを起動するには、netコマンドもしくはscコマンドを実行します。

```
sc start サービス名
sc stop サービス名
```

COLUMN データベースクラスタのバージョンアップ

PostgreSQLがメジャーバージョンアップした場合、データベースクラスタもバージョンアップする必要があります。これは、メジャーバージョン間でデータベースクラスタの互換性がないからです。

この場合、pg_dumpallコマンドでデータベース全体をバックアップすることができます。

異なるメジャーバージョン間のデータ移行時には、移行先のバージョンのpg_dumpallを使って、移行元のバージョンのデータをバックアップしてください。

ここでは移行元のバージョンが5432ポートで動いているものとします。また、環境変数PATHに移行先のPostgreSQL 11のコマンドディレクトリが含まれているものとします。

```
$ export PGDATA=新しいデータの置き場所
$ initdb -E UTF8 --no-locale
$ pg_ctl -o '-p 5433' start           ──── 5433ポートで移行先のPostgreSQLを起動
$ pg_dumpall | psql -p 5433 postgres
$ pg_ctl stop                         ──── 移行先のPostgreSQLを停止
```

あとは、移行元のバージョンのPostgreSQLを停止させ、PostgreSQL 11を5432ポートで起動すれば完了となります。

2.5.2 Linuxでの自動起動

LinuxでもWindowsの場合と同じように、OSの起動時にPostgreSQLサーバーを起動させることができます。Yumでインストールした場合には、スクリプトファイルはインストールされているので、サービスの登録のみを行えば設定できます。自動起動の設定はrootに切り替わって作業します。

```
$ su -
```

■ サービスの登録

systemctlコマンドでサービスを登録します。

```
# systemctl enable postgresql-11.service
Created symlink from /etc/systemd/system/multi-user.target.wants/postgresql-11.service to /usr/lib/systemd/system/postgresql-11.service.
```

これで、OS起動時にPostgreSQLサーバーが自動的に起動するようになります。

2.6 PostgreSQL操作入門

ここまでの説明でPostgreSQLサーバーを動かす環境を構築できました。

では、実際にPostgreSQLの機能をひととおり試していきましょう。なお、ここでは細部には立ち入らず、PostgreSQLとリレーショナルデータベースの概要をつかんでもらうことに主眼を置くことにします。詳細については、次章以降で説明していきます。

以降の操作は、postgresユーザーで実行してください。

2.6.1 ユーザーの作成

initdbの実行直後は、スーパーユーザーしかいません。UNIX/Linuxでいうと、rootしかユーザーがいない状態です。これでは、セキュリティの観点から好ましくないので、一般ユーザーを作成します。ユーザーに対しては、次の権限を設定できます。

1. スーパーユーザー権限
2. データベース作成権限
3. ユーザー作成権限

ユーザーを作成するには、createuserコマンドを実行します。

では、実際にユーザーを作成してみましょう。ここでは、「testuser」というユーザー名ですべての権限を持たないユーザーを作成してみます。

```
$ createuser --interactive testuser
```

これを実行すると次のように質問が3つ返されるので、いずれにもn + Enterと打ってください。

```
Shall the new role be a superuser? (y/n) n
Shall the new role be allowed to create databases? (y/n) n
Shall the new role be allowed to create more new roles? (y/n) n
```

2.6.2 データベースの作成

次にデータベースを作成します。「2.4.1　データベースクラスタの作成」で説明したように、initdbの実行直後はtemplate0、template1、postgresの3つのデータベースしかありません。template0とtemplate1は、新規に作成するデータベースのテンプレート、postgresはデフォルトのログイン先のデータベースとして使われるものなので、ここにユーザーが使用するデータを格納してはいけません。そこで、ユーザーが自分のデータを格納するためのデータベースを新たに作成する必要があります。

データベースを作成するには、createdbコマンドを使います。では、実際に「testdb」というデータベースを作成してみましょう。次のコマンドを実行してください。

```
$ createdb -O testuser testdb
```

-Oオプションを使い、データベースの所有者としてtestuserを指定しています。

データベースが作成されたかどうかを確認するには、psqlというコマンドを使います。次のように実行すると、作成されたデータベースの一覧が表示されます。

インストール（Windows編／Linux編）

```
$ psql -l
                              List of databases
   Name    |  Owner   | Encoding | Collate | Ctype |   Access privileges
-----------+----------+----------+---------+-------+-----------------------
 postgres  | postgres | UTF8     | C       | C     |
 template0 | postgres | UTF8     | C       | C     | =c/postgres          +
           |          |          |         |       | postgres=CTc/postgres
 template1 | postgres | UTF8     | C       | C     | =c/postgres          +
           |          |          |         |       | postgres=CTc/postgres
 testdb    | testuser | UTF8     | C       | C     |
(4 rows)
```

　Windows版では、ホスト名やユーザー名などをたずねてきます。ホスト名には「localhost」を指定し、ユーザー名はここでは「postgres」と指定してください。

2.6.3 データベースへのログイン

　では、最後にtestdbにログインしてみましょう。ログインをするときにもpsqlコマンドを使います。次のように実行してください。

```
$ psql testdb
```

　ログインが成功すると、次のようなメッセージが表示され、コマンドプロンプトが表示されているはずです。

```
psql (11.2)
Type "help" for help.

testdb=#
```

　この段階ではテーブルを1つも作成していないので、いったんログアウトします。\qと打つか、[Ctrl] + [d]（[Ctrl]キーを押しながら[d]キー）と打ってください。
　以上で、PostgreSQLをインストールし、実際に動作させるところまでを解説しました。次章からは、PostgreSQLの使い方を中心に説明していきます。

Chapter

3

WindowsでPostgreSQLを使う
〜かんたんpgAdminマニュアル

WindowsでPostgreSQLを使う〜かんたんpgAdminマニュアル

この章では、Windows版pgAdmin 4を使いながらPostgreSQLの操作方法を説明していきます。まずはリレーショナルデータベースであるPostgreSQLに慣れてもらうという意味で、GUIを使った操作方法を中心に紹介していきます。SQL文についてはあまり深く立ち入りませんが、SQLについては次の第4章で詳しく説明します。

本章では、以下の環境を想定しています。

- PostgreSQL 11.2
- pgAdmin 4 v4.2（PostgreSQL 11.2付属）
- Windows Server 2019

3.1 pgAdmin 4

第2章でインストールしたpgAdmin 4[1]は、PostgreSQLのデータベースやユーザーなどを管理するためのGUIツールです。このツールには、次のような特徴があります。

- WindowsやLinuxなどさまざまなプラットフォームで動作する
- 操作が簡単
- 日本語メニューを表示できる
- 無償で使うことができる[2]

pgAdmin 4がどのようなものなのか実際に確認してみましょう。Windows版の場合、「スタート」メニューから「PostgreSQL 11」→「pgAdmin 4」と選択することでpgAdmin 4を起動できます。pgAdmin 4を起動すると、図3.1のようなウィンドウが表示されます。

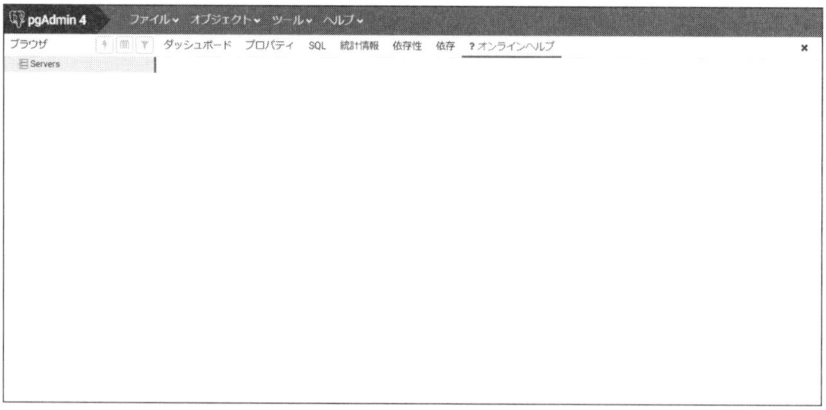

[1] https://www.pgadmin.org/

[2] ライセンスがhttps://www.pgadmin.org/licence/ に公開されているので、一度確認することをおすすめします。

図3.1 pgAdmin 4のウィンドウ

3.2 サーバーの追加

　左側のペインには、サーバーに関する情報がツリー構造で表示されます。右側には、左側のツリーから選択したアイテムの詳細情報やSQL文が表示されます。

3.2　サーバーの追加

　pgAdmin 4でサーバーを管理するには、管理対象となるPostgreSQLサーバーへ接続するための設定を行います。左側ツリーのサーバーグループの1つ（本書では「Servers」）を右クリックし、表示されたメニューから「作成」→「サーバ...」を選択します（図3.2）。Windows版のインストーラでインストールした場合はサーバーが登録されています。

図3.2　「作成」→「サーバ...」を選択

　すると、図3.3のような設定ダイアログボックスが表示されます。

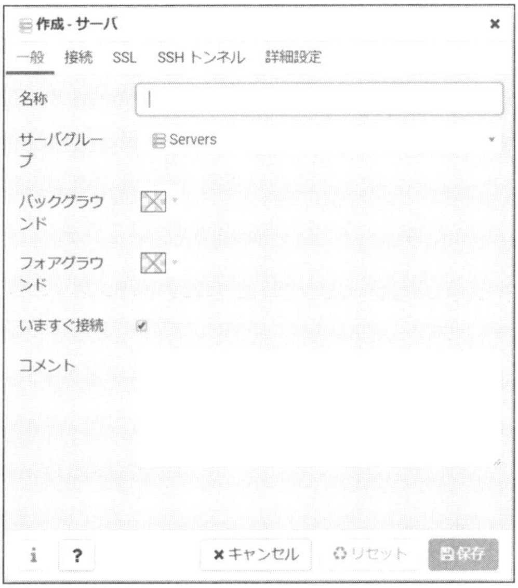

図3.3　「作成 - サーバ（「一般」タブ）」ダイアログボックス

WindowsでPostgreSQLを使う〜かんたんpgAdminマニュアル

ダイアログボックスに、次の項目を入力します。

- **名称**（「一般」タブ）
  この接続に関する説明を入力します。どのような内容を入力してもかまいません。本書では、「PostgreSQL 11」と入力しています。

次に「接続」タブをクリックします（図3.4）。

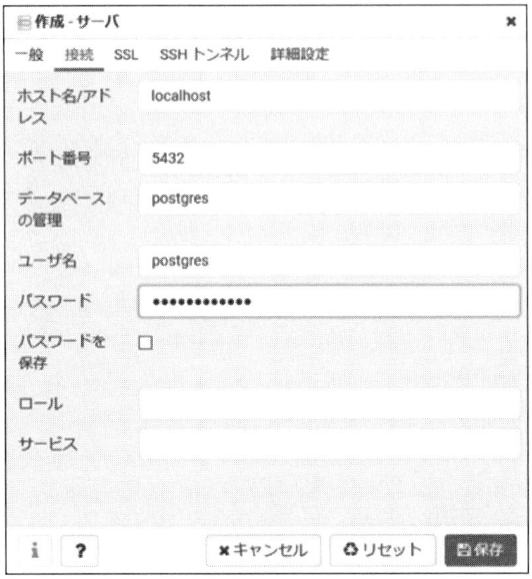

図3.4 「作成 - サーバ（「接続」タブ）」ダイアログボックス

ダイアログボックスに次の情報を入力していきます。

- **ホスト名/アドレス**（「接続」タブ）
  PostgreSQLサーバーが動いているマシンのホスト名またはIPアドレスを指定します。PostgreSQLサーバーと同一のマシンでpgAdmin 4を動かす場合は、「localhost」と入力してください。

- **ポート番号**（「接続」タブ）
  PostgreSQLが監視しているポート番号を指定します。デフォルトでは5432です。

- **データベースの管理**（「接続」タブ）
  pgAdmin 4を使ってサーバーに接続すると、いったんデータベースにログインしてから、データベース一覧やロール一覧を取得します。そのためのログインデータベースを

指定します。postgresデータベースを指定していれば問題ありません。

● **ユーザ名**（「接続」タブ）
サーバーへ接続するユーザーを指定します。

● **パスワード**（「接続」タブ）
ユーザーのパスワードを指定します。

すべての情報を入力したら、「保存」ボタンをクリックします。すると、左側のツリーに**図3.5**のように「×」が付いたアイコンが表示されます。この状態では、まだサーバーへ接続していません。「×」マークが付いた状態ではpgAdmin 4を操作することができないので、実際にサーバーへ接続することにします。このアイコンを右クリックして表示されるメニューから「接続」を選択してください。

図3.5　サーバーに接続されていない状態

PostgreSQLサーバーへの接続に成功すると、ツリーが**図3.6**のように変わります。

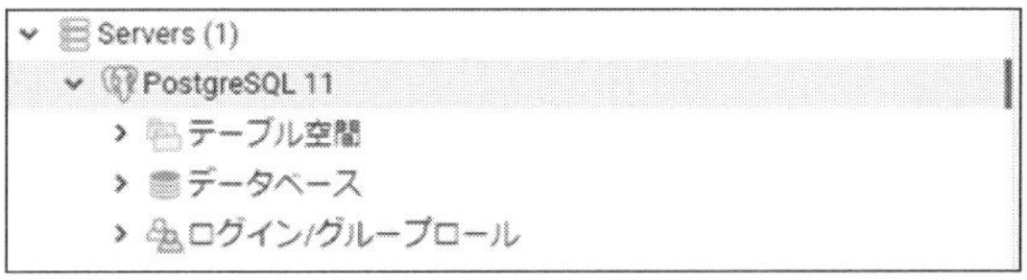

図3.6　サーバーに接続されている状態

「>」マークが付いているものは、さらにツリーを展開できます。ここで選択できる項目は、次のとおりです。

● テーブル空間
● データベース
● ログイン / グループロール

では、次にデータベースの作成方法を見ていきましょう。

3.3 データベースの構築

まずは、データベースの作成の仕方から見ていきます。左側のツリーから「データベース」を右クリックすると、図3.7のようなメニューが表示されます。

図 3.7　データベースの作成

メニューから「作成」→「データベース...」を選択すると、データベースを作成するためのダイアログボックスが表示されます（図3.8）。

図 3.8　「作成 - データベース」ダイアログボックス（「一般」タブ）

ダイアログボックスに次の情報を設定します。

- データベース (「一般」タブ)

  データベースの名前を入力します。

- 所有者 (「一般」タブ)

  データベースの所有者を選択します。

次に「定義」タブをクリックします (図3.9)。

図 3.9 「作成 - データベース」ダイアログボックス (「定義」タブ)

ダイアログボックスに次の情報を設定していきます。

- エンコーディング (「定義」タブ)

  データベースの文字エンコーディングを指定します。日本語を扱う場合は、UTF8、EUC_JP、MULE_INTERNAL のいずれかを選択してください。

- テンプレート (「定義」タブ)

  データベースを作成するためのテンプレートデータベースを指定します。指定しない場合は、template1 がテンプレートデータベースになります。

- テーブル空間 (テーブルスペース) (「定義タブ」)

  データベースをどのテーブルスペースに配置するかを指定します。指定しない場合は、pg_default という名前のテーブルスペースに配置されます。

ここでは、表3.1のような構造のデータベースを作成します。

表3.1 pgadmin データベース

データベース	pgadmin
所有者	postgres
エンコーディング	UTF8
テンプレート	指定しない
テーブル空間	指定しない

必要な項目を入力したら「保存」ボタンをクリックします。

では、データベースが正しく作成されたかどうか確認してみましょう。「データベース」の左横にある「>」をクリックし、ツリーを展開してください。作成したpgadminデータベースが表示されているのが確認できるはずです（図3.10）。

図3.10 作成された pgadmin データベース

3.4 データの編集

データベースを作成できたので、次はテーブルを作成してみましょう。テーブルが作成できたら、テーブルにデータを格納していきましょう。

3.4.1 テーブルの作成

まず、テーブルを作成します。ここでは例として、商品データ（ID、名前、価格）を管理するitemテーブルを作成します。このテーブルには、表3.2に示す列を作成します。

[3] 制約は、テーブルに格納するデータに対してさまざまなチェックを行う機構です。詳細については第4章で説明します。

表3.2 item テーブル

列名	データ型	制約[3]
id	INTEGER	PRIMARY KEY
name	TEXT	NOT NULL
price	INTEGER	CHECK(price > 0)

- id列

  商品番号を格納します。この列に格納できるのは数字です。また、この列には主キー制約を設定します。主キー制約は、列内で重複する値の格納を許可せず、かつ必ずデータを格納しなければならないという制約です。

- name列

  商品名を格納します。この列に格納できるのは文字列です。また、この列には必ずデータを格納するように制約を設定します。

- price列

  商品の価格を格納します。この列に格納できるのは数字です。また、この列には0より大きい値が入るように制約を設定します。

では、pgAdmin 4を使って、itemテーブルを作成してみます。左側のツリーから、作成したpgadminデータベースを選択し、「スキーマ」→「public」とツリーを展開していきます。「public」の下にいくつかアイテムが表示され、その中に「テーブル」というアイテムが表示されます。この「テーブル」を右クリックすると表示されるメニューから、「作成」→「テーブル...」を選択してください（図3.11）。

図3.11　新しいテーブルの作成

# CHAPTER 3　WindowsでPostgreSQLを使う～かんたんpgAdminマニュアル

　　　すると、図3.12のようなダイアログボックスが表示されます。このダイアログボックスから、テーブルに関する情報を入力していきます。

図3.12　「作成 - テーブル」ダイアログボックス（「一般」タブ）

■テーブル名の入力

　最初にテーブル名を入力します。テーブル作成画面の上のほうにある8つのタブの中から「一般」タブをクリックし「名称」にテーブル名を入力します。

■列の作成

　次に列を作成します。ここで作成するのは、id、name、priceの3つの列です。「列」タブをクリックし、1つの列を作成するごとに、右上にある「＋（追加）」ボタンをクリックします（図3.13）。

図 3.13　1つの列を作成するごとに「+」ボタンをクリック

「+」ボタンをクリックすると、新しい列の情報を入力するための行が追加されます。次のように列の情報を入力していきます。最終的には、図3.14のようになります。

- id
「名称」に「id」と入力し、「データ型」には-2147483648から+2147483647までの整数を表すintegerを選択します。

- name
「名称」に「name」と入力し、「データ型」には長さ制限なしの文字列を表すtextを選択します。この列に必ずデータを入力するという制約（NOT NULL制約）を追加するために、「NOT NULL」をYesにしてください。

- price
「名称」に「price」と入力し、「データ型」にはintegerを選択します。

図3.14　列の情報を入力

■制約の追加

次に、テーブルの列に制約を設定しています。なお、name列については、先ほどの列の作成時にすでに制約（NOT NULL制約）を追加しているので、ここでは残りのid列とprice列に制約を追加します。列に制約を追加するには、「制約」タブをクリックします（図3.15）。

- id列

主キーを設定します。図3.15の下段のタブから「主キー」を選択し、「+」ボタンをクリックして表示された行の一番左のボタン（Edit row）ボタン（☑）をクリックします。主キーを設定するための入力画面が表示されたら、「定義」タブをクリックし、「列」に「id」と入力します（図3.16）。「名称」の入力を省略すると主キーの名前は「テーブル名_pkey」になります。

図3.15 制約「主キー」の設定

図3.16 「主キー」入力画面

- price列

 price列には、0以下の数字が入らないように制約を設定します（図3.17）。下段のタブから「検査」を選択し、「+」ボタンをクリックして表示された行の一番左のボタン（Edit rowボタン：🖉）をクリックします。ここでは、「名称」に「price_check_constraint」と入力し、「検査」に「price > 0」と入力します。

図3.17 「検査」入力画面

テーブル作成に関する入力はこれで終わりです。「保存」ボタンをクリックすると、テーブルが作成されます。テーブルが正常に作成されると、左側のツリーの「テーブル」の下に「item」が追加されているのを確認できるはずです。

3.4.2 データの編集

ここまでの操作でテーブルの作成が終わりました。次に、テーブルにデータを格納していきましょう。

データを格納するには、次の2通りの方法があります。

- SQL文を実行する
- 「データの閲覧/編集」を使ってデータを登録する

この章では、「データの閲覧/編集」を使う方法でデータを登録していきます。なお、「データの閲覧/編集」を使う場合は、データを登録するテーブルに主キーを設定するか、テーブルの作成時に「OIDあり」をYesにしている必要があります。いずれの条件も満たしていない場合は、「データの閲覧/編集」を使ったデータの登録はできず、テーブルの内容の参照しかできないので注意してください。

では、itemテーブルの「データの閲覧/編集」を起動してみましょう。左側のツリーからitemテーブルを右クリックし、メニューを表示させます（図3.18）。その中から「データの閲覧/編集」→「すべての行」を選択してください。

図3.18　データの格納

すると、テーブルを作成するための画面が表示されます（図3.19）。

CHAPTER 3　WindowsでPostgreSQLを使う〜かんたんpgAdminマニュアル

図3.19 「データの閲覧/編集」

　この画面内のテーブルに直接データを入力することができます。ここでは、**表3.3**のデータを追加していきましょう。各列にデータを入力し終えたら、画面上部にある「Save File」ボタン（フロッピーディスクのアイコン）をクリックしてデータを登録します。

表3.3　itemテーブルに格納するデータ

商品番号（id）	商品名（name）	値段（price）
1	オレンジジュース	120
2	チョコ	30
3	カキ氷	100
4	レモンティー	300
5	チーズケーキ	550

56

3.4.3 制約違反を試す

　先ほどテーブルを作成したときには、列に格納できるデータに一定の条件を課すため、テーブル内の各列に制約を追加しました。では、制約の条件を満たさないデータを追加するとどのようになるのでしょうか？　今度はそれを確認してみましょう。

　「データの閲覧/編集」からidとpriceのところにだけデータを入力し、nameには何も入力しないで「Save File」ボタンをクリックしてデータを登録してみましょう。**図3.20**のように、エラーが表示されるはずです。name列を作成する際に「NOT NULL」をYesにしたので、この列には必ずデータを入力しなければなりません。

　あるいは、price列に「-100」などの値を入力すると、「price > 0」という条件に対する制約違反が起こってデータの追加に失敗するのが確認できるはずです。また、integerの範囲に入らない数字を入れようとすると、不適切な値であるというエラーメッセージを表示します。

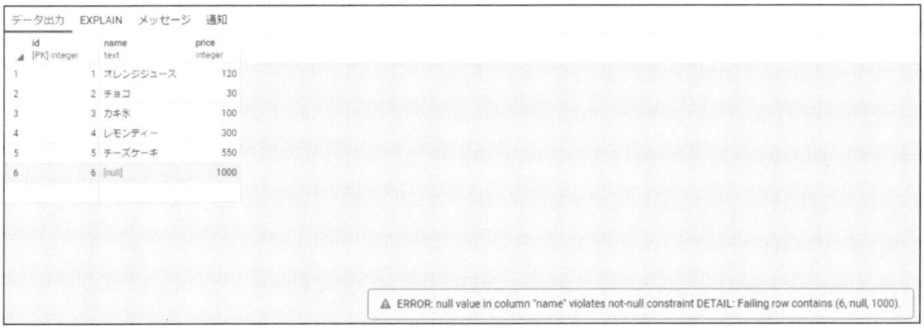

データ出力　EXPLAIN　メッセージ　通知		
id [PK] integer	name text	price integer
1	1 オレンジジュース	120
2	2 チョコ	30
3	3 カキ氷	100
4	4 レモンティー	300
5	5 チーズケーキ	550
6	6 [null]	1000

⚠ ERROR: null value in column "name" violates not-null constraint DETAIL: Failing row contains (6, null, 1000).

図 3.20　制約に違反した場合のエラーメッセージ

3.4.4 データの削除

　「データの閲覧/編集」から不要になったデータを削除することもできます。左側にある行番号から不要なデータをシングルクリックで選択し、上にある「Delete」ボタン（ゴミ箱のアイコン）をクリックします（**図3.21**）。ここでは6行目を選択しています。

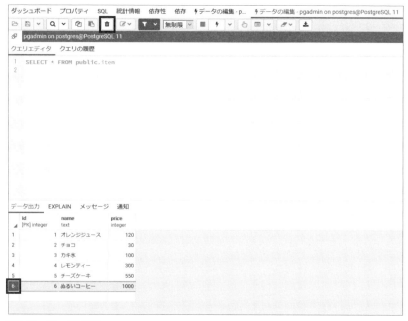

図 3.21　データの削除

　すると、図3.22のようなダイアログボックスが表示されるので、「Yes」を選択するとデータが削除されます。

図 3.22　行の削除の確認

3.4.5　データの検索

　テーブルを作成し、データをいくつか追加したので、次は「データの閲覧/編集」を使ってitemテーブルから何かデータを検索してみましょう。

　「データの閲覧/編集」→「すべての行」を開くと、そのテーブルに格納されているデータがすべて表示されます。すべての情報を表示するのではなく、ある条件を満たすデータだけを表示したい場合は、検索条件を設定します。検索条件を設定するには、「データの閲覧/編集」→「フィルタした行の表示...」を選択します（図3.23）。すると、「Data Filter」ダイアログボックスが表示されます（図3.24）。

3.4 データの編集

図 3.23 「フィルタした行の表示 ...」を選択

図 3.24 「Data Filter」ダイアログボックス

検索条件は、このダイアログボックスに指定します。ここでは例として、値段が 100 円より高い商品を検索してみます。まず、「price > 100」という条件をテキストエリアに入力します。「Data Filter」ダイアログボックスで「OK」ボタンをクリックします。すると、図3.25のように、100 円より高い商品のみが表示されます。

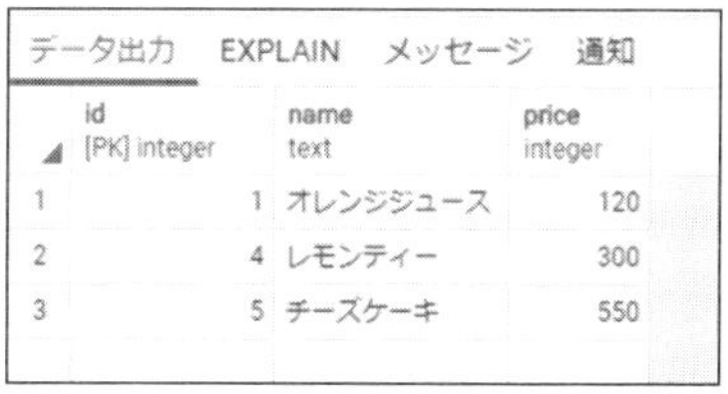

図 3.25 「値段が 100 円より高い」という条件で検索したデータ

このように条件を指定して、その条件を満たすデータのみを表示させることができます。

COLUMN クエリツール

pgAdmin 4には、任意のSQL文を実行し、その結果を表示するためのクエリツールという機能が用意されています。SQLについては第4章で説明しますので、ここではクエリツールの使い方について簡単に紹介しておきます。

クエリツールを起動するには、まずpgAdmin 4の左側のツリーから接続先のデータベースを右クリックし、メニューから「クエリツール...」を選択します（**図3.26**）。

図3.26 「クエリツール...」を選択

すると、**図3.27**のようなクエリツールのウィンドウが表示されます。

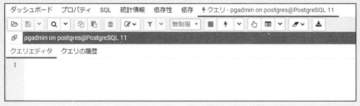

図3.27 クエリツール

クエリツールでは、「クエリエディタ」に任意のSQL文を記述して実行すると、下の「メッセージ」にサーバーからの結果が出力されます。

では、実際にSQLを実行してみましょう。「3.3 データベースの構築」で作成したpgadminデータベースを選択し、クエリツールを起動します。SQLのINSERT文でデータを登録してみます。「クエリエディタ」に次のように入力してください。

```
INSERT INTO item VALUES (100, 'ガム', 110);
INSERT INTO item VALUES (101, 'グミ', 100);
INSERT INTO item VALUES (102, 'そばぼうろ', 150);
```

このSQL文は、itemテーブルのid列、name列、price列にそれぞれデータを格納します。SQLを実行するには、上部のアイコンが並んだバーから「Execute/Refresh」（雷アイコン）をクリックします。SQLを実行すると、画面下部の「メッセージ」に結果が表示されます。「クエリが ～ msec で成功しました」と表示されていれば、正常に終了したことになります。

次にデータの検索をしてみます。上の「クエリエディタ」に次のように入力してください。

```
SELECT * FROM item WHERE price > 100 ORDER BY price
```

このSQLを実行すると、画面下部の「データ出力」にデータが表示されます。pgAdmin 4では、SQLの実行結果をCSVファイルとして出力することもできます。それには、上部のバーから「Download as CSV」ボタン（下矢印アイコン）をクリックします（**図3.28**）。このとき、ブラウザのダウンロードフォルダーにCSVファイルが出力されます。

図3.28　CSVファイルとして保存する

クエリツールには、このようにSQLを実行し、それをグラフィカルに表示する機能が備えられていますので、いろいろと試してみてください。

3.5 管理コマンドの実行

pgAdmin 4には、データベースの操作以外にもさまざまなサーバー管理機能が盛り込まれています。以降は、それらについて紹介していきます。

3.5.1 メンテナンス

PostgreSQLでは、日々のメンテナンスとしていくつかのコマンドを実行しますが、こういったコマンドはpgAdmin 4からも実行できます。左側のツリーからテーブルもしくはデータベースを右クリックし、メニューから「メンテナンス...」を選択すると、データベースのメンテナンスを行う画面が表示されます（図3.29）。

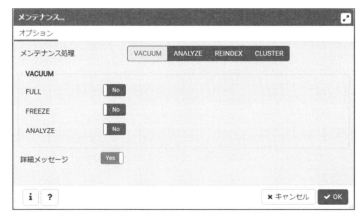

図3.29 データベースのメンテナンス

この画面では次の操作を行うことができます。

- VACUUM —— 不要なデータ領域の削除
- ANALYZE —— 統計情報の更新
- REINDEX —— インデックスの再構築
- CLUSTER —— データの整列

VACUUMの詳細については、第11章で説明します。

3.5 管理コマンドの実行

3.5.2 テーブルスペースの管理

テーブルスペースを使うと、ディスクへの入出力を分散させることができます。通常、テーブルスペースを作成するにはSQL文を実行する必要がありますが、pgAdmin 4から直接テーブルスペースを作成することもできます。左側のツリーから「テーブル空間」を右クリックし、表示されたメニューから「作成」→「テーブル空間...」を選択します。すると、テーブルスペースを作成するダイアログボックスが表示されます（図3.30）。

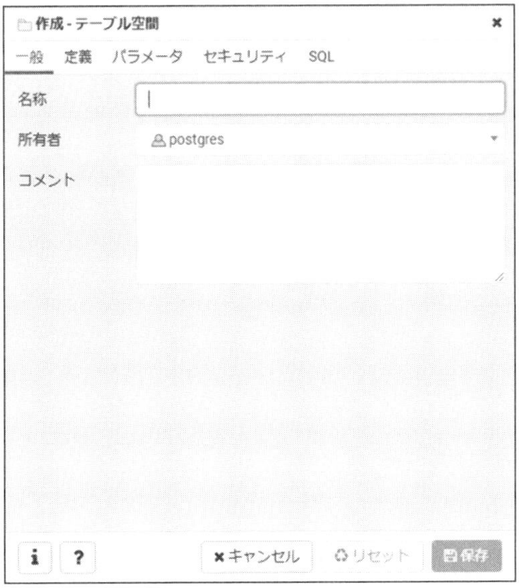

図 3.30 「作成 - テーブル空間」ダイアログボックス（「一般」タブ）

ダイアログボックスに次の情報を設定します。

- 名称（「一般」タブ）

  テーブルスペースを識別するための名前です。

- 所有者（「一般」タブ）

  テーブルスペースの所有者となるユーザーです。

次に、「定義」タブをクリックします（図3.31）。

63

図 3.31 「作成 - テーブル空間」ダイアログボックス（「定義」タブ）

ここでは、次の内容を入力します。

- 場所（「定義」タブ）
  データの実際の置き場所となるディレクトリです。指定するディレクトリはあらかじめ作成しておく必要があります。

入力が完了したら、「保存」ボタンをクリックします。これで、テーブルスペースが作成されます。

■ permission denied エラーで失敗する場合

「場所」に指定したディレクトリにはPostgreSQLサーバーを実行しているユーザー[4]が使用する権限が設定されていません。「場所」に指定したディレクトリの「プロパティ」→「セキュリティ」→「編集」からPostgreSQLサーバーを実行しているユーザーを加え、「変更」を許可するようにしてください。

「場所」に指定したディレクトリを見ると、PG_11_201809051というディレクトリ[5]が作成されているのを確認できるはずです。

次に、作成したテーブルスペースにデータベースを作成してみましょう。「3.3 データベースの構築」でデータベースを作成したときにはテーブルスペースを設定しませんでしたが、ここではテーブルスペースを設定してデータベースを作成してみます（図3.32）。

---

[4] PostgreSQLサーバーを実行しているユーザーの名前は、「タスクマネージャ」→「詳細」画面に表示されている「postgres.exe」の「ユーザー名」に示されています。

[5] ディレクトリ名はPostgreSQLのバージョンによって異なる場合があります。

3.5 管理コマンドの実行

図 3.32 テーブルスペースを指定してデータベースを作成

データベースが作成されると、PG_11_201809051 ディレクトリに数字のディレクトリが作成されるはずです。

3.5.3 ログインロールとグループロールの管理

pgAdmin 4では、PostgreSQLへログインできるロールとグループロールを管理することができます。ロールとは、ユーザーとグループの概念をまとめたもので、ログイン権限やデータベース作成権限などを細かく設定できます。

■ ログインロールの作成

新しくログインロールを作成するには、左側のツリーから「ログイン/グループロール」を右クリックし、表示されたメニューから「作成」→「ログイン/グループロール」を選択します。図 3.33 の画面が表示されたら、ログインロールに関する情報を設定します。

ダイアログボックスに次の内容を入力します。

- 名称(「一般」タブ)
  作成するログインロール名を入力します。

65

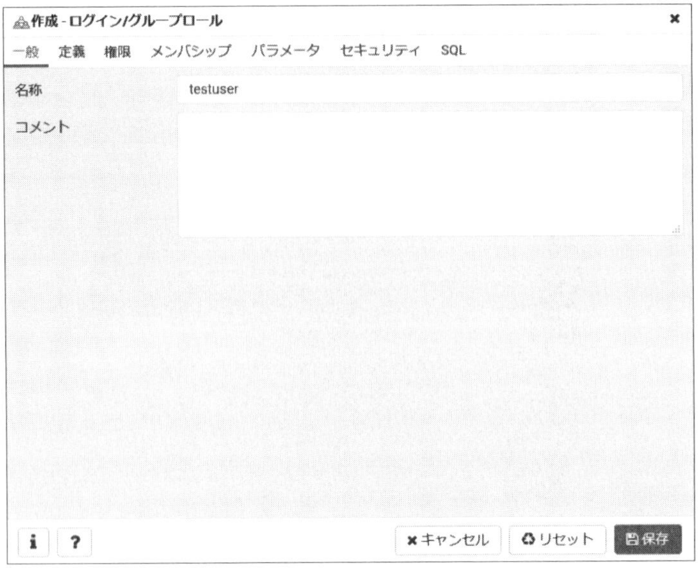

図3.33 「作成 - ログイン / グループロール」ダイアログボックス（「一般」タブ）

次に、「定義」タブをクリックします（図3.34）。

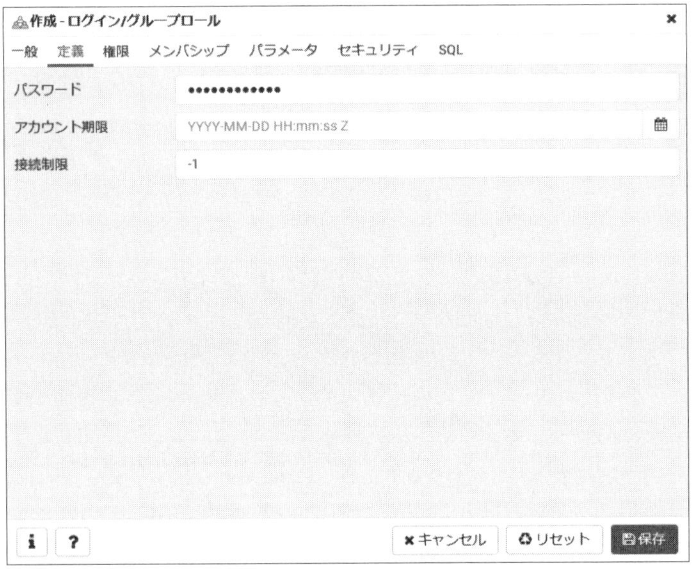

図3.34 「作成 - ログイン / グループロール」ダイアログボックス（「定義」タブ）

ダイアログボックスに次の情報を設定します。

- パスワード(「定義」タブ)

  作成するログインロールのパスワードを入力します。

- アカウント期限(「定義」タブ)

  作成するログインロールがどの期間まで有効であるかを設定します。何も設定しない場合は無期限になります。

次に、「権限」タブをクリックします(図3.35)。

図3.35 「作成 - ログイン / グループロール」ダイアログボックス(「権限」タブ)

ダイアログボックスの「権限」タブでは、以下の属性を設定します。

- 各属性(「権限」タブ)
  - ログイン属性
  - スーパーユーザ属性
  - ロール作成属性
  - データベース作成属性
  - カタログ更新属性
  - 親ロールから属性を継承
  - ストリーミングレプリケーション、バックアップ属性

67

■グループロールの作成

新しくグループロールを作成するには、ログインロールの作成と同様に左側のツリーから「グループロール」を右クリックし、表示されたメニューから「作成」→「ログイン/グループロール」を選択します。図3.36の画面が表示されたら、グループロールに関する情報を設定します。入力する項目はログインロールと同じになります。

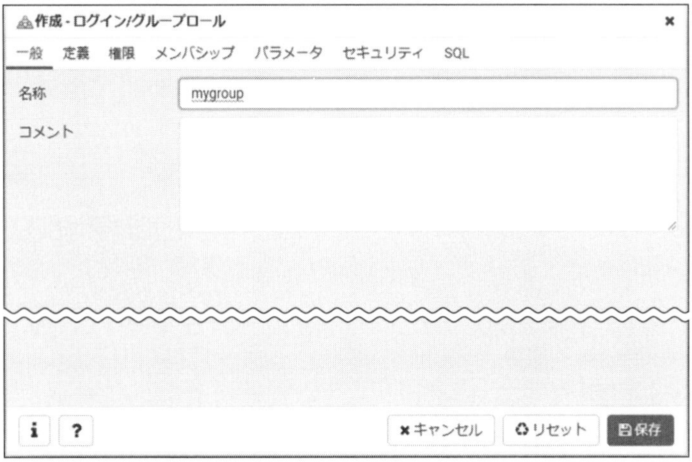

図 3.36　グループロール

グループログインにユーザーを加えたい場合は、「メンバシップ」タブをクリックし、対象のユーザーを選択します（図3.37）。

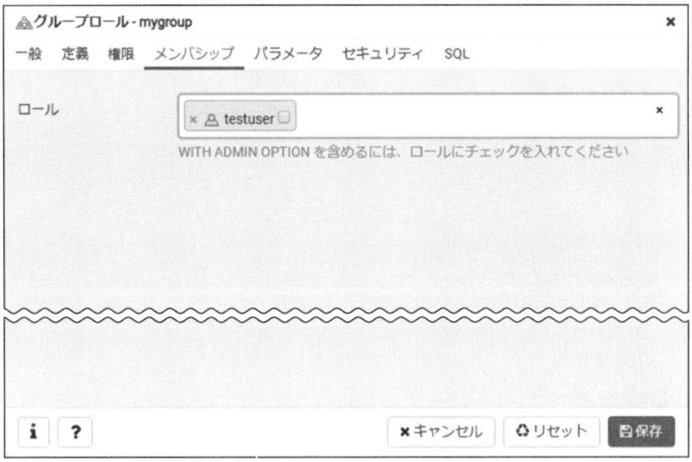

図 3.37　メンバーの作成

3.5.4 バックアップ／リストア

データベースに何らかの障害が発生したときに元の状態に復旧できるよう、定期的にデータベースをバックアップしておく必要があります。pgAdmin 4では、サーバーやデータベース、テーブル単位でバックアップとリストアを実行できます。

■バックアップ

データベースをバックアップするには、左側のツリーからバックアップしたいデータベースを右クリックし、表示されたメニューから「バックアップ...」を選択します（図3.38）。

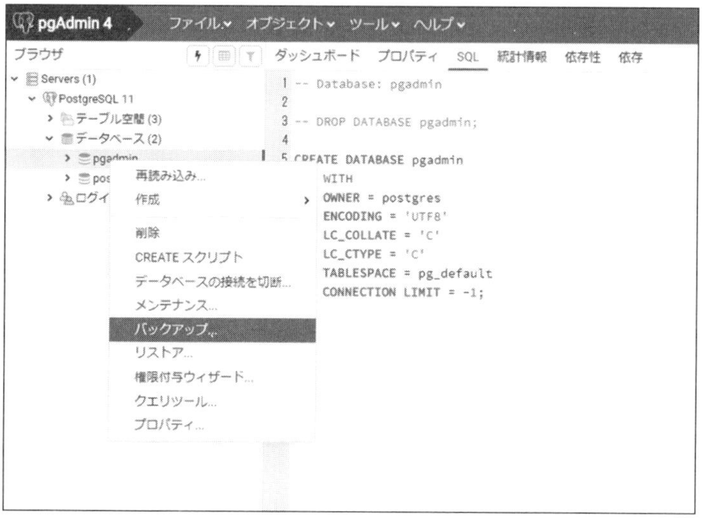

図3.38 「バックアップ...」を選択

すると、図3.39のダイアログボックスが表示されます。「ファイル名」にバックアップ先のファイル名を入力してから「バックアップ」ボタンをクリックします。これでバックアップが開始されます。

図3.39　バックアップを実行するためのダイアログボックス

■リストア

データベースをリストアするには、左側のツリーからリストアしたいデータベースを右クリックし、表示されたメニューから「リストア…」を選択します。すると、**図3.40**のダイアログボックスが表示されます。バックアップしたファイルを選択し、オプションを指定することでデータを復元することができます。リストアのオプションについては、第12章で詳しく説明します。

図3.40　リストアを実行するためのダイアログボックス

以上、pgAdmin 4の各操作を解説してきました。pgAdmin 4の操作は付属のヘルプにも記載されているので「ヘルプ」メニューから確認してみてください。

Chapter

4

SQL入門

CHAPTER 4 SQL入門

　この章では、RDBMSの標準の問い合わせ言語であり、PostgreSQLの問い合わせ言語でもあるSQLの使い方について説明します。SQLでできることのほとんどは、第3章で説明したpgAdmin 4でGUIから操作できますが、アプリケーションプログラムからデータベースにアクセスする場合には、GUIで操作するわけにいきません。データベースを利用したアプリケーションを作成するには、SQLは避けて通れない道です。また、SQLを使いこなせるようになると、GUIを使った操作より簡単に思えるようになるでしょう。

　さっそくチャレンジしてみましょう。

4.1　RDBMSを操作するための言語──SQL

　SQLは、RDBMSの標準の問い合わせ言語です。ISO/ANSIで規格化されており、日本でもJIS規格となっています。SQL標準を完全に準拠しているデータベースは存在しませんが、PostgreSQLはSQL標準の主要な部分に準拠しています。

　SQLは、大きく次の3つに分かれます。

- DDL（Data Definition Language）
  データ定義に関するコマンド。テーブルなどのオブジェクトを作成するためのコマンド群です。

- DML（Data Manipulation Language）
  データ操作に関するコマンド。データの挿入／更新／削除などを行うためのコマンド群です。

- DCL（Data Control Language）
  データ制御に関するコマンド。トランザクション関連のコマンドが含まれます。

4.2　psql

　PostgreSQLでSQLを実行するには、psqlというSQLインタプリタプログラムを利用します。PostgreSQLにはpsqlが標準で付属しているので、インストールすればすぐにpsqlを利用できます。

4.2.1　psqlの起動

　まずは、psqlを起動してみましょう。

72

4.2 psql

● Windows版

スタートメニューから「PostgreSQL 11」→「SQL Shell (psql)」の順で選択するか、コマンドプロンプトからpsqlコマンドを実行します。

● Linux版

シェルからpsqlコマンドを実行します。

psqlコマンドでデータベースに接続する簡単な方法は次のようになります。

```
$ psql データベース名 データベースユーザー名
```

引数としてデータベース名とデータベースユーザー名を指定します。

psqlコマンドはさまざまなオプションが利用可能です。利用可能なオプションのいくつかを**表4.1**に示します。

表4.1　psqlの主なオプション

オプション	説明
-l	他のオプションと併用しないで指定すると、データベース一覧を表示する。データベースに接続したままにならず、コマンドプロンプトに戻る
-c 'コマンド'	引数で指定したSQLコマンドを実行し、結果を表示する。データベースに接続したままにならず、コマンドプロンプトに戻る
-f ファイル名	引数で指定したファイルの中身をSQLとして実行する。データベースに接続したままにならず、コマンドプロンプトに戻る
-p ポート番号	接続するPostgreSQLのポート番号を指定する
-h ホスト名	接続するPostgreSQLのホスト名を指定する

4.2.2 データベースへの接続

実際にpsqlでデータベースに接続してみましょう。postgresユーザーでtemplate1データベースに接続するには、次のコマンドを実行します。

```
$ psql template1 postgres
```

コマンドの実行後は、指定したデータベースに接続した状態になり、プロンプトが変わります。

```
psql (11.2)
Type "help" for help.
```

```
template1=#
```

プロンプトの行（最後の行）に注目してください。template1=#となっていますが、このtemplate1は接続しているデータベース名を示します。ここではいったんpsqlを終了しましょう。

```
template1=# \q
```

次に、testdbというデータベースにtestuserというユーザーで接続してみましょう（データベースとユーザーは第2章で作成済みです）。

```
$ psql testdb testuser
```

このコマンドを実行すると、指定したデータベースに接続した状態になり、プロンプトが変わります。

```
psql (11.2)
Type "help" for help.

testdb=>
```

最後のプロンプトが先ほどと違うことに気づいたでしょうか？ このプロンプトの違いには、次のような意味があります。

- =# ── 接続したユーザーがスーパーユーザーであることを表しています。
- => ── 接続したユーザーが一般ユーザーであることを表しています。

4.2.3 psqlのバックスラッシュコマンド

プロンプトが変わるとデータベースに接続した状態になり、直接SQLを実行できるようになります。さっそくデータベースを操作してみましょう。

データベースに接続したら、まず何をしたいでしょうか？ たとえば既存のデータベースに接続した場合は、どんなテーブルやインデックスがあるのか気になるところでしょう。それらの情報は、psqlで実装されているバックスラッシュ（\）コマンドで参照できます。

テーブルやインデックスなどのオブジェクトの一覧を表示するには、次のように実行します。

```
testdb=> \d
```

また、データベースのユーザーの一覧を表示するには、次のように実行します。

```
testdb=> \du
```

バックスラッシュコマンドの一覧は、次のコマンドで参照できます。

```
testdb=> \?
```

よく使われるバックスラッシュコマンドを**表**4.2に示します。

表 4.2　バックスラッシュコマンド

バックスラッシュコマンド	説明
\q	psqlを終了する
\l	データベースの一覧を表示する
\dn	スキーマの一覧を表示する
\d	テーブル、インデックス、シーケンス、ビューの一覧を表示する
\dt	テーブルの一覧を表示する
\di	インデックスの一覧を表示する
\ds	シーケンスの一覧を表示する
\dv	ビューの一覧を表示する
\dS	システムテーブルの一覧を表示する
\du	データベースのユーザーの一覧を表示する
\df	関数の一覧を表示する
\h	SQLヘルプを表示する
\r	入力途中のクエリをリセットする
\timing	SQL実行時間計測表示のON・OFFを切り換える

　以下では、さまざまなSQLコマンドについて説明していきます。その前に、SQLに共通のルールについて確認しておきましょう。

■SQL文の終わり

　SQL文は、セミコロン（;）までが1文の区切りとなります。例として、第2章で実行したSELECT文を見てみましょう。

```
testdb=> SELECT * FROM pg_user;
```

このように1行で実行しても、次のように複数行に分けて実行しても同じ意味になります。

```
testdb=> SELECT
testdb-> *
```

```
testdb-> FROM
testdb-> pg_user;
```

2行目以降は、プロンプトが=>から->に変わっています。これは、まだSQLが終わっていないことを意味しています。セミコロンを入力し、**Enter**キーを押すことで初めて、今までに入力したSQLが実行されます。

■ 大文字と小文字の区別

SQLのキーワード（SQL言語で決まった意味を持っている単語）は、大文字と小文字が区別されません。次の2つのSQLは同じ意味になります。

```
testdb=> SELECT * FROM pg_user;
testdb=> Select * From pg_user;
```

本書では、SQLキーワードとテーブルなどのオブジェクトの名前を区別しやすくするため、**SQLキーワードを大文字**で表記します。

COLUMN
大文字・小文字の区別と二重引用符

テーブル名はそのまま記載すれば大文字・小文字の区別は行われませんが、二重引用符(")で囲むと大文字・小文字が区別されます。なるべくなら、大文字・小文字の区別が必要ないようにするのがいいでしょう。

■ エラーの表示

SQLの構文を間違えると、エラーメッセージが表示されます。

```
testdb=> SELECT * FROM;
ERROR:  syntax error at or near ";"
LINE 1: SELECT * FROM;
                     ^
```

このようにエラーメッセージでは、何行目のどこが文法的に誤っているか具体的に教えてくれます。長いSQL文を指定したときなどに役立ちます。

4.3 DDL (CREATE/DROP)

DDLはデータ定義文とも呼ばれ、オブジェクトを作成するSQLコマンドを指します。PostgreSQLでは、CREATEやDROPで始まるコマンド群が該当します。まずは、基本的なDDLから見ていきましょう。

4.3.1 スキーマの作成 (CREATE SCHEMA)

データベースの中には「スキーマ」という名前空間があります。テーブルなどのオブジェクトはスキーマの下に置かれます。通常は、スキーマを意識せずにデータベースを利用できます。優先させたいスキーマは任意に指定できます。

データベース作成時点では、次の6つのスキーマが存在します。

- information_schema ——インフォメーションスキーマ
- pg_catalog —————システムカタログ
- pg_toast —————TOAST
- pg_toast_temp_1 ——TOAST用の一時スキーマ
- pg_temp_1 —————一時テーブル用スキーマ
- public—————通常利用可能なスキーマ

現在優先されるスキーマを確認するには、次のようにします。

```
testdb=> SELECT current_schema();
 current_schema
----------------
 public
(1 row)
```

新しくスキーマを作成するには、CREATE SCHEMAコマンドを利用します。CREATE SCHEMAコマンドの構文は次のようになります。

```
CREATE SCHEMA スキーマ名;
```

CREATE SCHEMAコマンドの実行例を次に示します。

```
testdb=> CREATE SCHEMA testuser;
CREATE SCHEMA
```

優先されるスキーマの順は、以下のコマンドで確認できます。

```
testdb=> SHOW search_path;
 search_path
--------------
 "$user",public
(1 row)
```

$userはデータベースのユーザー名となります。したがって、標準ではユーザー名と同じスキーマが優先され、その次にpublicスキーマとなります。

スキーマの有効利用

データベースは1つしかないが、利用できるテーブルをユーザーごとに別々にしたいといったケースでは、スキーマの仕組みが非常に役立ちます。スキーマのサーチパスを変更すれば、アプリケーションのSQL文を修正せずに、アクセス先のテーブルを変更できます。

たとえば、user1、user2というデータベースユーザーがいるとします。ここで、schema1、schema2というスキーマを作成し、schema1の所有者をuser1に、schema2の所有者をuser2にして、各ユーザー所有のスキーマが優先されるようにサーチパスを設定します。これによって、user1はschema1を、user2はschema2を先に参照するようになります。スキーマ以下のテーブルへアクセスするSQL文は通常とまったく同じですが、実際に参照するスキーマは異なります。

4.3.2 スキーマの削除（DROP SCHEMA）

作成したスキーマを削除するには、DROP SCHEMAコマンドを実行します。DROP SCHEMAコマンドの構文は次のとおりです。

```
DROP SCHEMA スキーマ名;
```

スキーマを削除するには、スキーマ内のオブジェクトを削除しておく必要があります。スキーマを削除するときにスキーマ内のオブジェクトも削除したい場合には、次のようにDROP SCHEMAコマンドにCASCADEオプションを付けて実行します。

```
DROP SCHEMA スキーマ名 CASCADE;
```

4.3 DDL (CREATE/DROP)

4.3.3 テーブルの作成 (**CREATE TABLE**)

CREATE TABLEコマンドは、テーブルを作成するSQLコマンドです。テーブルを作成するには、次の情報が必要です。

- テーブル名
- 列名
- データ型

テーブル名、列名はSQLキーワードと同じ名前にならなければ自由に指定できます。一般的にはアルファベット、数字、アンダースコア (_) のみを含むように指定します。二重引用符 (") で囲むことでSQLキーワードと同じ名前や空白を含んだ名前も指定可能ですが、アプリケーションとの連携に不都合が生じたり、移植性が低くなる可能性があるため推奨しません。日本語を含んだ名前についても同様です。

データ型はPostgreSQLで指定できるものから選択します。PostgreSQLで利用できる主なデータ型を**表**4.3に示します。

表4.3 PostgreSQLで利用できる主なデータ型

型名	サイズ	説明
数値型		
SMALLINT	2バイト	−32768〜+32767の整数
INTEGER	4バイト	−2147483648〜+2147483647の整数
BIGINT	8バイト	−9223372036854775808〜 +9223372036854775807の整数
NUMERIC	可変長	ユーザー指定の精度
REAL	4バイト	6桁精度
DOUBLE PRECISION	8バイト	15桁精度
SERIAL	4バイト	1〜2147483647の自動増分整数
BIGSERIAL	8バイト	1〜9223372036854775807の自動増分整数
文字型		
CHAR(*n*)	固定長	n文字分の長さの固定長
VARCHAR(*n*)	可変長	最大n文字の長さの可変長
TEXT	可変長	文字数に上限のない可変長
日付／時間型		
TIME WITH TIME ZONE	12バイト	時分秒 (タイムゾーン付き)
TIME	8バイト	時分秒 (タイムゾーンなし)
TIMESTAMP WITH TIME ZONE	8バイト	年月日時分秒 (タイムゾーン付き)
TIMESTAMP	8バイト	年月日時分秒 (タイムゾーンなし)
INTERVAL	16バイト	年月日時分秒の間隔

79

型名	サイズ	説明
論理値型		
BOOLEAN	1バイト	真偽値（TRUE／FALSE）
列挙型		
ENUM	4バイト	事前に定義された値の順序付き集合
幾何型		
POINT	16バイト	座標点
LINE	32バイト	直線（終点なし）
LSEG	32バイト	直線（終点あり）
BOX	32バイト	矩形
PATH	16＋16nバイト	開経路、閉経路
POLYGON	40＋16nバイト	多角形
CIRCLE	24バイト	円
バイナリ列データ型		
BYTEA	1または4＋バイナリ長	可変長のバイナリ列
ネットワークアドレス型		
CIDR	7または19バイト	IPv4およびIPv6ネットワーク
INET	7または19バイト	IPv4またはIPv6ホスト／ネットワーク
MACADDR	6バイト	MACアドレス
ビットデータ型		
BIT(n)	nビット	固定長のビット列
BIT VARYING(n)	可変長	最大nビットの可変長

CREATE TABLEコマンドの基本的な構文は次のようになります。

```
CREATE TABLE テーブル名 (列名 データ型 [, 列名 データ型 ...] );
CREATE TABLE テーブル名 AS 検索問い合わせ;    ――――検索結果からテーブルを作成する場合
```

かっこ（()）内は、列名とデータ型を1セットとみなし、カンマ（,）で区切ることで複数の列を指定できます。

CREATE TABLEコマンドの実行例を次に示します。

```
testdb=> CREATE TABLE meibo (
testdb(>   id       SERIAL,
testdb(>   name     TEXT,
testdb(>   zip      CHAR(8),
testdb(>   address  TEXT,
testdb(>   birth    DATE,
testdb(>   sex      BOOLEAN
testdb-> );
CREATE TABLE
```

この例では、meiboテーブルを作成しています。列はid、name、zip、address、birth、sex の6つで、それぞれID番号、氏名、郵便番号、住所、誕生日、性別（TRUEが男性、FALSE が女性）のデータを格納します。列の名前に日本語を使うこともできます。

id列に用いているSERIAL型は、後述のシーケンス[1]という機能を内部的に利用してお り、ここでは自動的にid列に対応したシーケンスが作成されています。

4.3.4 テーブルの削除（**DROP TABLE**）

テーブルを削除するには、DROP TABLEコマンドを実行します。DROP TABLEコマン ドの構文は次のとおりです。

```
DROP TABLE テーブル名;
```

4.3.5 シーケンスの作成（**CREATE SEQUENCE**）

シーケンスは、連番を発生させるオブジェクトです。シーケンスを作成する構文は次のよ うになります。

```
CREATE SEQUENCE シーケンス名 [INCREMENT [BY] 増分値]
    [MINVALUE 最小値] [MAXVALUE 最大値]
    [START 開始値];
```

オプションを指定しなかった場合、連番の値は1から始まり、1ずつ増加します。シーケン スの作成後に値を操作するには、次の専用関数を利用します。

- nextval('シーケンス名')――シーケンスを進め、新しい値を取り出す
- currval('シーケンス名')――直近にnextval()で得られた値を取り出す
- setval('シーケンス名', 値)――シーケンス値を設定する

4.3.6 シーケンスの削除（**DROP SEQUENCE**）

シーケンスを削除する構文は次のとおりです。

```
DROP SEQUENCE シーケンス名;
```

【1】
シーケンスについては、す ぐあとの「4.3.5 シーケン スの作成（CREATE SEQ UENCE）」を参照してくだ さい。

4.4 DML（INSERT/SELECT/UPDATE/DELETE）

DMLはデータ操作文とも呼ばれる、データを操作するためのSQLです。テーブルに対してデータの挿入／更新／削除／検索といった操作を実行します。

4.4.1 挿入（INSERT）

テーブルにデータを挿入するには、INSERTコマンドを実行します。INSERTコマンドの構文は次のようになります。

```
INSERT INTO テーブル名 [(列名 [, 列名 ...])] VALUES (値 [, 値 ...] );
```

INSERTコマンドの実行例を次に示します。

```
testdb=> INSERT INTO meibo(name,zip,address,birth,sex) VALUES ('鈴木花子','111-0000'➡
,'東京都千代田区','1950/1/1',FALSE);
INSERT 0 1
testdb=> INSERT INTO meibo(name,zip,address,birth,sex) VALUES ('田中一郎','222-3333'➡
,'神奈川県横浜市','1970/5/5',TRUE);
INSERT 0 1
testdb=> INSERT INTO meibo(name,birth,sex) VALUES ('山田太郎','1990/7/20',TRUE);
INSERT 0 1
testdb=> INSERT INTO meibo(name,zip,address,birth,sex) VALUES ('佐藤道子','333-4444'➡
,'千葉県千葉市','1980/3/3','0');
INSERT 0 1
testdb=> INSERT INTO meibo(name,zip,address,birth,sex) VALUES ('近藤次郎','444-5555'➡
,'大阪府大阪市','1960/12/24','1');
INSERT 0 1
testdb=> INSERT INTO meibo(name,zip,address,birth,sex) VALUES ('石川順子','555-6666',➡
'北海道札幌市','2000/5/3','no');
INSERT 0 1
```

次のINSERTコマンドの例では、値を挿入する列を明示的に指定してデータを挿入しています。数値型と論理値型はそのまま値を指定できますが、それ以外のデータ型は、単一引用符（'）で囲んで値を指定します。id列にはSERIAL型を利用しているので、明示的に値を指定しなくても自動的に1から番号が割り当てられます。

4.4 DML (INSERT/SELECT/UPDATE/DELETE)

```
INSERT INTO meibo(name,zip,address,birth,sex) VALUES ('鈴木花子','111-0000','東京都千代田区','1950/1/1',FALSE);
INSERT INTO meibo(name,zip,address,birth,sex) VALUES ('田中一郎','222-3333','神奈川県横浜市','1970/5/5',TRUE);
```

次の例では、すべての列ではなく一部の列にのみ値を指定しています。値を指定しなかった列には、NULL値（値が何もないことを表す）が挿入されます。

```
INSERT INTO meibo(name,birth,sex) VALUES ('山田太郎','1990/7/20',TRUE);
```

論理値型の値の挿入方法はいくつかあります。今までの例ではTRUE/FALSEで値を挿入していましたが、次の例では、「0」（ゼロ）で論理値型の値を指定しています（「0」はFALSEに相当します）。

```
INSERT INTO meibo(name,zip,address,birth,sex) VALUES ('佐藤道子','333-4444','千葉県千葉市','1980/3/3','0');
```

COLUMN　列名を指定しないINSERT

INSERTコマンドには、列名を指定しない構文もあります。たとえば、次のようなテーブルがあったとします。

```
CREATE TABLE t1 (i INT, t TEXT);
```

INSERTコマンドで、列名を明示的に指定する場合は次のようにします。

```
INSERT INTO t1 (i,t) VALUES (1,'aaa');
```

このとき、列名を指定せずに次のように実行しても、まったく同じようにデータを挿入できます。

```
INSERT INTO t1 VALUES (1,'aaa');
```

この場合、データの挿入先としてすべての列が指定されたものとして扱われます。また、VALUES句内に指定する値の順序は、テーブルを定義したときの列の順序で指定する必要があるので注意してください。

次の例では、「1」(TRUE) で論理値型の値を挿入しています。

```
INSERT INTO meibo(name,zip,address,birth,sex) VALUES ('近藤次郎','444-5555','大阪府大阪
市','1960/12/24','1');
```

論理値型の指定には、「yes」または「no」も利用できます。

```
INSERT INTO meibo(name,zip,address,birth,sex) VALUES ('石川順子','555-6666','北海道札幌
市','2000/5/3','no');
```

4.4.2 検索（SELECT）

テーブル内に格納されているデータを検索するには、SELECT コマンドを実行します。
SELECT コマンドの基本的な構文は次のようになります。

```
SELECT ターゲットリスト FROM テーブル名;
SELECT ターゲットリスト FROM テーブル名 WHERE 条件式;
SELECT ターゲットリスト FROM テーブル名 ORDER BY 列名 [DESC];
SELECT 集約関数 FROM テーブル名;
```

SELECT コマンドは、SQLの中でも最も使われ、かつ構文が数多く存在するコマンドです。
格納したデータから必要なデータだけを指定の順番に並べ替えて取得することもできます。
また、関数などと組み合わせることで、さまざまな操作ができます。
SELECT コマンドの実行例を次に示します。

```
testdb=> SELECT * FROM meibo;
 id |   name   |   zip   |   address    |   birth    | sex
----+----------+---------+--------------+------------+-----
  1 | 鈴木花子 | 111-0000 | 東京都千代田区 | 1950-01-01 | f
  2 | 田中一郎 | 222-3333 | 神奈川県横浜市 | 1970-05-05 | t
  3 | 山田太郎 |         |              | 1990-07-20 | t
  4 | 佐藤道子 | 333-4444 | 千葉県千葉市  | 1980-03-03 | f
  5 | 近藤次郎 | 444-5555 | 大阪府大阪市  | 1960-12-24 | t
  6 | 石川順子 | 555-6666 | 北海道札幌市  | 2000-05-03 | f
(6 rows)

testdb=> SELECT name FROM meibo;
   name
----------
 鈴木花子
 田中一郎
```

山田太郎
佐藤道子
近藤次郎
石川順子
(6 rows)

```
testdb=> SELECT * FROM meibo WHERE birth > '1980/1/1';
 id |   name   |   zip    |    address     |   birth    | sex
----+----------+----------+----------------+------------+-----
  3 | 山田太郎 |          |                | 1990-07-20 | t
  4 | 佐藤道子 | 333-4444 | 千葉県千葉市   | 1980-03-03 | f
  6 | 石川順子 | 555-6666 | 北海道札幌市   | 2000-05-03 | f
(3 rows)

testdb=> SELECT * FROM meibo ORDER BY birth;
 id |   name   |   zip    |    address       |   birth    | sex
----+----------+----------+------------------+------------+-----
  1 | 鈴木花子 | 111-0000 | 東京都千代田区   | 1950-01-01 | f
  5 | 近藤次郎 | 444-5555 | 大阪府大阪市     | 1960-12-24 | t
  2 | 田中一郎 | 222-3333 | 神奈川県横浜市   | 1970-05-05 | t
  4 | 佐藤道子 | 333-4444 | 千葉県千葉市     | 1980-03-03 | f
  3 | 山田太郎 |          |                  | 1990-07-20 | t
  6 | 石川順子 | 555-6666 | 北海道札幌市     | 2000-05-03 | f
(6 rows)

testdb=> SELECT count(*) FROM meibo;
 count
-------
     6
(1 row)
```

　上で示した例では、まず最初にmeiboテーブルのすべてのデータを検索し表示しています。SELECTの後ろは「ターゲットリスト」と呼ばれ、表示したい列名を指定します。ターゲットリストには列名を個別に指定することもできますが、「*」を指定するとすべての列が表示されます。

```
SELECT * FROM meibo;
```

次の例では、meiboテーブルのname列のすべてのデータを検索し表示しています。

```
SELECT name FROM meibo;
```

SELECTコマンドでは、検索するデータの条件をWHERE句によって指定できます。次の例では、birth列の値が1980年1月1日よりも大きい行のみを表示しています。

    SELECT * FROM meibo WHERE birth > '1980/1/1';

次の例では、meiboテーブルにあるすべてのデータを、birth列を基準に並べ替えて表示しています。並べ替えの順序はデフォルトでは昇順ですが、DESCキーワードを指定すると降順に並べ替えることができます。ORDER BY句を指定しなかった場合、並べ替えの順序は不定です。

    SELECT * FROM meibo ORDER BY birth;

最後の例では、meiboテーブルにある行の総数を表示しています。ここで利用しているcountは集約関数と呼ばれます。集約関数には、count以外にも表4.4に示すようなものがあります。

    SELECT count(*) FROM meibo;

表4.4　集約関数

関数名	説明
count	検索対象行の総数
max	最大値
min	最小値
avg	平均値
sum	合計
stddev	標準偏差
variance	分散
bool_and	すべてTRUEならTRUE
bool_or	1つでもTRUEならTRUE
every	bool_andと同じ

COLUMN 関数

関数は与えられた値に応じて値を返したり、処理をしたりするための仕組みです。

PostgreSQLには集約関数以外に多数の関数が定義されています。たとえば、数値を計算する関数、文字列を扱う関数、データベースの状態を取得する関数などがあります。

表 4.5 数値を計算する関数

関数名	説明
pow(x,y)	xのy乗
abs(n)	nの絶対値
pi()	円周率

表 4.6 文字列を扱う関数

関数名	説明
char_length(A)	Aの文字数を返す
substring(A FROM x for y)	Aのx文字目からy文字分を抽出する
lower(A)	Aをすべて小文字に変換する

表 4.7 データベースの状態を取得する関数

関数名	説明
version()	PostgreSQLのバージョンを返す
pg_postmaster_start_time()	サービスの起動時刻を返す
pg_current_logfile	現在利用されているログファイル名を返す

4.4.3 更新（UPDATE）

テーブル内のデータを更新するには、UPDATEコマンドを実行します。UPDATEコマンドの構文は次のようになります。

```
UPDATE テーブル名 SET 列名 = 値 [, 列名 = 値 ...] WHERE 条件式;
```

次の例では、WHERE句の条件に当てはまる行のzip列とaddress列の値を更新しています。

```
testdb=> UPDATE meibo SET zip='555-6666', address='愛知県名古屋市' WHERE name='山田太郎';
UPDATE 1
```

WHERE句の指定がないと、テーブル内のすべての行のデータが更新されてしまうので、注意が必要です。

> **COLUMN**
>
> **UPDATEやDELETEコマンドの取り消し**
>
> UPDATEやDELETEコマンドは、WHERE句の指定がないとテーブル内のすべてのデータを更新／削除してしまいます。手動で実行する場合には、誤って操作してしまった場合のためにトランザクションブロックの中で実行するといいでしょう。トランザクションについては、本章の4.7節で解説します。
>
> ```
> BEGIN;
>     更新／削除のSQL ──── トランザクションブロックの中で実行
> COMMIT;
> ```

4.4.4 削除（DELETE）

テーブル内のデータを削除するには、DELETEコマンドを実行します。DELETEコマンドの構文は次のようになります。

```
DELETE FROM テーブル名 WHERE 条件式;
```

次の例では、meiboテーブルのname列の値が「近藤次郎」の行を削除しています。

```
testdb=> DELETE FROM meibo WHERE name = '近藤次郎';
DELETE 1
```

UPDATEコマンドと同じように、WHERE句で条件を指定しないとテーブル内のすべての行が削除されてしまうので、注意が必要です。

4.5　DML（SELECTのオプション）

4.5　DML（SELECTのオプション）

SELECTコマンドの基本的な使い方についてはすでに説明しましたが、SELECTコマンドにはさまざまなオプションがあります。ここでは、それらを見ていきましょう。

4.5.1　SELECT...AS

SELECTコマンドでは、AS句を使って列名を別名で置き換えることができます。ASを使ったSELECTコマンドの構文は次のようになります。

```
SELECT 列名 AS 別名 FROM テーブル名;
```

別名は、アルファベットの列名を日本語で表示したい場合などに便利です。次の例では、id列を「番号」、name列を「名前」、zip列を「郵便番号」、address列を「住所」、birth列を「誕生日」、sex列を「性別」という別名に置き換えて表示しています。

```
testdb=> SELECT id AS 番号, name AS 名前, zip AS 郵便番号, address AS 住所, birth AS ⮐
誕生日, sex AS 性別 FROM meibo;
 番号 |  名前    | 郵便番号  |     住所       |  誕生日    | 性別
------+----------+-----------+----------------+------------+------
    1 | 鈴木花子 | 111-0000  | 東京都千代田区 | 1950-01-01 | f
    2 | 田中一郎 | 222-3333  | 神奈川県横浜市 | 1970-05-05 | t
    4 | 佐藤道子 | 333-4444  | 千葉県千葉市   | 1980-03-03 | f
    6 | 石川順子 | 555-6666  | 北海道札幌市   | 2000-05-03 | f
    3 | 山田太郎 | 555-6666  | 愛知県名古屋市 | 1990-07-20 | t
(5 rows)
```

4.5.2　LIMIT...OFFSET

SELECTコマンドの検索結果の中から、指定した行数分のデータを取り出すときに使用するのがLIMIT...OFFSETです。大量の検索結果を一度に表示するのではなく、少しずつ表示させたい場合などに便利です。

LIMIT...OFFSET句の構文は次のようになります。

```
SELECT ターゲットリスト FROM テーブル名 LIMIT 件数 OFFSET 開始行;
```

次の例では、SELECTコマンドで検索し、その結果をOFFSETで指定した行から始めて、LIMITで指定した行数だけ取り出しています。

```
testdb=> SELECT * FROM meibo ORDER BY birth LIMIT 2 OFFSET 0;
 id |   name   |   zip    |     address      |   birth    | sex
----+----------+----------+------------------+------------+-----
  1 | 鈴木花子  | 111-0000 | 東京都千代田区    | 1950-01-01 | f
  2 | 田中一郎  | 222-3333 | 神奈川県横浜市    | 1970-05-05 | t
(2 rows)

testdb=> SELECT * FROM meibo ORDER BY birth LIMIT 2 OFFSET 2;
 id |   name   |   zip    |     address      |   birth    | sex
----+----------+----------+------------------+------------+-----
  4 | 佐藤道子  | 333-4444 | 千葉県千葉市      | 1980-03-03 | f
  3 | 山田太郎  | 555-6666 | 愛知県名古屋市    | 1990-07-20 | t
(2 rows)
```

OFFSETの指定は0（行目）が起点となります。つまり、この例のようにOFFSETに「0」を指定した場合は1行目から出力が始まり、「2」を指定した場合には3行目から出力が始まります。

4.5.3 GROUP BY / HAVING

GROUP BY句は指定した列で結果をグループ化する問い合わせです。グループ化したものに対してさらに検索条件を指定する場合は、HAVING句を利用します。構文は次のようになります。

```
SELECT ターゲットリスト FROM テーブル名 GROUP BY 列名 HAVING 条件式;
```

次の例では、性別ごとの合計数をカウントしています。GROUP BY sexで性別ごとに集計し、性別とその合計値を表示しています。

```
testdb=> SELECT sex,count(*) FROM meibo GROUP BY sex;
 sex | count
-----+-------
 f   |     3
 t   |     2
(2 rows)
```

次の例では、HAVING句を使用して、グループ化されたものに対して検索条件を指定し、総数が2より多い性別のみ表示しています。

```
testdb=> SELECT sex,count(*) FROM meibo GROUP BY sex HAVING count(*) > 2;
 sex | count
-----+-------
 f   |     3
(1 row)
```

4.5.4 JOIN

JOINを使うことで複数のテーブルを結合することが可能です。テーブルを結合することで別々のテーブルのデータを1つのテーブルのように表すことができます。

JOINの構文は次のようになります。

```
テーブル1 JOIN テーブル2 ON 結合条件;
```

meiboテーブルに載っている人のメールアドレス情報を持ったemailテーブルがあるとします。このとき、meiboテーブルのid列とemailテーブルのid列は対応しています。たとえば、meiboテーブルでidが2の田中一郎さんは、emailテーブルのidが2のichiro@aaa.comというメールアドレスを持っています。

```
testdb=> SELECT * FROM email;
 id |     email
----+-----------------
  2 | ichiro@aaa.com
  6 | junko@bbb.com
(2 rows)
```

このとき、id列の値が一致することを結合条件としてmeiboテーブルとemailテーブルを結合すれば、メールアドレスを持っている人の名前とメールアドレスの表を取得できます。

```
testdb=> SELECT name, email FROM meibo JOIN email ON meibo.id = email.id;
   name    |     email
-----------+-----------------
 田中一郎  | ichiro@aaa.com
 石川順子  | junko@bbb.com
(2 rows)
```

上のSQLでは結合するテーブルの列に同じ名前があるので、明示的にmeiboテーブルのid列であることを示すためにmeibo.idと記述しています。逆に結合するテーブルに同じ名前がなければテーブル名を省略することができます。

また、JOINを使わずに、WHERE句を使って結合することも可能です。

```
testdb=> SELECT name, email FROM meibo, email WHERE meibo.id = email.id;
   name   |     email
----------+-----------------
 田中一郎 | ichiro@aaa.com
 石川順子 | junko@bbb.com
(2 rows)
```

4.5.5 副問い合わせ（サブクエリ）

副問い合わせとは、あるSELECT文を他のSQL文に利用すること、もしくはそのSELECT文そのものを指します。また、副問い合わせは「サブクエリ」とも呼ばれます。

副問い合わせは以下の場所に記述できます。

- ターゲットリスト
- FROM句
- WHERE句

ターゲットリストにサブクエリを用いる例を以下に示します。ここでは、emailテーブルのデータをmeiboテーブルに組み合わせてデータを取得しています。これは前項（JOIN）で説明したテーブル結合を行う方法の1つです。

```
testdb=> SELECT name, (SELECT email FROM email WHERE meibo.id = email.id) FROM meibo;
   name   |     email
----------+-----------------
 鈴木花子 |
 田中一郎 | ichiro@aaa.com
 佐藤道子 |
 石川順子 | junko@bbb.com
 山田太郎 |
(5 rows)
```

次に、FROM句にサブクエリを用いる例を以下に示します。ここでは、meiboテーブルから誕生日（birth）の早い3人を抜き出してから誕生日の遅い順に並べ替えています。FROM

句に用いたサブクエリの結果に対して名前を付ける必要があるため AS 句を用いています。

```
testdb=> SELECT name, birth FROM (SELECT * FROM meibo ORDER BY birth LIMIT 3) AS m ⏎
ORDER BY birth DESC;
   name   |   birth
----------+------------
 佐藤道子 | 1980-03-03
 田中一郎 | 1970-05-05
 鈴木花子 | 1950-01-01
(3 rows)
```

さらに、WHERE 句にサブクエリを用いる例を以下に示します。ここでは、meibo テーブルから一番若い人の名前を取得しています。

```
testdb=> SELECT name FROM meibo WHERE birth = (SELECT max(birth) FROM meibo);
   name
----------
 石川順子
(1 row)
```

4.6 DDL（インデックスと制約）

テーブルには、データ以外にインデックスや制約などを定義できます。

4.6.1 インデックスとは

■ インデックスの効果

インデックスは、主にデータベースの検索を高速化するために使われる仕組みです。

調べたいキーワードを本の巻末にある索引で引けば、そのキーワードが載っているページをすばやく調べることができますが、データベースのインデックスもこれと同じような役割を果たします。

テーブルの列の値を検索用に最適化して別途保持しておき、実際の検索時にそのデータを調べるようにすることで、検索の速度を向上させます。データベース内には膨大な量のデータが格納されることが多いため、検索の際にすべての行について1件ずつ WHERE 句の条件を調べていると時間がかかってしまいます。

そのような場合にインデックスを利用すると、不要なデータにはアクセスせずに目的のデータだけを取得できるため、効率的に検索を実行できます。

■インデックス使用時の注意点

検索処理の効率化という点ではインデックスは優れていますが、注意しなければならない点もあります。

インデックスはテーブルの列に対して作成しますが、インデックスによって検索時間が短縮できるということで、すべての列にインデックスを作成すればいいかというとそうではありません。

すでに述べたように、インデックスを作成すると、テーブルとは別にインデックス専用のデータが作成されるため、テーブルのデータに変更があった場合には、実際のデータとインデックス用のデータとの間で整合性をとる処理が発生します。そのため、データの挿入／更新／削除などの操作のパフォーマンスが低下します。

また、検索の際に利用されるインデックスは、基本的に検索条件に指定された列のインデックスだけなので、検索条件に使われない列にインデックスを作成してもディスク領域は無駄になるだけです。

さらに、インデックスの性質上、列の値の重複度が大きくなるほど、その効果が薄くなっていきます。同じ値が大量にある列の場合、インデックスを介して実際のデータを取得するよりも、テーブルを直接参照して、条件に合う値を1件ずつ調べたほうがトータルの処理量が少なくなるからです。

したがって、BOOLEAN型のようにTRUE／FALSEしかないデータにインデックスを作成するのは効果的ではありません。インデックスは、データの特性を考慮しながら作成する必要があります。

4.6.2 インデックスの作成（CREATE INDEX）

インデックスを作成するには、CREATE INDEXコマンドを実行します。CREATE INDEXコマンドの基本的な構文は次のようになります。

```
CREATE [UNIQUE] INDEX [インデックス名] ON テーブル名 [USING メソッド名] (列名 [, 列名 ...]);
```

CREATE INDEXコマンドの実行例を次に示します。

```
testdb=> CREATE UNIQUE INDEX id_idx ON meibo (id);
CREATE INDEX
```

UNIQUE指定を付けると、その列に重複する値が入らないUNIQUEインデックスとなります（重複値のある列に対してUNIQUEインデックスを作成することはできません）[2]。

【2】
PostgreSQLではUNIQUEインデックスを用いることでユニーク制約を実装しています。したがって、UNIQUEインデックスを作成した列に重複値を入れることはできません。なお、SERIAL型は同じ値を入れることも可能なので、ユニーク制約との関連はありません。

4.6.3 インデックスの削除（DROP INDEX）

インデックスを削除するには、DROP INDEX コマンドを実行します。DROP INDEX コマンドの構文は次のとおりです。

```
DROP INDEX インデックス名;
```

DROP INDEX コマンドの実行例を次に示します。

```
testdb=> DROP INDEX id_idx;
DROP INDEX
```

PostgreSQLでは、ユニーク制約をUNIQUEインデックスで実現しているため、UNIQUEインデックスを削除すると、ユニーク制約も解除されるので注意してください。

COLUMN　　インデックスの種類

USING句には、インデックスのタイプ（メソッド）を指定します。PostgreSQLで利用できるメソッドには、次のようなものがあります。

- B-tree ──── 一般的なデータ型において効率的（デフォルト）
- ハッシュ ── 等価比較に効果的
- GiST ───── 配列型や幾何型に効果的
- GIN ────── 全文検索用の転置索引として効果的
- SP-GiST ── 独自のデータ型利用に効果的
- BRIN ───── 逐次データを扱う場合に効果的

幾何型のデータを扱うなど特別な場合を除いて、たいていはB-treeを選択すればよいでしょう。メソッド名を指定しない場合は、デフォルトでB-treeインデックスとなります。

4.6.4 制約とは

制約は、列に格納する値に関してさまざまな条件を付ける機能です。列に格納する値には、たいてい何かしらの条件があります。たとえば、次のような条件が考えられるでしょう。

- 社員データを扱っているテーブルでは、社員番号は重複してはいけない
- 社員は電話を持っていないかもしれないので、社員データを扱っているテーブルで電話番号の登録はなくてもいいが、氏名の情報は登録されていないといけない
- 商品データを扱っているテーブルでは、値段は必ず0円以上である

こういった条件を、データの挿入時にチェックできれば、不正な値がデータベースに紛れ込むこともなくなります。

ここでは、テーブルに指定できる制約について解説していきます。

4.6.5 NOT NULL制約

NOT NULL制約は、指定の列に必ず値が入るという条件を付ける制約です。NOT NULL制約を定義する構文は次のようになります。

```
CREATE TABLE (列名 データ型 NOT NULL [, 列名 データ型 ...]);
ALTER TABLE テーブル名 ALTER 列名 SET NOT NULL;
```

次の例では、すでに存在するテーブルの列にNOT NULL制約を指定しています。

```
testdb=> ALTER TABLE meibo ALTER name SET NOT NULL;
ALTER TABLE
testdb=> ALTER TABLE meibo ALTER sex SET NOT NULL;
ALTER TABLE
```

4.6.6 ユニーク（UNIQUE）制約

ユニーク制約は、指定の列に重複値を許可しないようにする制約です。ユニーク制約を定義する構文は次のようになります。

```
CREATE TABLE テーブル名 (列名 データ型 UNIQUE);
ALTER TABLE テーブル名 ADD UNIQUE (列名 [, 列名 ...]);
```

ユニーク制約は複数の列を組み合わせて指定することも可能です。その場合には、次のようにテーブルレベルで制約を定義します。

```
CREATE TABLE テーブル名 (
    列名 データ型 [, 列名 データ型 ...]
    UNIQUE (列名 [, 列名 ...]))
);
ALTER TABLE テーブル名 ADD UNIQUE (列名 [, 列名 ...] );
```

ユニーク制約のある列には重複値を挿入できませんが、NULL値は挿入できます。ユニーク制約を指定してテーブルを作成すると、その列には自動的にUNIQUEインデックスが作成されます。

4.6.7 主キー（PRIMARY KEY）制約

主キーとは、テーブル内のデータを一意に特定できる列（または複数の列の組み合わせ）のことで、テーブル内に1つだけ指定できます。この主キーを定義するのが主キー制約です。主キー制約の定義された列には重複値を入れることができず、NULL値も格納することができません。

主キー制約の定義方法には、列レベルで定義する方法と、テーブルレベルで定義する方法の2通りがあります。列レベルで主キー制約を定義する構文は次のようになります。

【列レベルの主キー制約】
```
CREATE TABLE テーブル名 (列名 データ型 PRIMARY KEY[, 列名 データ型 ...]);
```

テーブルレベルで主キー制約を定義する構文は次のようになります。

【テーブルレベルの主キー制約】
```
CREATE TABLE テーブル名 (列名 データ型 [, 列名 データ型 ...]
PRIMARY KEY(列名 [, 列名 ...]));
ALTER TABLE テーブル名 ADD PRIMARY KEY (列名 [, 列名 ...]);
```

主キーは複数列の組み合わせでもよく、その場合にはテーブルレベルで主キーを定義する必要があります。

次の例では、すでに存在するid列にPRIMARY KEY制約を指定しています。

```
testdb=> ALTER TABLE meibo ADD PRIMARY KEY (id);
ALTER TABLE
```

4.6.8 チェック（CHECK）制約

チェック制約は、指定の条件にマッチする場合のみデータの挿入を許可する制約です。チェック制約を定義する構文は次のようになります。

```
CREATE TABLE テーブル名 (列名 データ型 CHECK (条件式) [, 列名 データ型 ...]);
ALTER TABLE テーブル名 ADD CHECK (条件式);
```

条件式の部分には、たとえば次のような条件を記述します。

```
price >= 0 ─────── price列の値は0以上でなければならない
```

チェック制約も複数の列の組み合わせで指定が可能です。

4.6.9 デフォルト（DEFAULT）制約

デフォルト制約は、列のデフォルト値を定義する制約で、データの挿入時に値を指定しなかった場合、このデフォルト制約で定義された値が入ります。

デフォルト制約を定義する構文は次のようになります。

```
CREATE TABLE テーブル名 (列名 データ型 DEFAULT デフォルト値);
```

4.6.10 外部キー（FOREIGN KEY）制約

外部キー制約は、テーブル間のデータの整合性を保つ仕組みです。リレーショナルデータベースでは、複数のテーブルを利用して関連するデータを保持しているので、テーブル間のデータの整合性がきわめて重要になります。外部キー制約を定義すると、一方のテーブルにないデータを他方のテーブルに挿入できなくなります。これによって、商品マスターテーブルと商品売上テーブルのように、関連するテーブル間でデータの不整合（たとえば、商品マスターテーブルに存在しない商品の売上データが商品売上テーブルに挿入されるなど）が発生するのを防ぐことができます。

外部キー制約を定義する構文は次のようになります。

```
CREATE TABLE テーブル名 (列名 データ型 REFERENCES テーブル名 [列名]);
```

4.6 DDL（インデックスと制約）

　ここで、外部キー制約の働きについて具体的に見ていきましょう。まずは、外部キー制約を定義するために、meiboテーブルを参照するテーブルとして、身体測定の結果を管理するphysicalテーブルを新たに作成します（**表4.8**）。

表4.8　physicalテーブル

列名	データ型	説明
id	integer	個人識別番号。meiboテーブルのid列と同じデータ
tall	real	身長
weight	real	体重

　外部キー制約の定義例を次に示します。

```
testdb=> CREATE TABLE physical (id integer REFERENCES meibo(id), tall real, ⏎
weight real);
CREATE TABLE
testdb=> SELECT * FROM meibo;
 id |  name   |   zip    |   address    |   birth    | sex
----+---------+----------+--------------+------------+-----
  1 | 鈴木花子 | 111-0000 | 東京都千代田区 | 1950-01-01 | f
  2 | 田中一郎 | 222-3333 | 神奈川県横浜市 | 1970-05-05 | t
  4 | 佐藤道子 | 333-4444 | 千葉県千葉市   | 1980-03-03 | f
  6 | 石川順子 | 555-6666 | 北海道札幌市   | 2000-05-03 | f
  3 | 山田太郎 | 555-6666 | 愛知県名古屋市 | 1990-07-20 | t
(5 rows)
```

　この例では、meiboテーブルを参照する外部キーを定義してphysicalテーブルを作成しています。次のように、参照するテーブルと列名をREFERENCESキーワードのあとに指定します。

```
CREATE TABLE physical (id integer REFERENCES meibo(id),tall real,weight real);
```

　これで、physicalテーブルのid列がmeiboテーブルのid列を参照するようになります。physicalテーブルのid列のように外部キーを参照する列を「参照列」、meiboテーブルのid列のように参照される側の列を「被参照列」といいます。また、参照列のあるテーブルを「参照テーブル」、被参照列のあるテーブルを「被参照テーブル」といいます。

　被参照列は参照列からデータを一意に特定できる必要があるため、ユニーク制約もしくは主キー制約が定義されている列でなければなりません。被参照テーブル内でユニーク制約もしくは主キー制約の定義されている列が1つだけの場合、外部キー制約を定義するときに被参照列を指定する必要はありません。

この外部キー制約によって、meiboテーブルとphysicalテーブルの関係は図4.1のようになります。

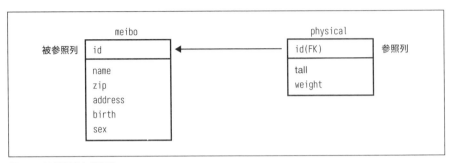

図4.1 被参照列と参照列

ここで、physicalテーブルにデータを挿入してみましょう。

```
testdb=> INSERT INTO physical VALUES (1,155.5,50.0);
INSERT 0 1
```

idが1のデータはmeiboテーブルにも存在するので正しく挿入できます。

しかし、次のようにidが5のデータを挿入しようとすると、エラーになります。これは、meiboテーブルにidが5のデータが存在しないためです。

```
testdb=> INSERT INTO physical VALUES (5,160.7,55.5);
ERROR: insert or update on table "physical" violates foreign key constraint "physic⮰
al_id_fkey"
DETAIL:  Key (id)=(5) is not present in table "meibo".
```

外部キー制約には、対応する情報が参照先に存在しないデータの挿入を許可しない働きがあります。エラーメッセージからも読み取れるように、INSERTだけでなくUPDATEコマンドによる更新も同じようにエラーとなります。

次の例では、meiboテーブルからidが1のデータを削除しようとしていますが、エラーになっています。

```
testdb=> DELETE FROM meibo WHERE id = 1;
ERROR: update or delete on table "meibo" violates foreign key constraint "physical_⮰
id_fkey" on table "physical"
DETAIL:  Key (id)=(1) is still referenced from table "physical".
```

これは、physicalテーブルにidが1のデータが挿入されているためです。このように、外部キー制約には、他のテーブルから参照されているデータを削除できないようにする働きもあります。仮にこうしたデータが削除できてしまうと、参照テーブルから参照されているデータがなくなってしまい、テーブル間の整合性が失われてしまうことになります。エラーメッセージからもわかるように、UPDATEもしくはDELETEコマンドでも同じようにエラーとなります。

以上、外部キーの働きを具体的に見てきましたが、最後のケースは場合によっては不便に感じる場合もあるでしょう。たとえば、個人のデータをmeiboテーブルから削除したら、それに付随するphysicalテーブルのデータも一緒に削除したいという場合もあるはずです。このような場合のために、外部キー列に対する更新時または削除時の振る舞いについて、**表4.9**のような設定が可能になっています。

表4.9 被参照列の更新時および削除時の振る舞いに関する設定

設定	意味
NO ACTION	外部キー制約違反のエラーを発生させる（デフォルト）
RESTRICT	外部キー制約違反のエラーを発生させる（NO ACTIONとほぼ同じ[3]）
CASCADE	更新の場合、参照列にも新しい値を設定する。削除の場合、参照列も削除する
SET NULL	参照列の値をNULLに設定する
SET DEFAULT	参照列をデフォルト値に設定する

physicalテーブルに定義した外部キー制約について、更新および削除のいずれの場合もCASCADEにするには、次のように定義します。

```
CREATE TABLE physical (
id integer REFERENCES meibo(id) ON DELETE CASCADE ON UPDATE CASCADE,
tall real,
weight real);
```

4.7 トランザクション

データベースは複数のユーザーによって利用されます。複数のユーザーが同じデータに同時にアクセスした場合の制御や、複数のSQLをまとめて1つの処理とみなしたいというような場合には、トランザクションの概念が必要になります。

銀行口座における振り込み処理で、AさんがBさんに1万円を送金する場合を考えてみましょう。大まかな処理の流れは、次のようになります。

【3】
外部キー制約に違反しているかどうかのチェックをトランザクションのコミット時まで遅延できない点がNO ACTIONとは異なります。

1. Aさんの口座の残高が1万円以上あるか確認
2. Aさんの口座から1万円をマイナス
3. Bさんの口座が存在するか確認
4. Bさんの口座に1万円をプラス

　AさんからBさんの口座に1万円を振り込む、という簡単な操作でも、細かく見るとこれだけの処理があります。しかし、実際にはどれか1つでもうまくいかなかった場合、振り込み処理を始める前の状態に戻らなければ大変なことになってしまいます。また、2.の処理が終わった段階で、銀行全体の所有金額を計算するような処理が行われたとしたら、処理中の1万円は銀行全体の所有金額にカウントされず、実際の金額よりも少なく見えてしまうことになります。

　この問題は、1.から4.までを一連の処理として扱うことで解決できます。つまり、必ずすべての処理を実行する、あるいは1つでも処理が失敗した場合はすべての処理を取り消す、のいずれかになるようにします。このように、複数の処理を分けずに1つのものとして扱う概念がトランザクションです。

　ここでは、トランザクション処理で使うSQLコマンドを見ていきましょう。

4.7.1 トランザクションの開始（BEGIN）

　トランザクションの開始を宣言するには、BEGINコマンドを使用します。BEGINコマンドの構文は次のようになります。

```
BEGIN;
BEGIN ISOLATION LEVEL { SERIALIZABLE | REPEATABLE READ | READ COMMITTED | READ UNCOMMITTED };
BEGIN {READ WRITE | READ ONLY};
```

　ISOLATION LEVELは、「トランザクションの隔離レベル」を指定するオプションです。READ WRITEまたはREAD ONLYは、トランザクションのタイプ（読み書き可能なトランザクションか、読み込みのみ可能なトランザクションか）を指定するオプションです。

　BEGINコマンドの実行例を次に示します。

```
testdb=> BEGIN ISOLATION LEVEL SERIALIZABLE;
BEGIN;
```

　トランザクションの隔離レベルは、トランザクションの開始時に指定できます。トランザクションの隔離レベルとは、そのトランザクション内の処理に対して他の処理がどの程度介入

4.7 トランザクション

できるかを表すものです。トランザクションの隔離レベルに応じて、発生しうる現象（データの不整合）が異なります。発生しうる現象としては、次の3つがあります。

● ダーティリード
書き込みが行われたがコミット[4]はされていないデータを、同時に実行されている他のトランザクションが読み込んでしまう現象です。

● 反復不能読み取り
トランザクション内で一度読み込んだデータを再度読み込んだとき、同じデータを読み込めない現象です。一度読み込んだデータを再読み込みするまでに、他のトランザクションが更新しコミットしたデータを参照してしまうことで発生します。

● ファントムリード
トランザクション中に他のトランザクションによってデータが挿入／削除されることで、その前後で読み込むデータ（の数）が異なってしまう現象です。

表4.10に、トランザクションの各隔離レベルと、その隔離レベルで発生する可能性のある現象を示します。

表 4.10　トランザクションの隔離レベル

隔離レベル	ダーティリード	反復不能読み取り	ファントムリード
READ UNCOMMITTED	可能性あり	可能性あり	可能性あり
READ COMMITTED	安全	可能性あり	可能性あり
REPEATABLE READ	安全	安全	可能性あり
SERIALIZABLE	安全	安全	安全

PostgreSQLで実装されている隔離レベルは、READ COMMITTEDとREPEATABLE READとSERIALIZABLEの3つです。READ UNCOMMITTEDも指定できますが、実際にはREAD UNCOMMITTED はREAD COMMITTEDと同じ処理を行います。

トランザクションの隔離レベルを指定しない場合は、標準設定されている隔離レベルになります。標準設定されている隔離レベルは、SHOWコマンドで確認できます。

```
testdb=> SHOW default_transaction_isolation;
 default_transaction_isolation
-------------------------------
 read committed
(1 row)
```

【4】
コミットは、トランザクションの確定を指示する命令です。詳細については、後ほど説明します。

トランザクションのタイプとしてREAD WRITEまたはREAD ONLYのどちらも指定しなかった場合、デフォルトのタイプはdefault_transaction_read_onlyの値によって決定します。たとえば、default_transaction_read_only = offならばREAD WRITEとなります。

4.7.2 トランザクションのコミット（COMMIT）

現在のトランザクションを確定し終了するには、COMMITコマンドを使用します。COMMITコマンドの構文は次のとおりです。

```
COMMIT;
```

トランザクションをコミットすることで、実行していたトランザクションの処理が確定され、その結果が他のトランザクションからも参照できるようになります。PostgreSQLでは、ダーティリードは発生しないので、トランザクション中のデータは他のトランザクションから見ることはできませんが、コミット後はREAD COMMITEDレベルのトランザクションからは参照できるようになります。

COMMITコマンドの実行例を次に示します。

まず、BEGINでトランザクションを開始して、テーブルを作成およびデータを挿入します。

```
testdb=> BEGIN;
BEGIN
testdb=> CREATE TABLE fruit (id int, name text);
CREATE TABLE
testdb=> INSERT INTO fruit VALUES (1, 'banana');
INSERT 0 1
```

ここで、psqlを一度終了してデータベースとの接続を切断し、再度psqlを実行してデータベースに接続します。

```
testdb=> \q
$ psql -U testuser testdb
```

このとき、先ほど作成したテーブルを参照しようとしても、テーブルが存在していません。これは、COMMITでトランザクションを完了しないままデータベースとの接続を切断したためです。

```
testdb=> SELECT * FROM fruit;
ERROR:  relation "fruit" does not exist
```

4.7 トランザクション

```
LINE 1: SELECT * FROM fruit;
                     ^
```

　もう一度、先ほどと同じようにBEGINでトランザクションを開始して、テーブルを作成お
よびデータを挿入します。

```
testdb=> BEGIN;
BEGIN
testdb=> CREATE TABLE fruit (id int, name text);
CREATE TABLE
testdb=> INSERT INTO fruit VALUES (1, 'banana');
INSERT 0 1
```

　今度はCOMMITを実行して、トランザクションを終了します。

```
testdb=> COMMIT;
COMMIT
```

　すると、今度はトランザクション内で作成したテーブルが参照できるようになりました。

```
testdb=> SELECT * FROM fruit;
 id |  name
----+--------
  1 | banana
(1 row)
```

4.7.3 トランザクションのロールバック (ROLLBACK／ABORT)

　現在のトランザクションの処理をすべて廃棄し、データをトランザクション開始前の状態
に戻すには、ROLLBACKコマンドまたはABORTコマンドを使用します。ROLLBACKお
よびABORTの構文は次のとおりです。

```
ROLLBACK;
ABORT;
```

　ROLLBACKとABORTコマンドの処理の内容は同じです。トランザクション中でROLL
BACKコマンドを実行すると、そのトランザクションで実行した処理は原則的にすべてロー
ルバック（巻き戻し）され、トランザクション開始前の状態に戻ります。また、自動的にトラン
ザクションは終了します。

105

明示的にトランザクションをロールバックする以外にも、トランザクション中でエラーとなるSQLを実行した場合には自動的にロールバックされます。この場合トランザクションは終了しないので、SQLエラーとなったあとはCOMMITコマンドかROLLBACKコマンドを実行します。

ROLLBACKコマンドの実行例を次に示します。

トランザクション内でデータを挿入し、挿入したデータを参照します。

```
testdb=> BEGIN;
BEGIN
testdb=> INSERT INTO fruit VALUES (2, 'orange');
INSERT 0 1
testdb=> SELECT * FROM fruit;
 id  |  name
-----+---------
  1  | banana
  2  | orange
(2 rows)
```

挿入したデータを参照できたら、ここでトランザクションをROLLBACKで完了します。

```
testdb=> ROLLBACK;
ROLLBACK
```

このあとはトランザクション内で挿入したデータは参照できません。ROLLBACKコマンドによりトランザクション内の処理はすべて破棄されたからです。

```
testdb=> SELECT * FROM fruit;
 id  |  name
-----+---------
  1  | banana
(1 row)
```

4.7.4 セーブポイント（SAVEPOINT）

セーブポイント[5]とは、トランザクション内の特別な印です。セーブポイントを指定すると、トランザクションがロールバックされても、トランザクションすべてではなくて、セーブポイント時点までは確定になります。

セーブポイントを定義するにはSAVEPOINTコマンドを使用します。SAVEPOINTコマンドの構文は次のとおりです。

【5】
PostgreSQL 8.0から実装された機能です。8.0までは、トランザクションはすべてコミットかすべてロールバックのいずれかでしたが、セーブポイントを使えば部分的なコミットができます。

4.7 トランザクション

```
SAVEPOINT セーブポイント名;
```

また、SAVEPOINTに戻るときの構文は次のとおりです。

```
ROLLBACK TO セーブポイント名;
```

SAVEPOINTコマンドの実行例を次に示します。
トランザクション内でデータを挿入し、挿入したデータを参照できることを確認します。

```
testdb=> BEGIN;
BEGIN
testdb=> INSERT INTO fruit VALUES (3, 'melon');
INSERT 0 1
testdb=> SELECT * FROM fruit;
 id | name
------+---------
  1 | banana
  3 | melon
(2 rows)
```

ここで、SAVEPOINTコマンドを実行します。

```
testdb=> SAVEPOINT sp1;
SAVEPOINT
```

このあとに適当なエラーを発生させます。

```
testdb=> ERROR;
ERROR:  syntax error at or near "ERROR"
LINE 1: ERROR;
        ^
```

トランザクション内でエラーが発生したので、このあとのSQL実行はすべてエラーになります。

```
testdb=> SELECT * FROM fruit;
ERROR:  current transaction is aborted, commands ignored until end of transaction
block
```

ここで、事前に作成したSAVEPOINTに戻ります。

107

```
testdb=> ROLLBACK to sp1;
ROLLBACK
```

するとトランザクションの状態はエラーが発生する前の状態に戻るので、SELECT 文が実行できます。

```
testdb=> SELECT * FROM fruit;
 id  |  name
-----+--------
  1  | banana
  3  | melon
(2 rows)
```

エラーが発生する前の状態に戻ったので、正常にトランザクションを完了することができます。

```
testdb=> COMMIT;
COMMIT
testdb=> SELECT * FROM fruit;
 id  |  name
-----+--------
  1  | banana
  3  | melon
(2 rows)
```

4.7.5 ロック

データを検索しているときに、該当のデータが見つかった時点でそのデータを更新したいというケースはよくあります。たとえば、飛行機や電車の予約システムがこれに該当します。まず、空席の有無を確認し、空きがあったらその席を押さえるための更新処理に進みます。しかし、こういった処理では、検索した時点でそのデータを排他的に囲い込んでおかないと、検索したデータを見ているうちに別の人がその席を予約してしまうかもしれません。そうなると、また予約の処理を検索からやり直さなければならなくなってしまいます。

このような問題に対応するために用いられる手法がロックです。ロックは、自分のトランザクションがコミットもしくはロールバックするまで、処理中のデータを他のトランザクションから更新または削除できないようにします。もちろん、ロックがかけられたデータに対して他のトランザクションがロックをかけることはできません。これで安全な排他制御が実現されます。

4.7 トランザクション

ただし、データをロックすると、複数のトランザクションの同時実行性に影響が出て性能低下を招く原因となるので、不要なロックは極力避ける必要があります。

PostgreSQLのロックは、行単位またはテーブル単位でかけることができます。ロックをかける方法はいくつかあります。以下では、ロックに関係するSQLコマンドを解説します。

■ SELECT...FOR UPDATE

SELECT...FOR UPDATEコマンドは、トランザクション中で実行すると、SELECTコマンドで取得した結果を更新用としてロックします。SELECT...FOR UPDATEコマンドの構文は次のようになります。

```
SELECT ターゲットリスト FROM テーブル名 WHERE 条件式 FOR UPDATE;
```

SELECT...FOR UPDATEコマンドの実行例を次に示します。

```
testdb=> BEGIN;
BEGIN;
testdb=> SELECT * FROM meibo WHERE id = 1 FOR UPDATE;
 id |  name   |   zip    |    address    |   birth    | sex
----+---------+----------+---------------+------------+-----
  1 | 鈴木花子 | 111-0000 | 東京都千代田区 | 1950-01-01 | f
(1 row)
```

この例は、一見、トランザクションを開始してSELECTコマンドを実行しただけのように見えますが、SELECTコマンドを実行した時点で表示された行にロックがかかります。このトランザクションがコミットもしくはロールバックするまで、他のトランザクションがこの行を更新／削除することはできません。他のトランザクションは、ロックの解除待ちに入り、処理が停止したように見えます。

■ LOCK TABLE

LOCK TABLEコマンドは、テーブル単位でロックをかけます。LOCK TABLEコマンドの構文は次のようになります。

```
LOCK TABLE テーブル名 [IN ロックモード MODE];
```

LOCK TABLEコマンドの具体例を見るために、meibo2という名前の簡単なテーブルを作成してみましょう（**表4.11**）。

表4.11 meibo2テーブル

列名	データ型
id	integer
name	text

meibo2テーブルには、すでに次のようなデータが1件入っているものとします。

```
1           田中三朗
```

ここで、id列に重複しない値を連番で割り当てる場合、次のようにします。

```
testdb=> BEGIN;
BEGIN;
testdb=> LOCK TABLE meibo2 IN ACCESS EXCLUSIVE MODE;
LOCK TABLE;
testdb=> INSERT INTO meibo2 SELECT max(id)+1, '鈴木貴子' FROM meibo2;
INSERT 0 1
testdb=> COMMIT;
COMMIT;
```

　新しくmeibo2テーブルにデータを挿入する際には、meibo2にテーブルロックをかけ、他のトランザクションがこのテーブルにアクセスできないようにします。ロックがかかったら、INSERTコマンドでデータを挿入します。このとき、idの最大値に1を足したものを挿入します。データの挿入が終わったらCOMMITコマンドを実行します。

　ここで、重複しない値を割り当てるならSERIALを使えばいいのではないかと思うかもしれません。たしかに、SERIALを使えば重複しない値を割り当てることができます。しかし、複数の処理からなるトランザクションの中でSERIALを使ったデータ挿入を行った場合、トランザクションがロールバックすると、いったんSERIALから割り当てられた値は元に戻らず、その数値は二度と使われません。つまり、SERIALは欠番が発生する可能性があります。そこで、欠番を発生させてはいけない場合は、テーブルロックをかけて処理する必要があるのです。

4.8　パラレルクエリ

　PostgreSQL 9.6からはパラレルクエリがサポートされています。最新版のバージョン11では多くのケースでパラレルクエリが実施可能です。
　通常、PostgreSQLはSQL（クエリ）の処理を1プロセスで実施しますが、パラレルクエリ

では複数プロセスで実施します。そのため、サイズの大きなテーブルや大量データの集計などを行う場合の性能向上が期待できます。

クエリは、テーブルやインデックスのスキャン、結合、集計などの処理が積み重なって実施されます。パラレルクエリはこのようなスキャンや結合、集計の単位でパラレルに実施するかどうかを判断し、適切なプロセス数で実施されます。そのため、あるクエリの実行において、スキャンと集計はパラレルで実施し、その結果を別のテーブルと結合する場合はシングルで実施、という処理になります。

本節ではパラレルクエリを利用するために知っておくべき諸条件やパラレルクエリの効果を見ていきます。

4.8.1 パラレルクエリが実行される条件と設定

■ クエリの処理条件

パラレルクエリはいくつかの条件下で自動的に実施されます。クエリについては、以下の条件を必要とします。

- **参照処理である**
  更新処理はパラレルで実施できません。例外的にCREATE TABLE AS SELECTや INSERT INTO AS SELECTといった、参照処理結果でテーブルを作成したり、テーブルへのデータ投入を行う際は、その参照処理がパラレルに実施されます。

- **パラレル安全な関数である**
  sum()やavg()といった集計関数などの内部処理もパラレルに実施できます。ただしパラレルクエリで実施可能な関数とそうでない関数があります。ほとんどの組み込み関数はパラレル安全です。パラレル安全な関数は、PostgreSQLの関数を管理しているシステムテーブルであるpg_procテーブルのproparallel列の値で確認できます。この列値が 's'となっているものはパラレル安全です。

- **カーソルを使用していない**
  DECLARE CURSORコマンドを使用するとカーソルを作成できます。カーソルでは参照処理を定義し、そのあとにFETCHコマンドでカーソルから少しずつ結果を得る（一度に全結果を取得しない）という使い方をします。このようなカーソルを使った参照処理はパラレルに実施されません。

- **workerプロセスが枯渇していない**
  パラレルクエリは複数プロセスで実施されます。パラレルクエリ用のプロセスをworkerプロセスと呼びますが、このプロセスは1つのPostgreSQLで使える上限が決まってい

CHAPTER 4 SQL入門

ます。そのためこのプロセス数上限を超えてのパラレル処理はできません

- **トランザクションの隔離レベルがSERIALIZABLEではない**

  4.7.1項で解説したトランザクションの隔離レベルがSERIALIZABLEのケースではパラレルクエリが機能しません[6]。

基本的には、参照処理全般でパラレルクエリが実施されます。

■ クエリ対象のテーブルやインデックスのサイズ

パラレルクエリは複数のプロセスで協調して処理を行うため、少ないデータをパラレルに実施する場合は協調処理の負荷が重くなってしまい、むしろ性能が低下してしまいます。そのため、PostgreSQLではある程度大きいサイズのテーブルやインデックスをパラレルクエリの対象にするようにしています。

デフォルトではテーブルサイズは8MB以上、インデックスサイズは512KB以上からパラレルクエリを使うかどうかの判断をします。この閾値を3倍するごとに、パラレルクエリ用に使うプロセスを1つずつ加算していきます。つまり、8MBのテーブルでは2プロセス、24MBでは3プロセス、72MBでは4プロセス、といったプロセス数となります。ただし、テーブルサイズが8MB以上でも、協調動作をするための処理コストを加味した結果でパラレルクエリを行うかどうかを判断します。そのため、処理によってはサイズが8MB以上のテーブルであってもパラレルで処理されないことがあります。

パラレルクエリを行うかどうかのテーブルやインデックスのサイズはパラメータで指定可能です。詳細は次項で解説します。

■ パラレルクエリを使うための設定

パラレルクエリはPostgreSQLが必要に応じて自動的かつ動的にプロセス[7]を生成してクエリをパラレルに実施します。パラレルクエリが実施される場合、もともとクエリを処理しているプロセスはleader（リーダー）となり、動的生成されるプロセスはworker（パラレルワーカー）として動きます。パラレルクエリ以外にも動的にプロセスを生成して実施される処理がいくつかありますが、生成されるプロセスの数などを設定値として指定することができます。また、前述のパラレル処理対象とするテーブルやインデックスのサイズも指定できます。これらのパラメータはpostgresql.conf[8]で指定するか、クエリ発行前に動的に変更するなどが可能です。

パラレルクエリを利用するための設定として必要なものを**表4.12**に示します。

【6】
PostgreSQL 12からはSERIALIZABLEでもパラレルクエリが機能します。

【7】
動的に生成されるプロセスについては、第7章の「7.1.2　バックエンドプロセス」を参照してください。

【8】
postgresql.confや動的なパラメータ変更については、第8章の「8.4　設定——postgresql.conf」を参照してください。

112

表 4.12 パラレルクエリを使うための設定

パラメータ名	デフォルト値	設定反映のタイミング	説明
max_worker_processes	8	PostgreSQL 起動時	パラレルクエリを含む、PostgreSQL の動的プロセスの生成最大数を指定
max_parallel_workers	8	任意のタイミング	動的プロセスの最大数のうち、パラレルクエリ用に使う動的プロセスの最大数を指定
max_parallel_workers_ per_gather	2	任意のタイミング	パラレルクエリで実施されるスキャンや集計処理あたりの最大 worker プロセス数
min_parallel_table_scan_ size	8MB	任意のタイミング	パラレル処理対象とするテーブルサイズの最小サイズ指定
min_parallel_index_scan_ size	512KB	任意のタイミング	パラレル処理対象とするインデックスサイズの最小サイズ指定

デフォルト値でパラレルクエリは利用できますが、必要に応じて設定値を変更しておくとよいでしょう。

4.8.2 パラレルクエリの効果

簡単なクエリでパラレルクエリの効果を見てみます。1000万件を投入したhuge_tblテーブルに対して全件カウントを行うクエリを発行します。worker数を0、2、4と変化させてレスポンスタイムを見てましょう。また実際にパラレルで実施されているかを確認するためEXPLAINコマンドで実行計画[9]を確認します。

まずはパラレルクエリを無効化してクエリを実行します。パラレルクエリを無効化する方法はいくつかありますが、今回はmax_parallel_workers_per_gatherパラメータを調節します。

```
test => SET max_parallel_workers_per_gather TO 0;
SET
test => EXPLAIN (ANALYZE on, TIMING off, COSTS off)  SELECT count(*) FROM huge_tbl;
                     QUERY PLAN
---------------------------------------------------------
 Aggregate (actual rows=1 loops=1)
   -> Seq Scan on huge_tbl (actual rows=10000000 loops=1)
 Planning Time: 0.051 ms
 Execution Time: 855.710 ms
(4 rows)
```

huge_tblへの表スキャンを行い、カウントしています。およそ855ミリ秒かかりました。次にmax_parallel_workers_per_gatherを2にします。これでleaderプロセスと2つのworkerプロセスの合計3プロセスでパラレルにクエリを実行します。

[9]
実行計画やEXPLAINコマンドについては、第11章の「11.6 実行計画」を参照してください。

```
test => SET max_parallel_workers_per_gather TO 2;
SET
test => EXPLAIN (ANALYZE on, TIMING off, COSTS off)  SELECT count(*) FROM huge_tbl;
                                QUERY PLAN
--------------------------------------------------------------------------------
 Finalize Aggregate (actual rows=1 loops=1)
   ->  Gather (actual rows=3 loops=1)
         Workers Planned: 2
         Workers Launched: 2
         ->  Partial Aggregate (actual rows=1 loops=3)
               ->  Parallel Seq Scan on huge_tbl (actual rows=3333333 loops=3)
 Planning Time: 0.104 ms
 Execution Time: 377.323 ms
(8 rows)
```

855ミリ秒だった処理が377ミリ秒まで短縮されました。実行計画では「Parallel Seq Scan」「Partial aggregate」といったパラレルクエリの処理が実施されていることを確認できます。このように大きなテーブルのスキャンや集計処理ではパラレルクエリによる性能向上が確認できます。次にworkerプロセス数を4にしてみます。

```
test => SET max_parallel_workers_per_gather TO 4;
SET
test => EXPLAIN (ANALYZE on, TIMING off, COSTS off)  SELECT count(*) FROM huge_tbl;
                                QUERY PLAN
--------------------------------------------------------------------------------
 Finalize Aggregate (actual rows=1 loops=1)
   ->  Gather (actual rows=5 loops=1)
         Workers Planned: 4
         Workers Launched: 4
         ->  Partial Aggregate (actual rows=1 loops=5)
               ->  Parallel Seq Scan on huge_tbl (actual rows=2000000 loops=5)
 Planning Time: 0.072 ms
 Execution Time: 358.800 ms
(8 rows)
```

377ミリ秒だった処理が358ミリ秒まで短縮されました。worker数を2から4にしても性能向上は限定的です。前述のとおり、パラレルクエリは複数プロセスの協調処理の負荷が重いため、ある数以上のプロセスでパラレルに処理をしても性能は向上しないか、むしろ低下します。パラレルクエリをチューニングの手段として利用する場合は注意しておくとよいでしょう。

4.9 その他のSQLコマンド

本章の最後に、よく利用されるSQLコマンドを紹介しておきましょう。

4.9.1 COPY

テーブルのデータをファイルに書き出したり、ファイルのデータをテーブルに読み込んだりするには、COPYコマンドを実行します。COPYコマンドの基本的な構文は次のようになります。

```
COPY テーブル名 [(列名 [, 列名 ...])] FROM 'ファイル名' [[ WITH ] ( FORMAT csv )];
COPY テーブル名 [(列名 [, 列名 ...])] TO 'ファイル名' [[ WITH ] ( FORMAT csv )];
```

COPYコマンドの実行例を次に示します。

```
testdb=# COPY meibo TO '/tmp/meibo.csv' WITH ( FORMAT csv );
testdb=# \q
$ cat /tmp/meibo.csv
1,鈴木花子,111-0000,東京都千代田区,1950-01-01,f
2,田中一郎,222-3333,神奈川県横浜市,1970-05-05,t
4,佐藤道子,333-4444,千葉県千葉市,1980-03-03,f
6,石川順子,555-6666,北海道札幌市,2000-05-03,f
3,山田太郎,555-6666,愛知県名古屋市,1990-07-20,t
```

この例では、meiboテーブルのレコードをPostgreSQLサーバーの/tmp/meibo.csvというファイルに保存しています。ここではCSV形式で保存していますが、CSVを指定しない場合、各列の区切りはタブになります。しかし、Excelなどで加工して利用することなどを考えると、CSV形式で保存するのがいいでしょう。

COPYコマンドは、スーパーユーザーであるか、pg_read_server_files、pg_write_server_files、pg_execute_server_filesのうちの1つのロールを許可されたユーザーが利用できます。また、ファイルはPostgreSQLサーバー側での管理となります。ファイル名は絶対パスで指定します。

4.9.2 TRUNCATE

　TRUNCATEコマンドは、テーブル内のデータをすべて削除します。TRUNCATEコマンドの構文は次のとおりです。

```
TRUNCATE テーブル名;
```

TRUNCATEコマンドの実行例を次に示します。

```
testdb=> TRUNCATE meibo2;
TRUNCATE TABLE
```

　TRUNCATEコマンドは、WHERE句を指定しないDELETEコマンドと同じように行を削除します。DELETEコマンドとの違いは、DELETEコマンドがデータを検索してから実行するのに対し、TRUNCATEコマンドは検索を行わずにデータを削除します。このため、処理が非常に高速です。巨大なテーブルのデータを削除する場合には、DELETEよりもTRUNCATEコマンドを利用するほうがいいでしょう。

Chapter

5

PHPでPostgreSQLを使う
〜PHPアプリケーションの作成（1）

PHPでPostgreSQLを使う～PHPアプリケーションの作成（1）

ここまででPostgreSQLの操作についてはひととおり解説したので、ここからはPHP（PHP Hypertext Preprocessor）と呼ばれるサーバーサイドスクリプトを使用して、PostgreSQLに連携するアプリケーションを作成してみましょう。

作成手順などの説明が長くなるので、本章と次の第6章に分けて解説していきます。第5章では、PHPのインストールと設定、そして簡単なプログラムの作成までを説明します。続く第6章では、少し本格的なアプリケーションとして、「かんたんSNS」を作成していきます。

5.1 開発環境のセットアップ

最初に開発環境を構築します。今回は次に示す環境を前提に話を進めていきますが、インストールとセットアップさえできてしまえば、Windowsの代わりにmacOS、あるいは各種Linux環境で開発を行っても特に問題はありません。

- Windows 10 Pro 64bit
- PostgreSQL 11.2
- PHP 7.3.5

上記の各バージョンは、本書の執筆時点で最新のものです。PostgreSQLはSetup Wizardを、PHPはWindows用のインストーラを使ってインストールします。

5.1.1 PostgreSQLとPHPのインストール

Windows版のPostgreSQLのインストール方法については、第2章の「2.2 Windowsへのインストール」を参照してください。お使いのWindowsが32ビット版か64ビット版によってSetup Wizardのファイル名は異なりますが、そのあとの操作はほとんど同じです。

PHPのインストールは、バイナリファイルをダウンロードし、設定ファイルを編集することにします。まずは、以下のPHPのサイトからファイルをダウンロードしましょう（図5.1）。

- PHP: Hypertext Preprocessor
  https://www.php.net

5.1 開発環境のセットアップ

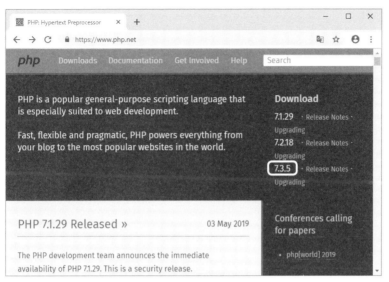

図 5.1 PHP: Hypertext Preprocessor

　本書執筆時点では、PHPのバージョンは7.3.5が最新です。ブラウザ画面の右側にある「Download」の下の「7.3.5」をクリックします。「Downloads」ページに切り替わったら、「Windows downloads」リンクをクリックします。これでバイナリファイルをダウンロードするページが表示されます（図5.2）。

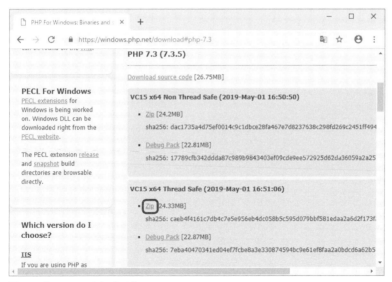

図 5.2 「Downloads」ページ

119

今回は64ビットのマシンにインストールするので「x64」をダウンロードします。また、ApacheやIIS（Internet Information Services）を使用せず、PHPの「ビルトインウェブサーバー」という機能を使用するので、「Non Thread Safe」版でも「Thread Safe」版のどちらでもかまいません。本書では「VC15 x64 Thread Safe」版を使うことにします。

「VC15 x64 Thread Safe（日付）」下の「Zip」リンクをクリックし、ファイルをダウンロードします。これでphp-7.3.5-Win32-VC15-x64.zipという名前のファイルがダウンロードされます。ダウンロードされたらそのフォルダーを開き、ファイルを右クリックして、「すべて展開(T)…」を選択します（図5.3）。

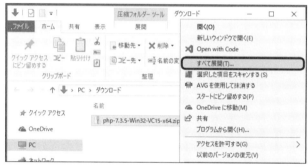

図5.3　展開先の選択とファイルの展開

これで「展開先の選択とファイルの展開」というダイアログが表示されるので、展開先のフォルダーを「C:¥php-7.3」に変更してから「展開(E)」ボタンをクリックします（図5.4）。

図5.4　展開先の選択とファイルの展開（C:¥php-7.3）

5.1 開発環境のセットアップ

5.1.2 php.iniの設定

　これでPHPスクリプトのインストール自体は終わりました。次にPHPの設定ファイルを作成します。今回はエラーの内容を表示したいので開発環境として作成します。PHPをインストールしたこのフォルダーC:¥php-7.3の直下にある開発環境向けの雛形ファイル「php.ini-development」[1]の名前を「php.ini」に変更します。

　それでは、このphp.iniの内容に変更を加えていきます。

　extension_dirの行頭にあるセミコロン「;」を外すと、この行はコメントではなく、有効な設定として認識されるようになります。内容はextからC:¥php-7.3¥extに変更してください。

【変更前】
```
;extension_dir = "ext"
```

【変更後】
```
extension_dir = "C:¥php-7.3¥ext"
```

　以下の4つのextensionはコメントを外し、有効化します。

【変更前】
```
;extension=mbstring
　（中略）
;extension=openssl
　（中略）
;extension=pdo_pgsql
　（中略）
;extension=pgsql
```

【変更後】
```
extension=mbstring
　（中略）
extension=openssl
　（中略）
extension=pdo_pgsql
　（中略）
extension=pgsql
```

　date.timezoneのコメントを外し、"Asia/Tokyo"を設定します。

【変更前】
```
;date.timezone =
```

[1]
本番環境向けのphp.iniの雛形ファイルは「php.ini-production」です。

5

121

【変更後】
date.timezone = "Asia/Tokyo"

セッション固定化攻撃の対策として、セッションアダプションを許可しない（1）に設定します。

【変更前】
session.use_strict_mode = 0

【変更後】
session.use_strict_mode = 1

変更する必要はありませんが、default_charsetの値がUTF-8になっていることを確認してください。

default_charset = "UTF-8"

今回のphp.iniの設定はこれだけですが、必要に応じてcurl、fileinfo、gettext、intl、exifなどのextensionも有効化してください。

文字エンコーディングに注意

PHP 5.6.0以降はdefault_charsetの初期値がUTF-8になっているため、アプリケーション全体でUTF-8を使う場合、php.iniで文字エンコーディングに関して何も変更する必要はありません。バージョン5.6.0より前のPHPでdefault_charsetは単純にHTTPヘッダー「Content-Type: text/html; charset=*****」のcharsetを自動的に出力するだけのもので、PHP内部で使うエンコーディングではありませんでした。文字エンコーディングに関わる処理が5.6.0以降とそれより前ではまったく異なるので、必ずPHPはバージョン5.6以降で、しかもできるだけ新しいものを使ってください。

5.1.3 環境変数の設定

次に環境変数を設定していきます。まずは「コントロールパネル」から「システムとセキュリティ」→「システム」を開き、「システム」の画面を表示させます（図5.5）。

5.1 開発環境のセットアップ

図 5.5 「システム」画面

左側にある「システムの詳細設定」をクリックして「システムのプロパティ」ダイアログボックスを表示します（図 5.6）。続いて、「システムのプロパティ」ダイアログボックスの「環境変数 (N)...」をクリックします。

図 5.6 「システムのプロパティ」ダイアログボックス

「環境変数」ダイアログボックスが表示されたら、ユーザー環境変数の中の「Path」の行をダブルクリックしてください（図 5.7）。

図 5.7 「環境変数」ダイアログボックス

　すると「環境変数名の編集」ダイアログボックスが表示されるので、まだ何も書かれていない行をダブルクリックします。そこに「C:¥php-7.3」と入力し、「OK」ボタンをクリックしてください（図5.8）。

図 5.8 「環境変数名の編集」ダイアログボックス

「環境変数」ダイアログボックスに戻ったとき、「Path」にC:\php-7.3が登録されていることを確認できると思います。確認したら「OK」ボタンをクリックしてください。

ただ、これではまだ環境変数の内容がシステムには反映されていない状態です。これをWindows環境に反映させるためにWindowsマシンそのものを一度再起動させてください。

再起動が終わったら、PHPのインストールと設定は終わりです。実際の開発ではApacheなどWebサーバーのインストールが必要になりますが、今回はローカルでのテストのみですので、簡易的にPHPのビルトインウェブサーバーの機能を使うことにします。

5.1.4 phpinfoファイルの作成

まずは、Webサーバーのドキュメントルートを作るため、新しくフォルダーを作成しましょう。

```
C:\mytest\item\public_html\
```

今後はこのpublic_htmlをドキュメントルートとし、このフォルダー配下のファイルがWebサイトからアクセスできるようにします。

ここではまだメモ帳でもかまいません。テキストエディタで、以下の内容のファイルを、上記のドキュメントルートの直下にphpinfo.phpというファイル名で保存してください。

```
<?php phpinfo();
```

これでアクセスするためのファイルはできました。

5.1.5 ビルトインウェブサーバーの起動

それではPHPのビルトインウェブサーバーを起動してみましょう。

Windowsキー（■）+［X］キーを押すと、メニューに「Windows PowerShell（I）」（図5.9）あるいは「コマンドプロンプト（C）」（図5.10）という項目が表示されるので、それをクリックしてください。

図 5.9 「Windows PowerShell (I)」を表示したメニュー

図 5.10 「コマンドプロンプト (C)」を表示したメニュー

PowerShellあるいはコマンドプロンプトが表示されたら、次のようにコマンドを入力してフォルダーに移動します。

> cd C:\mytest\item\public_html ⏎

Webサーバーを起動させるため、次のようにコマンドを入力します。オプションを付けずに実行すると、このコマンドを実行したフォルダーがドキュメントルートになります。

> php -S localhost:80 ⏎

5.1 開発環境のセットアップ

次のようなメッセージが表示されれば正常にWebサーバーが起動しています。

```
PHP 7.3.5 Development Server started at Sun May 12 18:04:53 2019
Listening on http://localhost:80
Document root is C:\mytest\item\public_html
Press Ctrl-C to quit.
```

この状態で、ブラウザから次のアドレスにアクセスしてみてください。

```
http://localhost/phpinfo.php
```

次のようにPHPの設定情報が表示されていれば、PHPが正常に稼働しています（図5.11）。

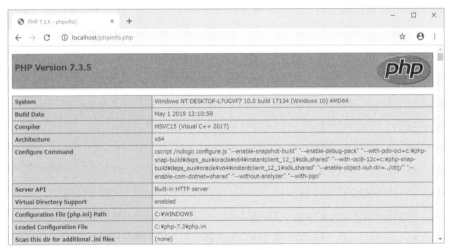

図5.11　PHPに関する情報（http://localhost/phpinfo.php）

この画面で、ブラウザ内を「pgsql」で検索してみます。図5.12のように、PDOドライバーなどの情報が表示されていれば、PHPからPostgreSQLへアクセスするためのドライバーもインストールされています。

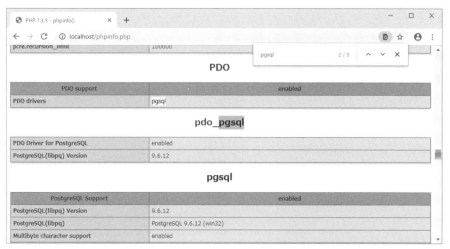

図5.12 「pgsql」を検索

なお80番ポートはhttpアクセス時の標準のポートなので、ブラウザに入力しても自動的に省略されてしまいます。もし、すでに80番ポートを使用していて、バッティングしてしまう場合には、次のように別のポートを指定してください。ここでは8080番を指定しています。

> php -S localhost:8080 ⏎

そして、ブラウザからポート番号を指定したURLにアクセスしてください。

http://localhost:8080/phpinfo.php

なお、ビルトインウェブサーバーは、PowerShell／コマンドプロンプト内で**Ctrl-C**を入力したり、あるいはPowerShell／コマンドプロンプトそのものを終了させることでWebサーバーも終了します。マシンを立ち上げ直した場合はWebサーバーは立ち上がっていないため、再度、同じ場所でphp -SコマンドMAX発行し、Webサーバーを起動させてください。

5.2 データベースプログラムを書いてみよう

インストールおよび開発環境の設定がすんだら、さっそくデータベースプログラムを作成してみましょう。データベースの操作に慣れるため、まずは簡単な登録や表示、削除などを行うアプリケーションを作成してみます。

5.2.1 データベースとテーブルの作成

pgAdmin 4（第3章）、あるいはpsql（第4章）を使用して、次のようなデータベースおよびテーブルを作成します。

- **データベース名** ─ pgadmin
- **テーブル名** ──── item
- **ユーザー名** ──── postgres
- **パスワード** ──── pgAdmin 4で指定したもの

この際、データベースのエンコーディングは「UTF-8」とします（データベースやテーブルの作成方法については、第3章を参照してください）。このデータベースとテーブルは、pgAdmin 4の使い方で作成したデータベース／テーブルとまったく同じものです。この章ではPHPとPHPのビルトインウェブサーバーを使ってこのテーブルのデータを増やしたり参照したりします。

pgAdminについて解説した章（第3章）を読み飛ばしてしまった、あるいはpsqlを使用したいという場合は、CREATE DATABASE文あるいはcreatedbで「pgadmin」というデータベースを作成してください。また、ユーザー「postgres」で次のようなCREATE TABLE文、INSERT文を発行することで、テーブルの作成／行の追加を行います。

```
CREATE TABLE item (
    id integer PRIMARY KEY, ───────[商品ID]
    name text NOT NULL, ───────[商品名]
    price integer, ───────[価格]
    CONSTRAINT price_check_constraint CHECK (price > 0)
);
INSERT INTO item VALUES (1, 'オレンジジュース', 120);
INSERT INTO item VALUES (2, 'チョコ', 30);
INSERT INTO item VALUES (3, 'カキ氷', 100);
INSERT INTO item VALUES (4, 'レモンティー', 300);
INSERT INTO item VALUES (5, 'チーズケーキ', 550);
```

これでデータベースとテーブルの準備ができました。それでは、実際のPHPプログラムを見ていきましょう。

5.2.2 データベースへの接続

それでは簡単なPHPスクリプトを書き、用意したデータベースへ接続してみましょう（リスト5.1）。まずは、文字コードが「BOMなしUTF-8」あるいは「UTF-8N」で保存できるテキストエディタを用意してください[2]。この章と次章では、PHPスクリプトはすべてこの文字コードで保存されることを前提に説明していきます。

【2】
「BOMなしUTF-8」あるいは「UTF-8N」で保存できるテキストエディタには、TeraPad、サクラエディタ、ATOMなどがあります。ただ、Microsoftが2018年12月にファーストリング向けに提供したWindows 10 Insider Previewではメモ帳でもBOMなしのUTF-8が選択可能になったようです。近い将来にメモ帳でもPHPのスクリプトが書けるようになるかもしれません。

リスト5.1　connect.php

```
 1: <?php
 2: $dbh = new PDO(
 3:     'pgsql:host=localhost port=5432 dbname=pgadmin',
 4:     'postgres',
 5:     '************',
 6:     [PDO::ATTR_ERRMODE => PDO::ERRMODE_EXCEPTION]
 7: );
 8: ?>
 9: <!DOCTYPE html>
10: <title>データベース接続テスト</title>
11: <p>データベースの接続に成功しました</p>
```

このプログラムでは、PHPからPostgreSQLへの接続をPDO[3]というクラスを使用して実現しています。用意したデータベースに接続し、それが成功したか失敗したかを表示するだけのとても単純なプログラムです。5行目のアスタリスク（*）の部分は、インストール時に指定したパスワードに書き換えてください。すべてを書き終えたら、ドキュメントルートC:¥mytest¥item¥public_htmlにconnect.phpという名前で保存します。

【3】
PDO以外にpg_connectやpg_query_paramsといった関数を使って手続き型の書き方をする方法もあります。

それでは、ブラウザからhttp://localhost/connect.phpにアクセスしてみましょう。図5.13のように「データベースの接続に成功しました」というメッセージが表示されれば、うまく接続されていることになります。

図5.13　データベース接続テスト

図5.14のように画面が文字化けして表示されていたり、ファイルがPHPとして実行されておらずソースの一部が表示されてしまっているような場合は、ファイルがBOMなしUTF-8で正しく保存されていない可能性が高いです。名前を付けて保存や文字／改行コード指定保存などでBOMなしUTF-8として保存し直してください。

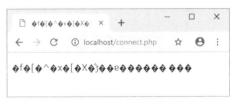

図5.14　データベース接続テスト：文字化け

画面に「Fatal error: …」と表示されている場合は、接続に失敗しています。何かしらのエラーメッセージが表示されていれば、そのメッセージに従ってスクリプトを修正してください。万が一、画面に何も表示されなければ、ブラウザの画面を右クリックして「ソースの表示」を選択すると隠れているメッセージがわかるかもしれません。それでも何も表示されない場合は、重大なスペルミスをしているかもしれません。スクリプトを正しく記述しているか、じっくりと見直してください。

うまく接続できた場合は、失敗時にどのような表示になるかを確かめるため、わざと間違えた値を記述してみます。たとえばホスト名を「localhostx」と指定してみましょう。接続に失敗した場合には、PDOのエラーモードにPDO::ERRMODE_EXCEPTIONを指定してありますので、例外が投げられ、図5.15のようなメッセージが表示されます。内容を読むと「ホスト名localhostxが理解できなかった」と書いてあります。エラーが発生した場合、まずは表示されたメッセージをよく読みましょう[4]。

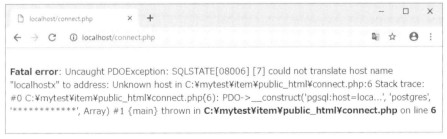

図5.15　Fatal error localhostx

【4】
開発環境と本番環境ではエラー出力に関する考え方は異なります。エラーの内容表示がデバッグに役立つことはもちろんですが、セキュリティの観点からは、本番環境ではエラーの詳細をページに表示すべきではありません。本番環境で使用するphp.iniはphp.ini-productionをベースに作成し、PDOの例外（エラー）は画面にその詳細を出力するのはやめ、try、catchでログに記録するなどの処理を行いましょう。

PHPでPostgreSQLを使う～PHPアプリケーションの作成（1）

5.2.3 テーブルの内容の表示

ホスト名を「localhost」に戻し、正しく接続されることが確認できたら、今度はデータの内容を表示するスクリプトを書いてみます（リスト5.2）。

リスト5.2　list.php

```
 1: <?php
 2: $dbh = new PDO(
 3:     'pgsql:host=localhost port=5432 dbname=pgadmin',
 4:     'postgres',
 5:     '************',
 6:     [PDO::ATTR_ERRMODE => PDO::ERRMODE_EXCEPTION]
 7: );
 8: $sth = $dbh->query(
 9:     'SELECT id, name, price'
10:     . ' FROM item'
11:     . ' ORDER BY id'
12: );
13: $rows = $sth->fetchAll(PDO::FETCH_ASSOC);
14: ?>
15: <!DOCTYPE html>
16: <title>アイテムの一覧</title>
17: <?php if (!$rows): ?>
18: <div>アイテムが見つかりませんでした。</div>
19: <?php else: ?>
20: <table>
21:   <thead>
22:     <tr>
23:       <th scope="col">ID
24:       <th scope="col">名称
25:       <th scope="col">価格
26:   <tbody>
27: <?php   foreach ($rows as $r): ?>
28:     <tr>
29:       <td><?php echo htmlspecialchars($r['id']); ?>
30:       <td><?php echo htmlspecialchars($r['name']); ?>
31:       <td><?php echo htmlspecialchars(number_format($r['price'])); ?>
32: <?php   endforeach; ?>
33: </table>
34: <?php endif;
```

list.phpの内容を順番に詳しく見てみましょう。

1行目の<?phpと、その対となる14行目の?>は、この間がPHPプログラム記述部のブロックであることを表します。PHPは通常のテキストファイルですが、<?phpと?>のブロックで囲んだ部分には、たとえばデータベースへの接続などのプログラムを記述できます。そのブロックの外、つまりPHPのプログラムが記述されていない部分については、通常のHTMLと同じように解釈されます。

2行目のPDOクラスは、先ほどの単純な接続を行うだけのスクリプトでも出てきました。このクラスコンストラクタでPostgreSQLへの接続をオープンします。このとき、host、port、dbname、user、passwordなどといったパラメータを文字列として指定します。接続が成功するとPDOオブジェクトを返します。失敗すると、PDOのエラーモードとしてPDO::ERRMODE_EXCEPTIONが設定されているので、例外が投げられ、さまざまなエラーメッセージが表示されたあとで処理が終了します。

8行目からのqueryメソッド[5]は、$dbhに接続したデータベースに対してSQL文を発行し、結果セットをPDOStatementオブジェクトとして$sthに返します。「SELECT id, name, price FROM item ORDER BY id」は、「テーブルitemを対象に（すべての行を）idの昇順で、列id、name、priceの値を取得しなさい」という命令文です。もしこの命令文で失敗すると、PDO::ERRMODE_EXCEPTIONが設定されているので、例外が投げられます。

HTML部分とPHPスクリプト部分はできるだけ分離しておくのがよいので、queryメソッドの実行後、13行目のようにfetchAllメソッドを発行して、あらかじめ行をPHPの配列として$rowsという変数へ取得します。今回はPDO::FETCH_ASSOCを指定しているので列名（今回はid、name、price）がキー、テーブル上の値（1、'オレンジジュース'、120）が配列の値として取得されます。1行もデータが検索できなかった場合、$rowsには件数が0の配列が格納されます。

14行目の?>で、PHPのプログラムが主導のブロックはいったん終わりにします。15行目から今度は主にHTMLを出力し、そこへPHPの変数の値などを埋め込んでいく形にしましょう。

15、16行目では、HTMLのbody部を始めるまでの最低限のHTML5の宣言およびheadを記述しています。title要素を忘れないように記述しましょう。

17行目には、if (!$rows):という表現が出てきています。PHPの制御構造の書式には、次の2種類があります。

1つは多くのプログラミング言語で使われている、ネストの開始終了を波かっこ（{}）で表現したものです。

```
if (条件) {
    条件が真のときの実行文;
} else {
```

【5】
PHPにはオンラインマニュアル (https://www.php.net/manual/ja/) が用意されているので、関数やクラス、メソッドの詳しい説明などはここで確認ができます。

PHPでPostgreSQLを使う〜PHPアプリケーションの作成（1）

```
        条件が偽のときの実行文;
    }
```

もう1つは、以下のようにコロン（:）で始まり、endif;（またはendforeach;、endswitch;など）で終わるものです。

```
if (条件):
    条件が真のときの実行文;
else:
    条件が偽のときの実行文;
endif;
```

どちらも同等の処理を行いますが、HTML内にPHPスクリプトを埋め込んでいく場合には、波かっことインデントの組み合わせではブロックの開始と終了の対応が見えにくくなることがあります。ですのでこの章では、HTML内にPHPスクリプトを埋め込む場合に限り、コロンと「end…;」を使った構文で制御構造を表現していくことにします。

さて、話をコードに戻しましょう。1件もデータが検索されなかった場合、$rowsには0件の配列が格納されます。このときempty関数は真（true）になるので「アイテムが見つかりませんでした。」と表示します。行が見つかり、$rowsに1件以上の配列が設定されている場合は、else:以降に処理が流れます。

27行目のforeach文では、$rowsに格納されている配列、つまりここでは複数の行を1行ずつ取り出して$rに設定し、対応した32行目にあるendforeach;まで繰り返し処理を実行します。行が10行あれば10回、100行あれば100回、このブロックの処理が繰り返されます。

データが見つかった場合、fetchAllメソッドはすべての行を返しますが、ここでは1つ目の引数としてフェッチスタイルPDO::FETCH_ASSOCを指定しています。デフォルトはPDO::FETCH_BOTHで、これは結果セットに返された際のカラム名と0で始まるカラム番号でキーを付けた配列を返すのですが、カラム番号で始まる数字のキーはあとで見たときに何を示しているのかがわかりづらいので、今回はカラム名のみで返すPDO::FETCH_ASSOCを使うことにします。最終的にfetchAll(PDO::FETCH_ASSOC)は、テーブルのデータを次のような2次元配列（1次元目が行単位、2次元目が列単位の配列）を返します。

```
Array (
    [0] => Array (
        [id] => 1,
        [name] => オレンジジュース,
        [price] => 120
    ),
    [1] => Array (
        [id] => 2,
```

5.2 データベースプログラムを書いてみよう

```
        [name] => チョコ,
        [price] => 30
    ),
   (省略)
);
```

この配列$rowsに対してforeach ($rows as $r)を実行すると、1ループ目では、次の内容が$rに格納され、

```
Array (
    [id] => 1,
    [name] => オレンジジュース,
    [price] => 120
)
```

2ループ目では、次の内容が$rに格納されます。

```
Array (
    [id] => 2,
    [name] => チョコ,
    [price] => 30
);
```

以降、最後の行まで順々に繰り返して、ブロック内の処理が実行されます。

29、30、31行目のecho文は、引数の文字列をブラウザに出力します。htmlspecialchars関数は、引数として渡されたテキスト内のHTMLとして特殊な意味を持つ文字（<、>、"、＆など）を、ブラウザが誤って解釈しない文字列（<、>、"、&など）[6]に変換する関数です。また、number_format関数は数字を千位ごとにグループ化する関数です。これらの関数をここで使う理由については、後ほど説明します。

さて、この内容をlist.phpという名前のファイルとして保存し、実際にブラウザからアクセスしてみましょう。

```
http://localhost/list.php
```

図5.16のように、itemテーブルの内容がうまく一覧表示されたでしょうか？

【6】
<、>、"、&
などのことを「文字実体参照」と呼びます。

図 5.16 アイテムの一覧

5.2.4 テーブルへのデータ挿入

今度は、ブラウザの画面からデータを追加していくスクリプトを書いてみます。まずは単純に、次の処理をするページを作ってみましょう。

1. ID／名称／価格をユーザーに入力してもらう
2. それをテーブルに追加する

最初に、ユーザーがデータを入力できる画面を作成します（**リスト5.3**）。

リスト 5.3　edit.php

```
 1: <!DOCTYPE html>
 2: <title>アイテムの追加</title>
 3: <form action="do.php" method="post">
 4:   <dl>
 5:     <dt>ID
 6:     <dd><input type="text" name="id" value="">
 7:     <dt>名称
 8:     <dd><input type="text" name="name" value="">
 9:     <dt>価格
10:     <dd><input type="text" name="price" value="">
11:   </dl>
12:   <input type="submit" value="追加する">
13: </form>
```

このページでは、PHPのプログラムをまったく書いていません。ユーザーにID／名称／価格を入力してもらい、サブミット（submit）ボタンが押されたらPOSTメソッドで入力デー

タをdo.phpに渡すだけの、とても単純なページです。今回はこれをedit.phpというファイル名で保存します。

ブラウザでhttp://localhost/edit.phpにアクセスすると、**図5.17**のような画面が表示されます。

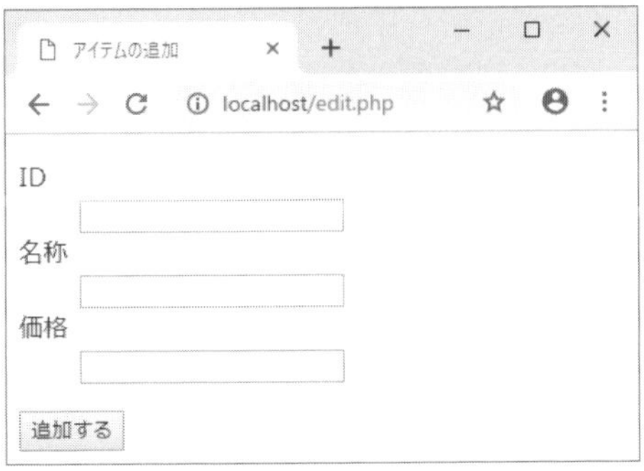

図5.17　アイテムの追加

入力画面を作ったら、今度はここで入力された値をテーブルに登録するスクリプトを作ってみましょう（**リスト5.4**）。

リスト5.4　do.php

```
 1: <?php
 2: $dbh = new PDO(
 3:     'pgsql:host=localhost port=5432 dbname=pgadmin',
 4:     'postgres',
 5:     '************',
 6:     [PDO::ATTR_ERRMODE => PDO::ERRMODE_EXCEPTION]
 7: );
 8: $sth = $dbh->prepare(
 9:     'INSERT INTO item (id, name, price) VALUES (:id, :name, :price)'
10: );
11: $ret = $sth->execute([
12:     'id' => $_POST['id'],
13:     'name' => $_POST['name'],
14:     'price' => $_POST['price']
15: ]);
16: header('Location: http://localhost/list.php');
```

今回はプリペアドステートメントを使ってデータを追加してみましょう。プリペアドステートメントは、先にSQL本体（クエリ）を準備・パースさせておき、あとでパラメータの値を指

定して実行する仕組みです。もともとは複数のデータを一括登録するような際に毎回クエリをパースしなくてすむよう効率的に処理を行うための仕組みなのですが、ユーザー入力の可変部分をすべてパラメータ側に指定することでSQLインジェクション対策としても有効です。なので今後はこの仕組みを活用していくことにします。

8行目からの$dbhのprepareメソッドにはSQL文を指定します。このSQL文は「テーブルitemに行を挿入しなさい。このときidは:id、nameは:name、priceは:priceの値を設定しなさい」という命令を表した文です。また、SQL文内のコロン（:）で始まるパラメータマーカーは、あとでexecuteメソッドの引数として渡される配列のキーに対応します。

11行目から始まるexecuteメソッドでは、引数をPostgreSQLのサーバーに送ります。PostgreSQLのサーバー側ではそれらの引数をid、name、priceにそれぞれ埋め込んだものとして処理を行います。SQLインジェクション[7]を回避するには、ブラウザから設定される値やそれを加工した値をSQLに埋め込む場合、整数であればキャスト（型変換）したり、文字列であればエスケープしなければなりませんが、prepare、executeでパラメータマーカーを使えばその必要がなくなり、とても便利です。

登録に成功した場合は、16行目のように、header関数を使って新しいURLへリダイレクトさせます。header関数は、ブラウザにHTTPヘッダーを送信しますが、「Location: …」というヘッダーを送信することで、ブラウザにそのURLへリダイレクトさせることができます。今回はここにlist.phpのURLを指定して、一覧のページにリダイレクトさせます。

このスクリプトはdo.phpというファイル名で保存しましょう。これで、値を入力する画面と、入力された値をテーブルに格納するスクリプトを作りました。

それでは、実際に一連の流れを実行してみましょう。

「アイテムの追加」画面で、IDに「6」、名称には「パフェ <Strawberry>」、価格には「1200」と入力してみます。なおここでは、「<Strawberry>」はすべて半角で入力してください）。内容が確認できたら、「追加する」ボタンをクリックします（図5.18）。

【7】
SQLインジェクションについては、140ページのコラムを参照してください。

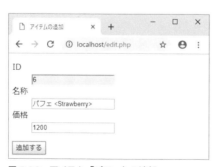

図5.18　アイテム「パフェ」の追加

テーブルへ行の挿入がうまくいけば、図5.19のような画面が表示されます。「6 パフェ

5.2　データベースプログラムを書いてみよう

<Strawberry> 1,200」が最後に追加されています。

図 5.19　アイテムの一覧（パフェが追加されている）

　それでは、list.phpのスクリプトをもう一度開いてみて、先ほど説明が途中になっていた htmlspecialchars関数とnumber_format関数が何をしているのか見ていくことにしましょう。

　これらの関数が何をしているかを確認するため、list.phpの29～31行目のhtmlspecial chars関数とnumber_format関数を一度思い切って削除してしまいましょう。

```
<td><?php echo $r['id']; ?>
<td><?php echo $r['name']; ?>
<td><?php echo $r['price']; ?>
```

　ブラウザに戻ってページをリロードしてみると、「パフェ <Strawberry>」は「パフェ」に、「1,200」は「1200」になっています。「<Strawberry>」の部分と、千区切りのカンマが表示されていません。これはどういうことでしょうか？

　ブラウザは、HTMLの本文として文字列「<Strawberry>」を受け取った場合、これを Strawberryタグだと解釈します。「<」で始まり英数字が続く文字列は、HTMLタグとして認識されます。ただし、Strawberryはブラウザにとっては未知のHTMLタグなので、どのように解釈してよいのかわかりません。このとき「知らないタグは、読み飛ばして無視する」という処理が行われるため「<Strawberry>」は表示されなくなってしまうのです[8]。

　ここでhtmlspecialchars関数を使用すると、文字列「<Strawberry>」は「<Strawberry >」に変換されます。あとでhtmlspecialchars関数を戻し、ブラウザで「ソースの表示」あるいは「ページのソースを表示」をクリックして確認してみましょう。ブラウザは<で始まったものをタグとして認識せず、「<」を「<」、「>」を「>」として表示するようになっているので、その結果「<Strawberry>」と表示されるのです。

　number_format関数は、数字を千位ごとにグループ化してフォーマットします。引数に設定する値が数値であり、人間が読みやすいように表示したい場合に使います。

[8]
このとき「<Strawberry>」の代わりに「<script>alert('Hello');</script>」などと入力すると、ここに書いたJavaScriptが実行されてしまいます。システムの作成者以外がスクリプトを実行できてしまう状態は、クロスサイトスクリプティング（XSS）と呼ばれる脆弱性です。一般のユーザーが入力した文字列を出力する際には必ずhtmlspecialchars関数を使いましょう。詳細については142ページのコラムを参考にしてください。

139

COLUMN: SQLインジェクション

SQLインジェクションとは、アプリケーションに渡すパラメータの文字列を工夫することで、意図されていない処理をSQLとして実行させることです。

たとえば、次のようなSQL文で「佐藤」の文字列がブラウザから渡され、埋め込まれるとします。

```
SELECT profile FROM users WHERE name = '佐藤'
```

このとき、PHPスクリプトで間違ったエスケープを書いたとします。たとえば次のようなものです。

```
pg_query("SELECT profile FROM users WHERE name = '$name'");
```

ここで $name が「佐藤' OR name <> '佐藤」だとすると、SQL文全体は次のようになります。

```
SELECT profile FROM users WHERE name = '佐藤' OR name <> '佐藤'
```

これでは取得されてはならない行も取得できてしまいます。また、PostgreSQLで複数のSQL文を区切るために使うセミコロン（;）を組み合わせることで「佐藤'; DELETE FROM users; SELECT '」とも書けますし、「'; SELECT password FROM users WHERE name <> '」などという記述もできてしまうので、大変危険です。

PHPでは、SQLコマンドからパラメータを分離できるプリペアドステートメントの仕組みを使うことで、間違えやすいエスケープ処理をしなくてもすむようになっています。

具体的にはPDOのprepareメソッド、executeメソッドを使います。

```
$sth = $dbh->prepare('SELECT profile FROM users WHERE name = :name');
$sth->execute([':name' => '佐藤']);
$profile = $sth->fetchColumn();
var_dump($profile);
```

ただし、PDOのprepareメソッドの発行時にカーソルをスクロール可能とするオプションを付けた場合（PDO::ATTR_CURSOR => PDO::CURSOR_SCROLL）実際にはプリペアドステートメントの仕組みは使われず、execute時にSQL全文を組み立てたものを実行されるような挙動になります。PDO::CURSOR_SCROLLを使用しないようにするか、どうしても必要であれば、データベース／ページ／ユーザーの入力などがすべてUTF-8になるようにして、パラメータの可変部分が確実にUTF-8の範囲に収まるように、mb_check_encoding、mb_convert_encoding、mb_substitute_characterといった関数を使って確認・調整してください。

5.2 データベースプログラムを書いてみよう

5.2.5 テーブルのデータの変更／削除

一覧のページを見ていると、やはりブラウザでデータの変更や削除もしたくなります。この一覧ページと、先ほど作ったデータ入力のページや登録ロジックを少し改良して、データの変更／削除ができるようにしてみましょう。これまで作ってきたlist.php、edit.php、do.phpのロジックに改良を加えていきます。

まずは、list.phpの改良です（**リスト5.5**）。

リスト5.5　list.phpの改良

```
21:   <thead>
22:     <tr>
23:       <th scope="col">ID
24:       <th scope="col">名称
25:       <th scope="col">価格
26:       <td><a href="edit.php">新規登録</a>
27:   <tbody>
28: <?php    foreach ($rows as $r): ?>
29:     <tr>
30:       <td><?php echo htmlspecialchars($r['id'], ENT_QUOTES); ?>
31:       <td><?php echo htmlspecialchars($r['name'], ENT_QUOTES); ?>
32:       <td><?php echo htmlspecialchars(number_format($r['price']), ENT_QUOTES); ?>
33:       <td>
34:         <a href="edit.php?id=<?php echo rawurlencode($r['id']); ?>">変更</a>
35:         <form action="do.php" method="post" onsubmit="return confirm('本当に削除➡
   しますか？');">
36:           <input type="hidden" name="mode" value="del">
37:           <input type="hidden" name="id" value="<?php echo htmlspecialchars($r[➡
   'id'], ENT_QUOTES); ?>">
38:           <input type="submit" value="削除">
39:         </form>
40: <?php    endforeach; ?>
```

一覧表示を行うlist.phpの変更箇所は、26行目と33～38行目です。1つは先ほど作った新規登録の入力画面edit.phpへの単純なリンク、もう1つは繰り返しの行にidをパラメータとして変更および削除をするためのリンクです。

34行目のrawurlencode関数は、PHPの変数をGETなどのパラメータとして認識できる形式にエンコードしてくれる関数です。今回のように、idが必ず0から9の数字である場合、本当はrawurlencode関数を使う必要はありません。ですが、特殊な記号や日本語などのマルチバイト文字などが入ってくる場合に有効になってきます。ここでは保険だと思って指定して

141

おいてください。

　削除のformでは、単純にidだけをhiddenのパラメータとしてdo.phpを呼んでしまうと、do.phpはそのidに対して何をすればよいのかわからないので、mode=delというパラメータも付けました。また、そのままのリンクではクリックした瞬間にデータが削除されてしまうので、JavaScriptのconfirmメソッドを使って確認のプロンプトを表示するようにしました。

　これでlist.phpを改良できました。このファイルを上書き保存したら、ブラウザでアクセスしてみましょう（図5.20）。

図5.20　アイテムの一覧（変更／削除のリンク）

> **COLUMN**
>
> ## htmlspecialchars関数とrawurlencode関数
> ―― HTMLにPHPの変数の中身を埋め込む
>
> HTMLにPHPの変数の中身を埋め込むには、htmlspecialchars関数を使います。また、href属性などに文字列や変数を渡すにはrawurlencode関数を使います。構文は次のようになります。
>
> ```
> htmlspecialchars ( string $string [, int $flags = ENT_COMPAT | ENT_HTML401 [,
>   string $encoding = ini_get("default_charset") [, bool $double_encode = TRUE ]]] )
>   : string
> ```
>
> htmlspecialchars関数は、第1引数（$string）内の特殊文字をHTMLエンティティに変換します。ここでいう特殊文字とはHTMLとして特別な意味を持つもので、以下の5つの文字が対象になります。

5.2 データベースプログラムを書いてみよう

- タグの始まりと終わりを示す「<」「>」
- HTML エンティティへの変換後の最初の文字である「&」
- 要素の内容をくくる「"」「'」

　これらの文字に対して、特殊文字としての意味を無効化するための変換を行うのが、html specialchars関数です。「<」「>」「&」は、第2引数以降にどのような設定がされていても、それぞれ「<」「>」「&」に変換されます。「"」は「"」に、「'」は「'」または「'」に変換されますが、第2引数の設定によって変換されない、あるいは何に変換されるかが決まります。第3引数（$encoding）は文字を変換するときに使うエンコーディング／文字セットを指定し、第4引数（$double_encode）は明示的にオフにすればすでにHTMLエンティティとなっているものを再度エンコードしません（デフォルトでは、既存のエンティティも含めてすべてを変換します）。

　第3引数と第2引数はとても重要です。前後しますが、まずは第3引数のエンコーディング／文字セットから見ていきましょう。

$encoding：htmlspecialchars関数の第3引数

　第3引数（$encoding）には、第1引数に指定される文字において想定される、同時に返り値として期待される文字の文字セットを指定します。PHP 5.6.0以降はphp.iniなどで指定するdefault_charsetの値（初期値はUTF-8）が設定されるので、入力・出力・PHPのコード内・データベースアクセスなどすべてをUTF-8で行う前提に作成しているのであれば、実は何も指定する必要はありません。この章ではPHP 7より前のサポートが切れているバージョンのPHPを使うことは推奨しませんが、どうしてもPHP 5.6.0より前のPHPを使うのであれば、第3引数に 'UTF-8'、あるいは使用する文字セットを指定してください。5.6.0以降でもUTF-8以外のエンコーディングを使わざるを得ないのであればhtmlspecialchars関数の第3引数にそのエンコーディングを設定するか、最初からdefault_charsetの値を変更し、入力・出力のすべてのデータに関して統一するのがよいでしょう。文字セットの変換はセキュリティ的にも細心の注意が必要なので決しておすすめしません。

　ただし、データベース接続時にclient_encodingの設定をすることによって自動変換をさせることも可能ではあります（PDOであれば--client_encoding=*****のオプションを使います。pg_pconnect系であればpg_set_client_encoding関数を使います）。

$flags：htmlspecialchars関数の第2引数

　第2引数（$flags）には大きく分けて以下の4つがビット和で設定されます。

1. 一重引用符「'」および二重引用符「"」の変換に対する挙動（ENT_COMPAT、ENT_QUOTES、ENT_NOQUOTES、指定なし）
2. （第3引数で指定する）文字セットとして無効な符号単位シーケンス（≒壊れた文字）を含む文字列が指定された際の挙動（指定なし、ENT_IGNORE、ENT_SUBSTITUTE）

143

PHPでPostgreSQLを使う〜PHPアプリケーションの作成（1）

3. HTML 4.01、XML1、XHTML、HTML 5といったドキュメントタイプの指定（ENT_HTML401、ENT_XML1、ENT_XHTML、ENT_HTML5）
4. 3で指定したドキュメントタイプとして無効な符号位置（≒許されていない文字）を含む文字列が指定された際に変換するかどうか（指定なし、ENT_DISALLOWED）

　まず1つ目の引用符「'」および「"」の変換に対する挙動に関しては、何も指定しなければデフォルトのENT_COMPATが採用され、要素の内容をくくる引用符「'」および「"」のうち、「"」のみが「"」に変換され「'」は変換されません。HTMLの要素に対する属性、たとえば<input value="値">のvalueの属性値は確実に「"」のみでくくられ、決して「'」は使われないのであれば、この設定も可能かもしれません。しかし「'」でくくられる可能性が少しでもあるのであれば、ここはどちらの引用符も変換するENT_QUOTESを指定したほうが安全でしょう。また今回は引用符を変換しない設定のENT_NOQUOTESは使用しません。

　2つ目は文字セットとして無効な符号単位シーケンス、つまり第3引数（今回はUTF-8）として壊れた文字が第1引数の$stringに入っていた場合の挙動です。何も指定しなければ$string全体が削除され、返り値はゼロ長の空文字列になります。これがデフォルトで、セキュリティ的には最も安全な挙動です。ENT_IGNOREを指定すると壊れた文字のみを削除する動きになりますが、これはユニコードコンソーシアムをはじめPHPのマニュアルにすらセキュリティの問題が発生する可能性が指摘されているので、使用しないでください。ENT_SUBSTITUTEを指定すると壊れた文字がREPLACEMENT CHARACTERの�（U+FFFD。文字セットがUTF-8以外の場合は&#xFFFD;）に変換されます。この章では壊れた文字が指定された場合は、何も指定しない初期値の「空文字に変換する」ことにします。

　3つ目は、ドキュメントタイプの指定をします。というよりも現時点（PHP 7.3.5）での動きでは、一重引用符の「'」を何に変換するかを指定するものです。何も指定しない、またはENT_HTML401を指定すれば「'」に、それ以外であれば「'」に変換されます（PHP 5.4.0以降）。筆者の手元の環境のIE（Internet Explorer）ではバージョン10以降であれば「'」に対応しているようですので、ページをHTML5で書く前提であればENT_HTML5を指定しても問題はなさそうです。今回は、HTML5に対応していない古いIEでも「'」として表示したいので、初期値のENT_HTML401が採用されるよう、今回は何も指定しないことにします。

　4つ目は、ドキュメントタイプとしてその文字が許されていない場合、U+FFFDに変換されるかどうかで、セキュリティの観点では指定しなくても問題なさそうです。たとえばU+FDD0などUTF-8としては正当でもHTML5としては許されていないような文字をREPLACEMENT CHARACTERのU+FFFDに変換して、確実にHTML5として正しくしたい場合にはENT_DISALLOWEDを指定することもできます。

　たとえば、次のような自作関数を作り、文字列の出力にはすべてこれを使うようにするのが便利でしょう。

```
function h($string) {
    return htmlspecialchars($string, ENT_QUOTES);
//  どうしてもPHP 5.6より前のバージョンのPHPを使う場合
```

```
//  return htmlspecialchars($string, ENT_QUOTES, 'UTF-8');
//  HTML5に対応していないブラウザを完全非対応にしてしまってよいとき
//  return htmlspecialchars($string, ENT_QUOTES | ENT_HTML5);
//  HTML5として許された文字のみを出力したい場合
//  return htmlspecialchars($string, ENT_QUOTES | ENT_HTML5 | ENT_DISALLOWED);
}
```

もしフレームワークなどで、あらかじめ類似した仕組みがあれば、そちらを使いましょう。

```
<input type="text" name="foo" value="<?php echo h($bar); ?>">
```

改行も入力されたままに表示したい場合には、次のようにnl2br関数を併用します。

```
<p><?php echo nl2br(h($baz, false)); ?></p>
```

HTML5では閉じタグなしの
が推奨されているようなので、nl2br関数の第2引数には
falseを指定しています。ただし、第2引数を省略したときに出力されるXHTML準拠の改行
ダグ
も、ほとんどのブラウザではエラーにはなりません。自作のh関数自体にnl2brの
機能を入れてもよいかもしれません。

```
function h($string, $nl2br = false) {
    $new = htmlspecialchars($string, ENT_QUOTES);
    return $nl2br ? nl2br($new, false) : $new;
}
```

```
rawurlencode ( string $str ) : string
```

rawurlencode関数は、aタグのhref要素などで、URLにマルチバイトなどを使用したい場
合や、変数の内容をGETのパラメータとしてそのまま渡したい場合などに使います。

```
<a href="foo.php?bar=<?php echo rawurlencode($baz); ?>">link</a>
```

変数$bazの内容自体がたとえば「a&b=c」のようにURL的に意味を含んだ文字列で、これを
そのままbarに渡したい場合などにはrawurlencode関数の使用が有効です。
　HTMLに変数を埋め込むコードをrawurlencode関数とhtmlspecialchars関数で実際に書
いてみて、これらの変数の内容がどのように表示され、そしてリンクされるのか試してみてく
ださい。

CHAPTER 5 PHPでPostgreSQLを使う〜PHPアプリケーションの作成（1）

さらにedit.phpに改良を加え、idを受け取らなかった場合には今までどおりに新規登録を行うページ、idを受け取った場合にはそのデータの変更になるようなページを表示するようにしてみます（リスト5.6）。

リスト5.6　edit.php の改良

```
 1: <?php
 2: $dbh = new PDO(
 3:     'pgsql:host=localhost port=5432 dbname=pgadmin',
 4:     'postgres',
 5:     '************',
 6:     [PDO::ATTR_ERRMODE => PDO::ERRMODE_EXCEPTION]
 7: );
 8: if (isset($_GET['id']) && ctype_digit($_GET['id'])) {
 9:     $sth = $dbh->prepare('SELECT id, name, price FROM item WHERE id = :id');
10:     $sth->execute(['id' => $_GET['id']]);
11:     $origin = $sth->fetch(PDO::FETCH_ASSOC);
12: }
13: ?>
14: <!DOCTYPE html>
15: <title>アイテムの追加・変更</title>
16: <form action="do.php" method="post">
17:   <dl>
18:     <dt>ID
19:     <dd>
20: <?php if (empty($origin)): ?>
21:       <input type="hidden" name="mode" value="ins">
22:       <input type="text" name="id" value="">
23: <?php else: ?>
24:       <input type="hidden" name="mode" value="upd">
25:       <?php echo htmlspecialchars($origin['id'], ENT_QUOTES); ?>
26:       <input type="hidden" name="id" value="<?php echo htmlspecialchars($origin['id'], ENT_QUOTES); ?>">
27: <?php endif; ?>
28:     <dt>名称
29:     <dd>
30:       <input type="text" name="name" value="<?php echo empty($origin) ? '' : htmlspecialchars($origin['name'], ENT_QUOTES); ?>">
31:     <dt>価格
32:     <dd>
33:       <input type="text" name="price" value="<?php echo empty($origin) ? '' : htmlspecialchars($origin['price'], ENT_QUOTES); ?>">
34:   </dl>
```

5.2　データベースプログラムを書いてみよう

```
35:    <input type="submit" value="<?php echo empty($origin) ? '新規登録' : '変更'; ➡
    ?>する">
36: </form>
```

　今回追加になったのは変更の処理です。変更の場合は、テーブルに格納されているデータが表示されていてほしいので、itemテーブルから該当のidにマッチしたデータを1件取得します。

　$_GET['id']には、ブラウザから渡されるパラメータが入ってきます。ブラウザから渡されるパラメータは当然ユーザーが改変できるデータなので、8行目のif文のように、ある程度のチェックは事前にしておきましょう。変数にidというパラメータ自体が設定されているかをisset関数でチェックし、値が1桁以上の数字のみで構成されている文字列かどうかをctype_digit関数でチェックします。

　このチェックにパスすればidが正しく設定されているものとみなし、このidにマッチしたデータをテーブルから取得し、その内容をfetchメソッドを使って変数$originに格納します。id列はitemテーブルの主キーなので今回は、条件に合致するレコードがあれば必ず1行に、なければfalseになります。そのためfetchメソッドを一度だけ呼び出しています。

　20行目の判定では、変数$originがemptyであれば（ここではfalseが設定されている、あるいは$origin自体が設定されていないのであれば）、該当する行が見つからなかったか、もともと検索されていないことになります。このときは新規登録の処理として扱うことにしましょう。今回はmodeという名前の項目を用意してins（挿入）を設定することにします。

　23行目からのelse:は、idにマッチする行が見つかったときの処理です。このときはデータの変更の処理になります。変更時には、あとで実行するUPDATE文がidをキーにして変更を行うため、この値だけは変更されたくありません。なので表示だけして値をhiddenで持たせます。modeにはupd（変更）を設定してやります。

　行の情報が得られた場合、つまり行の変更時には、もともとの値としてnameとpriceに情報を設定します。30、33行目のvalue要素の内容がそれに該当します。また、サブミットボタンの文言も「変更する」にしましょう。

　30、33、35行目の、「式1 ? 式2 : 式3」という書式は「三項演算子」といい、式1がtrueの場合に式2を、式1がfalseの場合に式3を値として返します。つまり、ここでは$originがなければゼロ長の文字列を出力し（新規登録）、あれば項目にhtmlspecialchars関数で処理したデータを出力する（変更）、ということになります。

　edit.phpを上書き保存したら、list.phpの1行目に表示されている「オレンジジュース」の横の「変更」ボタンをクリックしてみましょう。図5.21のように、名称／価格の初期値が表示され、サブミットボタンの文言が「変更する」になっているでしょうか？

CHAPTER 5　PHPでPostgreSQLを使う〜PHPアプリケーションの作成（1）

図5.21　アイテムの変更

今度はdo.phpを改良して、実際にテーブル上のデータを変更／削除できるようにしてみましょう（**リスト5.7**）。

リスト5.7　do.phpの改良

```
 1: <?php
 2: $dbh = new PDO(
 3:     'pgsql:host=localhost port=5432 dbname=pgadmin',
 4:     'postgres',
 5:     '************',
 6:     [PDO::ATTR_ERRMODE => PDO::ERRMODE_EXCEPTION]
 7: );
 8: switch (isset($_POST['mode']) ? $_POST['mode'] : null) {
 9:     case 'ins':
10:         $sth = $dbh->prepare(
11:             'INSERT INTO item (id, name, price) VALUES (:id, :name, :price)'
12:         );
13:         $ret = $sth->execute([
14:             'id' => $_POST['id'],
15:             'name' => $_POST['name'],
16:             'price' => $_POST['price']
17:         ]);
18:         break;
19:     case 'upd':
20:         $sth = $dbh->prepare(
21:             'UPDATE item SET name = :name, price = :price WHERE id = :id'
22:         );
23:         $ret = $sth->execute([
24:             'name' => $_POST['name'],
25:             'price' => $_POST['price'],
26:             'id' => $_POST['id']
```

5.2　データベースプログラムを書いてみよう

```
27:            ]);
28:        break;
29:    case 'del':
30:        $sth = $dbh->prepare(
31:            'DELETE FROM item WHERE id = :id'
32:        );
33:        $ret = $sth->execute(['id' => $_POST['id']]);
34:        break;
35:    default:
36:        exit('unknown mode "' . htmlspecialchars($_POST['mode']) . '"');
37: }
38: header('Location: http://localhost/list.php');
```

　これまでの改良で、削除の要求がlist.phpから遷移してきた場合も、新規登録／変更の要求がedit.phpからきた場合にも、modeというパラメータが渡されるようなロジックに変更しました。したがって、このdo.phpでは、modeの内容を判定して、それぞれの処理を行うようなロジックに改良します。8行目からのように、ここではswitch文を使用して処理を分岐させます。

　modeにinsが設定されていた場合には、前回の行の追加時に行ったINSERT文の処理とほぼ同じです。

　switch文のcaseの中の1ブロックの最後には、「break;」を書きました。このbreak;がないと、以降のcaseのブロックも続けて実行されてしまうという、一見奇妙な動作をします。そのため、break;は書き忘れないよう注意しましょう[9]。

　modeにupdが設定されていた場合は、テーブル内のデータの変更を行うUPDATE文を発行します。20～27行目のprepare、executeメソッドは、INSERT時と同様、3つ目の引数に指定した配列の値をSQLの:name、:price、:idに埋め込みながらSQLを実行します。このUPDATE文は、「itemテーブルの行のうち、id列が:idと一致する行を変更しなさい。そのとき、name列は:nameに、price列は:priceに変更しなさい」という意味です。:name、:price、:idにはそれぞれ、そのあとに指定した$_POST['name']、$_POST['price']、$_POST['id']が設定されます。つまり、このUPDATE文は「IDが合致する行の名称と価格を変更しなさい」という命令になるわけです。

　modeがdelの場合は、アイテムの削除を行うDELETE文を発行します。削除の条件しか指定しないため、他のSQLに比べてとてもシンプルです。「itemテーブルのid列の値が:idのものを削除しなさい」という命令で、:idには$_POST['id']のデータが設定されるので、list.phpでの「削除」リンクに書かれたidの行が削除対象になります。

　default:以下のブロックは、それまでのcase条件に当てはまらなかった場合に実行されます。つまり、modeがinsでもupdでもdelでもなかった場合に実行されます。list.php、edit.

【9】
逆に、この動作をスクリプトで書くこともできますが、スクリプト全体の流れが読みにくくなるのでおすすめしません。もしどうしてもこの動作を利用したいのであれば、必ずコメントを残すようにしましょう。

149

phpを正しく使用していれば実行されないはずのブロックなので、メッセージを出力して脱出（exit）してしまいましょう。

　これで、データの変更／削除に対応したdo.phpになりました。ファイルを上書き保存したら、実際に名称／価格を変更してみましょう。たとえば、「オレンジジュース」を「アップルジュース」に、「120」円を「140」円に変更して、「変更する」ボタンをクリックしてみます（図5.22、図5.23）。

図5.22　アイテムの変更（値の変更）

図5.23　アイテムの一覧（変更後）

　名称や価格が変更されたものになっているでしょうか？　また、list.phpからの削除も試してみてください。

5.2.6 データベースプログラミングの要点

以上がPHPでデータベースアプリケーションを作成する基礎の基礎です。手順をおさらいしておきましょう。

1. PDOで、対象のデータベースへの接続をオープンする
2. prepare、execute メソッドでSELECT / INSERT / UPDATE / DELETE などのSQL文を発行する
3. 発行したSQLがSELECT文だった場合は、fetch、fetchColumn、fetchAll メソッドで結果を取得し処理を行う

実際には、入力項目の細かなチェックや、PDO、prepare、executeが例外を投げたあとの処理、fetch、fetchAll コマンド実行後の細かな処理がありますが、大きな流れとしてはこのような形になります。

本書のダウンロードサンプル【10】には、アイテムを検索するため改良を加えた list.php を収録しているので、どのような処理を行っているのか参考にしてみてください。

5.2.7 まとめ

本章では、データベースアプリケーションを作成するときの基本となる4つのSQL文、SELECT / INSERT / UPDATE / DELETE について、その使い方の概要を勉強しました。まずはこの4つのSQL文、特にSELECT文を自在に操れるようになりましょう。

次章では、もう少し実践的なものを作ります。ログイン後に投稿ができたり、フォローユーザーの投稿を一覧表示したりするアプリケーション「かんたんSNS」を作ってみます。

【10】
本書のサンプルプログラムのソースコードは、次のWebサイトからダウンロードできます。
https://www.shoeisha.co.jp/book/download/9784798160436

Chapter

6

PHPでPostgreSQLを使う
〜PHPアプリケーションの作成（2）

PHPでPostgreSQLを使う～PHPアプリケーションの作成（2）

6.1 SNSアプリケーションを作ってみよう

　前章に引き続き、PHPを使ったアプリケーションを作ってみましょう。この章では、第5章よりも本格的なアプリケーション「かんたんSNS」を作成していきます。このアプリケーションでは、SNSにログインしたユーザーが投稿したり、コメントに対してコメントを残したりできます。

　なお、この章も前章と同じく、以下の開発環境を前提として構築していきます。

- Windows 10 Pro 64-bit
- PostgreSQL 11.2
- PHP 7.3.5

6.1.1 「かんたんSNS」の機能

今回作る「かんたんSNS」の機能は、大きく分けて次の6つです。

- **ユーザー登録とログイン処理**
  ユーザーの追加やログイン処理を行います。

- **タイムラインの表示**
  ユーザーの投稿を時系列に一覧で出力したものを「タイムライン」と呼びます。ログインした場合には、自分がフォローしているユーザーの投稿を一覧表示するようにします。また、すべての投稿を表示する機能も作ってみましょう。

- **投稿の書き込み／削除機能**
  ログインした状態であれば、投稿の書き込みや削除ができるようにします。

- **フォロー／アンフォロー機能**
  自分以外のユーザーの投稿を自分のタイムラインに表示するため、そのユーザーをフォローする機能を作ります。本当のSNSでは通常自分をフォローすることはできませんが、今回は複雑な処理は組み込まず、自分自身をフォロー／アンフォローすることができるようにしてみます。

- **コメントの投稿**
  投稿に対してコメントを残す機能です。投稿に付けられたコメントに対してもコメントを残せるようにします。

● ログアウトと退会処理

ログインセッションを破棄するログアウト機能と、会員が退会するときにユーザー登録情報／投稿／フォロー情報をすべて削除する機能を作ります。コメントに関して今回は、ユーザーIDやコメント自体は消去しても親子関係だけは残すよう、テーブル上の行は物理削除しないことにします。

6.1.2 「かんたんSNS」の大まかな流れ

「かんたんSNS」の処理の流れは、次のようになります。

1. ユーザー登録機能で、ユーザー名と自己紹介を登録します。ユーザー名は、このシステムの中でユニーク（重複のない唯一のもの）でなくてはいけません。
2. ユーザー登録で指定したユーザー名とパスワードでログインします。ログインに成功した場合に表示される最初の画面には、フォローしたユーザーの投稿を一覧表示するようにします。
3. ログインしていれば、投稿できるようにします。また、自分の投稿は削除できるようにします。ログアウトの処理も作ります。
4. 各ユーザーの詳細ページからフォロー／アンフォローもできるようにします。
5. 投稿にはコメントを、またコメントに対してもコメントを残せるようにします。
6. 退会もできるようにします。

「かんたんSNS」の全体構成図を図6.1に示します。

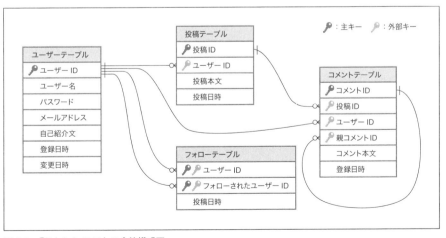

図6.1　「かんたんSNS」の全体構成図

6.1.3 テーブルの設計

「かんたんSNS」で扱うテーブルは、ユーザーテーブル、投稿テーブル、フォローテーブル、コメントテーブルの4つです。

ユーザーテーブル

ユーザー情報には、次の項目を保存します。

- ユーザーID（ユーザーを特定する連番の数値）
- ユーザー名
- パスワード
- メールアドレス
- 自己紹介文
- 登録日時（タイムスタンプ形式）
- 変更日時（タイムスタンプ形式）

投稿テーブル

投稿に関係する以下の情報を保存します。

- 投稿ID（投稿を特定する連番の数値）
- ユーザーID（投稿したユーザーID）
- 投稿本文
- 登録日時

フォローテーブル

フォロー機能のために、フォロー情報を格納するテーブルも考えておきましょう。以下の情報を保存します。

- ユーザーID（フォローしたユーザーのID）
- フォローされたユーザーID
- 登録日時（タイムスタンプ形式）

コメントテーブル

コメント機能のために、コメント情報を格納するテーブルも必要です。今回は親コメントに子コメントを付けられるようにするので、親子関係を保持するため親コメントIDも保持できるようにします。

- コメントID（コメントを特定する連番の数値）
- 投稿ID（コメントをする元の投稿ID）
- ユーザーID（コメントをしたユーザーのID）
- 親コメントID（このコメントが既存のコメントに対するコメントであればそのID）
- コメント本文
- 登録日時（タイムスタンプ形式）

これらのテーブルの項目の関連は図6.2のようになります。

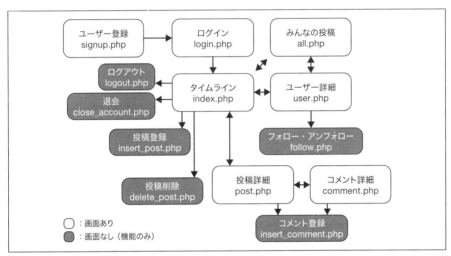

図6.2　テーブルの項目の関連

これらのテーブルの定義SQL（DDL）を次に示します。

```
-- ユーザーテーブル
CREATE TABLE users (
  user_id serial PRIMARY KEY,                              -- ユーザーID
  user_name varchar(32) NOT NULL CHECK (user_name ~ '^[¥w¥-]{5,32}$' AND
    user_name !~ '^¥d+$'),                                 -- ユーザー名
  user_pw_hash text NOT NULL,                              -- パスワード
  email text NOT NULL,                                     -- メールアドレス
  description text,                                        -- 自己紹介文
  created_at timestamp with time zone NOT NULL DEFAULT CURRENT_TIMESTAMP, -- 登録日時
  updated_at timestamp with time zone NOT NULL DEFAULT CURRENT_TIMESTAMP  -- 変更日時
);
CREATE UNIQUE INDEX users_user_name_lower_key on users (lower(user_name));
CREATE UNIQUE INDEX users_email_lower_key on users (lower(email));
```

```sql
-- 投稿テーブル
CREATE TABLE posts (
  post_id bigserial PRIMARY KEY,                         -- 投稿ID
  user_id integer NOT NULL REFERENCES users(user_id)
                          ON DELETE CASCADE,             -- 投稿したユーザーのID
  post varchar(140) NOT NULL,                            -- 投稿本文
  created_at timestamp with time zone NOT NULL DEFAULT CURRENT_TIMESTAMP  -- 登録日時
);

-- フォローテーブル
CREATE TABLE follows (
  user_id integer NOT NULL REFERENCES users(user_id)
                          ON DELETE CASCADE,             -- フォローしたユーザーのID
  followed_user_id integer NOT NULL REFERENCES users(user_id)
                          ON DELETE CASCADE,             -- フォローされたユーザーのID
  created_at timestamp with time zone NOT NULL DEFAULT CURRENT_TIMESTAMP, -- 登録日時
  PRIMARY KEY (user_id, followed_user_id)
);

-- コメントテーブル
CREATE TABLE comments (
  comment_id bigserial PRIMARY KEY,                      -- コメントID
  post_id bigint NOT NULL REFERENCES posts(post_id)
                          ON DELETE CASCADE,             -- コメントが付けられた投稿のID
  user_id integer REFERENCES users(user_id)
                          ON DELETE SET NULL,            -- コメントしたユーザーのID
  parent_comment_id bigint REFERENCES comments(comment_id)
                          ON DELETE CASCADE,             -- 親コメントID
  comment varchar(140),                                  -- コメント本文
  created_at timestamp with time zone NOT NULL DEFAULT CURRENT_TIMESTAMP  -- 登録日時
);
```

さまざまなインデックスや制約が出てきました。基本的な事柄については、第4章の「4.6 DDL（インデックスと制約）」を参照してください。以下では、さらにインデックス・制約の高度な使い方について補足説明をしていきます。

■CHECK制約に正規表現を使う

ユーザーテーブルのユーザー名であるuser_nameにはCHECK制約がかかっています。CHECK制約の条件式にはいろいろなものが使えますが、文字列に対して強力に使えるのは正規表現です。チルダ（~）は正規表現マッチ演算子の代表で「user_name ~ 正規表現」とすればuser_nameは正規表現に一致するという条件文になります。もう少し詳しく見ていくこと

にしましょう。次のCHECK制約を見てください。

```
CHECK (user_name ~ '^[¥w¥-]{5,32}$' AND user_name !~ '^¥d+$')
```

¥wは、半角英数字またはアンダースコアを意味するメタ文字です。

ハイフン (-) は使う場所によって意味が変わってきます。たとえば、[a-z] と表現した場合、ハイフンの前項 (a) と後項 (z) のあいだのものすべてという意味になります。すなわち、すべての英小文字という意味になります。そこでハイフン (-) そのものを指定したい場合は、¥（環境によっては\）をハイフンの前に付けてエスケープし、「¥-」と指定します。

そして、¥wと¥-を角かっこ（[]）で囲むと[¥w¥-]となり、これは半角英数字、アンダースコア、ハイフンのうちの1文字という意味になります。

{5,32} は直前の文字が5個から32個の間という意味になります。

正規表現において「^」は文頭を表し、「$」は文末を表します。

PostgreSQLの正規表現は標準では改行を区別しないマッチ、つまりシングルラインモードなので、万が一、改行コードが入っていても全体で1行としてマッチングします。

したがって、「user_name ~ '^[¥w¥-]{5,32}$'」はuser_nameが全体で5文字から32文字の間の半角英数字、アンダースコア、ハイフンで構成された文字列という意味になります。

演算子!~は正規表現に一致しないものという意味になります。

¥dは半角数字のメタ文字なので、そのあとに続く「user_name !~ '^¥d+$'」は、全文字列が半角数字のみで構成されているものには一致しないという意味になります。

前半と合わせて、このCHECK制約の条件文全体は「user_nameは全体が5文字から32文字の間の半角英数字、アンダースコア、ハイフンで構成された文字列である。ただし半角数字のみでは構成されていない」という意味になります。

■lower関数を用いて大文字小文字を無視したUNIQUE制約

今回は、ユーザーテーブルのユーザー名とメールアドレスには、lower関数を実行してからUNIQUE制約（インデックス）を定義しました。

```
CREATE UNIQUE INDEX users_user_name_lower_key ON users (lower(user_name));
CREATE UNIQUE INDEX users_email_lower_key ON users (lower(email));
```

これでこれらの列には別の行として「abc」と「ABC」が混在できないような制限がかかりました。このような制限をかけたのは、ユーザー名はユーザー詳細ページのURLに含まれる文字列となるため、大文字小文字を別々に取得してしまうと、大文字小文字が違うだけで同じ場所を示すURLが作成されてしまうからです。

メールアドレスは@より右のドメイン部は大文字小文字の区別がなく、同じ文字として扱

われます。@より左のローカルパートは厳密には大文字と小文字を別物として扱うべきですが、実質的には大文字小文字を区別して利用することは相互運用の妨げになるので推奨されていません[1]。このため、今回はメールアドレス全体に lower 関数を実行してから UNIQUE 制約を定義しています。

【1】
PostgreSQLにcitextモジュールをインストールできる環境であれば、text型の代わりに、大文字小文字の区別をしないデータ型である「citext」を指定することも可能です。

■REFERENCES … ON DELETE CASCADE、ON DELETE SET NULL

今回はすべてのテーブルにおいて、他のテーブルにある列と同じ値が入っている列には外部キー（REFERENCES …）の指定をしました。外部キーについては第4章の「4.6.10 外部キー（FOREIGN KEY）制約」で詳しく説明しました。被参照のキーが削除されたとき、たとえば今回であればユーザーテーブルのユーザーIDが3の行が削除された場合、ON DELETE CASCADEが指定されている投稿テーブル、フォローテーブルに格納されている、ユーザーIDが3の行も自動的に削除されます。コメントテーブルについては、今回はユーザーが退会してもコメント同士の親子関係を保持しておきたいのであえて行削除はせず、ON DELELE SET NULLを設定しています。つまり、ユーザー退会時にはcomments.user_idにNULLを設定することにしています。

ただ投稿（posts.post_id）が削除された場合には、comments.post_idにはON DELETE CASCADEを設定してあるので、それにひも付けられたコメントもすべて削除されます。つまり、あるユーザーが退会すると、それにひも付けられた投稿やフォロー情報は自動的に削除され、その投稿に対するコメントも削除されます。ただし、他のユーザーが投稿したデータに対するコメントに関しては行削除はされない、という仕様にしています。

また今回はON UPDATEの指定をしていません。これは外部キーの被参照キー（users.user_idとpost.post_id）がserial、bigserialなどの自動増分型であり、この被参照キーそのものを更新（UPDATE）すること（UPDATE users SET user_id = 7 WHERE user_id = 3）は今回の仕様ではあり得ないからです。

■comments.parent_comment_id

コメント機能は今回、投稿に対して直接コメントするだけではなく、コメントに対してもコメントできるようにします。コメントに対するコメントは、親のコメントIDを保持するために、parent_comment_idという列を用意しました。投稿に直接コメントする場合はNULLを、親コメントがあればそのコメントIDを設定します。parent_comment_idの外部キーは、同じテーブル内ではありますが、comment_idになるのでREFERENCES …を指定しています。ここではON DELETE CASCADEを付けていますが、comments.post_idにはすでにON DELETE CASCADEが設定されているため、投稿が削除された時点でそれにひも付けられたすべてのコメントは削除されます。このため、parent_comment_idのON DELETE CASCADEは保険的な意味しか持ちません。

6.2 ユーザー登録とログイン処理

また、コメントデータは親子関係を保持しているため、発行するSELECT文には再帰SQL（WITH RECURSIVE）を使用することにします。再帰SQLについては、実際に使うときに詳しく説明します。

それでは、pgAdmin、psql、createdbコマンドなどで、データベース「simplesns」を作成してください。そしてこのデータベースで上記のDDLを実行し、4つのテーブルを作成してください。作成の方法がわからなければ、第3章または第4章を参照してください。

6.1.4 ドキュメントルートの変更とWebサーバーの起動

「かんたんSNS」では、前章とは別のフォルダーでファイルを構築します。ドキュメントルートも変更しておきましょう。

```
C:¥mytest¥simplesns¥public_html¥
```

上記のフォルダーを作り、今回はここをドキュメントルートにします。PowerShell／コマンドプロンプトで、もしすでにビルトインウェブサーバーがまだ立ち上がっていれば、いったん**Ctrl-C**で停止します。その後、上記のフォルダーに移動し、次のコマンドを実行します。

```
> php -S localhost:8080⏎
```

これでWebサーバーが立ち上がり、ドキュメントルートはC:¥mytest¥simplesns¥public_htmlになりました。また、以降で作成する「かんたんSNS」関連のスクリプトはすべて、C:¥mytest¥simplesns¥に作成していくことにします。

6.2 ユーザー登録とログイン処理

これからユーザー登録とログイン処理のロジックを作っていきますが、実際の作り込みに入る前に、よく使われると思われる部分を共通関数やクラスに切り分けておくことにします。

6.2.1 共通関数・クラス

今回は、共通関数群を定義するfunctions.php、CSRF攻撃対策用のクラスを定義するCsrf.php、Webページにアクセスされた場合に必ず呼ばれるようにするcommon.phpの3ファイルを作ることにします。

161

■functions.php

まずは共通関数などを収めたfunctions.phpです。リスト6.1を見てください。

リスト6.1　functions.php

```
 1: <?php
 2: function db_connect()
 3: {
 4:     return new PDO(
 5:         'pgsql:host=localhost port=5432 dbname=simplesns',
 6:         'postgres',
 7:         '************',
 8:         [
 9:             PDO::ATTR_ERRMODE => PDO::ERRMODE_EXCEPTION,
10:             PDO::ATTR_DEFAULT_FETCH_MODE => PDO::FETCH_ASSOC
11:         ]
12:     );
13: }
14:
15: function h($string)
16: {
17:     return htmlspecialchars($string, ENT_QUOTES);
18: }
```

　今回作成する「かんたんSNS」では、大半のページでデータベースへの接続が発生し、それぞれの接続対象のユーザー名／パスワードなどの値は変わることがありません。このため、共通関数としてdb_connectを用意しました。これまではdbname=pgadminだったデータベース名の指定部分をdbname=simplesnsにしましょう。

　10行目では、新たにPDO::ATTR_DEFAULT_FETCH_MODE => PDO::FETCH_ASSOCというオプションも付け加えました。これは、「SELECT文を発行したあとにfetchメソッドを発行するたびにフェッチスタイルを指定しなくても、ここで指定したフェッチスタイルPDO::FETCH_ASSOCが常に適用され、結果セットに列名でキーを付けた配列を返すようにする」という指定です。「かんたんSNS」ではfetchやfetchAllで列名をキーとした配列を使いたいので、ここでデフォルトとして設定してしまいましょう。もしfetchメソッドなどの結果を、配列ではなく、オブジェクト（インスタンス）として受け取りたい場合は、PDO::FETCH_ASSOCの代わりにPDO::FETCH_OBJを指定してください。その場合には、配列にアクセスする形（$user['user_name']）ではなくアロー演算子（例: $user->user_name）でアクセスしてください。

　17行目のhtmlspecialchars関数では、常に同じ引数を指定するので、これも前章のコラム「htmlspecialchars関数とrawurlencode関数」で紹介したように関数化してしまってもよい

でしょう。今後はhtmlspecialchars関数の代わりに、この自作関数hを定義することにします。

このファイルはWebアクセスで直接呼ばれることはないので、public_htmlではなく、C:¥mytest¥simplesns¥の下に配置します。具体的には、以下の場所に保存します。

C:¥mytest¥simplesns¥functions.php

■ Csrf.php

次に、CSRF（クロスサイトリクエストフォージェリ）攻撃 [2] の対策として、Csrfクラスを用意しました。**リスト6.2**を見てください。

リスト6.2　Csrf.php

```php
 1: <?php
 2: class Csrf
 3: {
 4:     const TOKEN_NAME = 'csrf_token';
 5:
 6:     public function getToken()
 7:     {
 8:         if (empty($_SESSION['base_sid']) || $_SESSION['base_sid'] !== session_id➡
    ()) {
 9:             if (function_exists('random_bytes')) {
10:                 $bytes = random_bytes(32);
11:             } else {
12:                 $bytes = openssl_random_pseudo_bytes(32);
13:             }
14:             $_SESSION['csrf_token'] = bin2hex($bytes);
15:             $_SESSION['base_sid'] = session_id();
16:         }
17:         return $_SESSION['csrf_token'];
18:     }
19:
20:     public function check()
21:     {
22:         if (!filter_has_var(INPUT_POST, self::TOKEN_NAME)) {
23:             return false;
24:         }
25:         $check_start_at = microtime(true);
26:         $token = filter_input(INPUT_POST, self::TOKEN_NAME, FILTER_DEFAULT, FILT➡
    ER_REQUIRE_SCALAR);
27:         if ($token === false || $token === '') {
28:             $match = false;
```

【2】
CSRFはCross-Site Request Forgeriesの略。この攻撃はWebアプリケーションに存在する脆弱性を利用した攻撃で、掲示板などからの悪意のある要求（リンククリックなど）がログイン中のユーザーのものに偽装（フォージェリ）されてしまうというものです。

CHAPTER 6　PHPでPostgreSQLを使う～ PHPアプリケーションの作成（2）

```
29:        } else {
30:            $match = hash_equals(self::getToken(),
31:            $token);
32:        }
33:        if (!$match) {
34:            @time_sleep_until($check_start_at + 1);
35:            return false;
36:        }
37:        return true;
38:    }
39: }
```

　Csrf.phpでは、getTokenメソッドで得られた文字列をHTML上のフォームにパラメータとして埋め込み、受け側ではそのトークンが正しいものかどうかをcheckメソッドで確認することにします。すぐあとで作成するcommon.phpでセッションが開始されてから、これらのメソッドが起動されるようにするので、ここではセッションが始まっている前提で作成します。

　6行目のgetTokenメソッドではCSRF攻撃対策用のトークンを発行します。今回はセッションごとにトークンを発行する仕組みにしたいので、セッションIDが変わった場合にはトークンも再発行されるようにしています。セキュリティ的により強固なrandom_bytes関数（ランダムな文字列を生成する）はPHPのバージョン7からしか使えないため、それ以前のバージョンでも使えるようなロジックも記載しておきました。

　20行目以降に挙げているcheckメソッドは、このフォームのPOSTリクエスト側の処理で動作させます。今回はスーパーグローバル変数の$_POSTではなくfilter_has_var/filter_input関数を使用してトークンのチェックを行います。まずはfilter_has_var関数で、csrf_tokenが入力値として設定されているかを確認します。設定されていなければそのままfalseを返して処理を終わります。設定されていればチェックを開始します。

　まずはfilter_input関数でトークンの値を取得します（26行目）。POSTやGETでPHPが受け取る値は、文字列か、文字列をそれぞれの値として持った1次元または多次元の配列になります。ここでは配列を許さず、文字列だけを許可したいので、FILTER_REQUIRE_SCALARというフラグを明示的に指定します。これで配列となるような入力があった場合には、filter_input関数はfalseを返します。何かしらの文字列が入っていた場合は、それをそのまま返します。配列や空の文字列が入っていた場合には、マッチしなかったとして$matchにfalseを設定します。1バイト以上の文字列が入っていた場合は、hash_equals関数でトークンがマッチするかのチェックをします。トークンがマッチしなかった場合は、セッションが切れたあとで戻るボタンなどで戻ってからアクセスしたか、フォームを使用せずにPOSTを行った攻撃とみなし、今回はチェックの開始時間から1秒間スリープする処理を入れています（34行目）。

　このようなクラス定義のファイルもブラウザで直接アクセスされる必要がないので、ドキュ

メントルート以下ではない場所に保存します。今回は新たにclassesというフォルダーを次の場所に作成することにします。

```
C:¥mytest¥simplesns¥classes¥
```

今後は、クラスの定義ファイルはここに格納するようにします。したがって、このCsrf.phpは以下のパスで保存します。

```
C:¥mytest¥simplesns¥classes¥Csrf.php
```

■ common.php

3つ目に、それぞれのページの表示や、それぞれの処理を行うスクリプトが必ず最初に読み込むファイルとしてcommon.phpを作ります（**リスト6.3**）。

リスト6.3　common.php

```
1: <?php
2: require_once 'functions.php';
3: spl_autoload_register(function($name) {
4:     include __DIR__ . DIRECTORY_SEPARATOR . 'classes' . DIRECTORY_SEPARATOR . ➡
   $name . '.php';
5: });
6: session_start();
7: $dbh = db_connect();
8: $csrf = new Csrf();
```

common.phpでは、最初に共通で使う関数を定義したfunctions.phpを読み込みます。クラスの定義スクリプトはspl_autoload_register関数を利用して自動的に取得できるようにしてしまいます。今回は、classesにクラス定義を1クラスに1ファイルずつ定義していくようにしています。このため、4行目で「__DIR__ . DIRECTORY_SEPARATOR . 'classes' . DIRECTORY_SEPARATOR . $name . '.php'」というファイルをインクルードするようにしています。

また今回はすべてのページでセッションを使用するので、session_start関数でセッションを開始しておきます（6行目）。その後、データベースハンドラーを返すdb_connectを呼び出して$dbhを設定しておきます（7行目）。またCSRF攻撃対策用のCsrfクラスの定義はこの時点ではまだ読み込んでいませんが、new Csrf()でインスタンス化しようとしたときにspl_autoload_registerで設定した関数が自動的に呼び出され、インクルードされます。戻り値のインスタンスを$csrfに設定しておきます。

このファイルも、ドキュメントルートより上の階層に配置しましょう。

```
C:¥mytest¥simplesns¥common.php
```

ここからは、実際に機能ごとに動作するスクリプトを作成します。

6.2.2 ユーザー登録

最初に、ユーザー登録をする機能を作成します（リスト6.4）。

リスト6.4　signup.html

```
 1: <!DOCTYPE html>
 2: <title>かんたんSNS / アカウントの登録</title>
 3: <h1>アカウントの登録</h1>
 4: <form action="" method="post">
 5:   <input type="hidden" name="<?= h($csrf::TOKEN_NAME) ?>" value="<?= h($csrf->
    getToken()) ?>">
 6:   <dl>
 7:     <dt>ユーザー名
 8:     <dd>
 9:       <input type="text" name="user_name" required
10:           value="<?= h($user_name) ?>">
11:     <dt>パスワード
12:     <dd>
13:       <input type="password" name="user_pw" required value="">
14:     <dt>メールアドレス
15:     <dd>
16:       <input type="text" name="email" required
17:           value="<?= h($email) ?>">
18:     <dt>自己紹介
19:     <dd>
20:       <textarea name="description" cols="30" rows="2"
21:           ><?= h($description) ?></textarea>
22:   </dl>
23:   <input type="submit" value="アカウントを作成する">
24: </form>
```

　今まではPHPのスクリプト部分とHTML部分を同じファイルに書いていましたが、これからは分離することにします。まずは会員登録のためのHTMLファイルを作ります。
　form要素のaction属性は空の文字列とし、methodはpostにしています。これはフォームが送信された場合には表示されているURLと同じパスにPOSTメソッドでリクエストを送る、

6.2 ユーザー登録とログイン処理

という意味になります。CSRF攻撃対策のためのトークンもパラメータとして定義しておきます。

この画面では、ユーザー名、パスワード、メールアドレス、自己紹介を入力してもらいます。自己紹介以外の項目はすべて必須なので、それぞれにrequired属性を付けておきましょう。

今回は新しくtemplatesというフォルダーを以下の位置に作成します。

　　C:¥mytest¥simplesns¥templates¥

signup.htmlは、今作成したtemplatesフォルダーに保存します。

　　C:¥mytest¥simplesns¥templates¥signup.html

スクリプトは**リスト6.5**のようになります。

リスト6.5　signup.php

```
1: <?php
2: require_once '..' . DIRECTORY_SEPARATOR . 'common.php';
3: $user_name = '';
4: $email = '';
5: $description = '';
6: require '..' . DIRECTORY_SEPARATOR . 'templates' . DIRECTORY_SEPARATOR . 'signup.➡
   html';
```

ユーザー名、メールアドレス、そして自己紹介にゼロ長の文字列を設定してテンプレートファイルを読み込んだだけの簡単なスクリプトになります。これを今回はドキュメントルート直下に配置します。

　　C:¥mytest¥simplesns¥public_html¥signup.php

これでブラウザからhttp://localhost:8080/signup.phpにアクセスしてみましょう。**図6.3**のように、アカウントの登録のページが正しく表示されたでしょうか?

167

PHPでPostgreSQLを使う〜 PHPアプリケーションの作成 (2)

図6.3　アカウントの登録のページ（初回）

Webページのソースを表示してcsrf_tokenが埋め込まれていることも確認してください（図6.4）。

図6.4　アカウントの登録のページ（初回）のソース

■入力項目チェック

それでは、入力項目をチェックしたり、ユーザー登録を実行するスクリプトを書いてみましょう。まずは入力項目を取得し、最低限の項目チェックを行うためのクラスを作ります（リスト6.6）。

168

6.2 ユーザー登録とログイン処理

リスト6.6 Input.php

```php
 1: <?php
 2: class Input
 3: {
 4:     public function isPost()
 5:     {
 6:         return isset($_SERVER['REQUEST_METHOD']) && $_SERVER['REQUEST_METHOD'] =➡
    == 'POST';
 7:     }
 8:
 9:     public function get(string $name, bool $as_array = false, bool $allow_binary➡
    = false)
10:     {
11:         return $this->filter(INPUT_GET, $name, $as_array, $allow_binary);
12:     }
13:
14:     public function post(string $name, bool $as_array = false, bool $allow_binar➡
    y = false)
15:     {
16:         return $this->filter(INPUT_POST, $name, $as_array, $allow_binary);
17:     }
18:
19:     private function filter($type, string $name, bool $as_array = false, bool $a➡
    llow_binary = false)
20:     {
21:         if (!filter_has_var($type, $name)) {
22:             return null;
23:         }
24:         $filter_flags = $as_array ? FILTER_REQUIRE_ARRAY : FILTER_REQUIRE_SCALAR;
25:         $value = filter_input($type, $name, FILTER_DEFAULT, $filter_flags);
26:         if ($value === false) {
27:             return false; // 配列／文字列が正しく設定されていません
28:         }
29:         if (!$allow_binary) {
30:             $bad_input_exists = false;
31:             filter_input($type, $name, FILTER_CALLBACK, ['options' => function ➡
    ($string) use (&$bad_input_exists) {
32:                 if (strpos($string, "\0") !== false) {
33:                     $bad_input_exists = true; // NULLバイトは許されていません;
34:                 }
35:                 if (!mb_check_encoding($string)) {
36:                     $bad_input_exists = true; // 不正なエンコーディングが見つかりました
37:                 }
```

169

CHAPTER 6 PHPでPostgreSQLを使う〜PHPアプリケーションの作成（2）

```
38:            }]);
39:            if ($bad_input_exists) {
40:                return false;
41:            }
42:        }
43:        return $value;
44:    }
45: }
```

リクエストがPOSTかどうかのチェックを行うisPostメソッド（4〜7行目）、GETでの入力項目を取得するgetメソッド（9〜12行目）、POSTでの入力項目を取得するpostメソッド（14〜17行目）を用意しました。getやpostの共通の処理として、実際に入力項目を取得してフィルタを行うfilterメソッドも定義しています（19〜44行目）。filterは、外からや継承したクラスからは直接呼ぶ必要がないので、アクセス権をprivateで作っています。またCsrfクラスと同様、スーパーグローバル変数の$_GETや$_POSTは使用せず、filter_input関数で入力項目を取得するようにしました（25行目）。

入力値を配列として扱う場合は$as_arrayにtrueを指定します。大半の入力値は文字列と想定していますが、ときどきチェックボックスなどで複数項目を選択されるようなケースでは配列のほうがよいときもあります。ただ、1つの入力項目を文字列としても配列としても受け取りたいようなケースはまずないように思われるので、このような挙動にしています。

$allow_binaryが偽のときは、文字列が正当どうかのチェックを行います[※]。今回は不要な文字列が1つでも見つかった場合には$bad_input_existsにtrueが設定されます。これが参照渡しになっているので、filter_input関数が終わった後の上位のスコープでも判定ができるという仕組みです。

PHPにはバイナリセーフではない関数[3]もあるので、NULLバイトを許さないようにしています。mb_check_encoding関数はdefault_charsetに設定した値、または内部文字エンコーディングの値をもとにチェックを行います（35行目）。今回は設定していないのでデフォルトのUTF-8がdefault_charsetとして用いられ、UTF-8として正しいかがチェックされます。

filterメソッドでは、入力に対して、項目そのものがない場合にはnullを返し、配列／文字列のチェックやNULLバイト・UTF-8チェックでエラーになった場合にはfalseを返し、それ以外、つまりOKになった場合は文字列（あるいは配列）を返すようにしました。

このファイルは、クラス定義の階層に配置しておきます。

C:¥mytest¥simplesns¥classes¥Input.php

■エラー処理

次にエラーメッセージを設定したり、表示したりするためのクラスを作ります（**リスト6.7**）。

【※】
filter_input関数の第4引数、キーoptionsの値は無名関数です。この無名関数は、渡されたデータがスカラーの場合には1度だけ、配列の場合には要素数の回数分呼び出されます。変数を上位のスコープから引き継ぐことができ、その場合はuseで渡します。

【3】
具体的には、関数の引数にNULLバイト（¥0）がある場合、それを文字列の終端として判断してしまうことで、それ以降のデータ（文字列）をあるものとして扱ってくれない関数のことを「バイナリセーフでない関数」といいます。PHP 7.0ではバイナリセーフでない関数のうち、危険と考えられるものの大半が廃止になりました。ただしstrcoll、cryptなどの関数や、Exception::__constructといったメソッドはいまだバイナリセーフではありません（PHP 7.3.5現在）。ですので現時点ではまだ、外部から渡ってくる信用できない値にはNULLバイトのチェックをすることをおすすめします。

6.2 ユーザー登録とログイン処理

リスト6.7　Errors.php

```php
 1: <?php
 2: class Errors
 3: {
 4:     private $messages = [];
 5:     private $start_tag = '<div class="error">';
 6:     private $end_tag = '</div>';
 7:
 8:     public function __construct(string $start_tag = null, string $end_tag = null)
 9:     {
10:         if (isset($start_tag)) {
11:             $this->start_tag = $start_tag;
12:         }
13:         if (isset($end_tag)) {
14:             $this->end_tag = $end_tag;
15:         }
16:     }
17:
18:     public function set($key, string $message = null)
19:     {
20:         if (!is_null($message)) {
21:             $this->messages[$key][] = $message;
22:         } else {
23:             if (array_key_exists($key, $this->messages)) {
24:                 unset($this->messages[$key]);
25:             }
26:         }
27:     }
28:
29:     public function exist($key = null)
30:     {
31:         return $this->getCore($key, false) ? true : false;
32:     }
33:
34:     public function echo($key = null, bool $unset = true)
35:     {
36:         $messages = $this->getCore($key, true);
37:         if ($messages) {
38:             foreach ($messages as $each) {
39:                 echo $this->start_tag . $each . $this->end_tag . PHP_EOL;
40:             }
41:         }
42:     }
```

171

```
43:
44:     private function getCore($key = null, bool $unset = true)
45:     {
46:         $ret = [];
47:         if (is_null($key)) {
48:             foreach ($this->messages as $each) {
49:                 $ret = array_merge($ret, $each);
50:             }
51:             if ($unset) {
52:                 $this->messages = [];
53:             }
54:         } else {
55:             if (isset($this->messages[$key])) {
56:                 $ret = $this->messages[$key];
57:                 if ($unset) {
58:                     unset($this->messages[$key]);
59:                 }
60:             }
61:         }
62:         return $ret;
63:     }
64: }
```

　エラーの処理を簡略化するために、エラーメッセージを格納したり、表示したりするクラスを作ります。setメソッド（18〜27行目）ではエラーメッセージの設定を、existメソッド（29〜32行目）ではエラーが存在するかを確認し、echoメソッド（34〜42行目）でメッセージを表示するような仕組みにしました。そしてメッセージを取得するgetCoreメソッドはexistやechoからは呼べますが、外からや継承したクラスからは直接呼べないよう、アクセス権をprivateで定義してあります（44〜63行目）。

　なお、echoメソッド（34〜42行目）では$unsetにfalseを指定しなければ、出力後にメッセージを削除するような仕組みになっています。また$keyを指定しなければその時点で登録されているすべてのメッセージが表示されます。

　また、メッセージはHTMLの特殊文字（<、>、"、'）を変換していません。もしも外部からの入力情報をメッセージに埋め込む場合には、setメソッドでメッセージを設定する時点でh関数（htmlspecialchars関数）を使ってください。

　このファイルも、クラス定義の階層に配置します。

```
C:¥mytest¥simplesns¥classes¥Errors.php
```

6.2 ユーザー登録とログイン処理

common.phpにも、このエラー処理のクラスをインスタンス化するコードを付け加えておきましょう（**リスト6.8**）。

リスト6.8　common.php に $input と $errors を追加

```php
<?php
require_once 'functions.php';
…… (省略) ……
$csrf = new Csrf();
$input = new Input();    // この2行を
$errors = new Errors(); // 追加します
```

それではsignup.phpとsignup.htmlに変更を加えて、入力項目のチェックや実際の登録機能を追加します（**リスト6.9**、**リスト6.10**）。

リスト6.9　signup.php（変更後）

```php
 1: <?php
 2: require_once '..' . DIRECTORY_SEPARATOR . 'common.php';
 3:
 4: // リクエストメソッドがPOSTかどうかで処理を分岐します
 5: if (!$input->isPost()) {
 6:
 7:     // POST 以外
 8:     $user_name = '';
 9:     $email = '';
10:     $description = '';
11:     require '..' . DIRECTORY_SEPARATOR . 'templates' . DIRECTORY_SEPARATOR . ➡
    'signup.html';
12:
13: } else {
14:
15:     // POST
16:
17:     // CSRF トークンチェック
18:     if (!$csrf->check()) {
19:         $errors->set('', 'フォームを利用してください。');
20:     }
21:
22:     // ユーザー名 (user_name)
23:     $user_name = $input->post('user_name');
24:     if (!isset($user_name)) {
```

173

CHAPTER 6 PHPでPostgreSQLを使う〜PHPアプリケーションの作成 (2)

```
25:            $errors->set('user_name', 'フォームを利用してください。');
26:        } elseif ($user_name === false) {
27:            $errors->set('user_name', '使用できない文字列が含まれています。');
28:        } elseif ($user_name === '') {
29:            $errors->set('user_name', 'ユーザー名を入力してください。');
30:        } elseif (preg_match('/[^\w\-]/', $user_name)) {
31:            $errors->set('user_name', 'ユーザー名には英数字とアンダースコア"_"とハイフ⮕
    ン"-"が使えます。');
32:        } elseif (strlen($user_name) < 5 || strlen($user_name) > 32) {
33:            $errors->set('user_name', 'ユーザー名は5文字以上32文字以内で入力してくださ⮕
    い。');
34:        } elseif (preg_match('/^\d+$/D', $user_name)) {
35:            $errors->set('user_name', 'ユーザー名を数字のみにすることはできません。');
36:        } else {
37:            $sth = $dbh->prepare(
38:                'SELECT user_id FROM users WHERE lower(user_name) = lower(:user_na⮕
    me)'
39:            );
40:            $sth->execute([':user_name' => $user_name]);
41:            $same_user = $sth->fetch();
42:            if ($same_user !== false) {
43:                $errors->set('user_name', 'このユーザー名はすでに使われています。');
44:            }
45:        }
46:
47:        // パスワード (user_pw)
48:        $user_pw = $input->post('user_pw');
49:        if (!isset($user_pw)) {
50:            $errors->set('user_pw', 'フォームを利用してください。');
51:        } elseif ($user_pw === false) {
52:            $errors->set('user_pw', '使用できない文字列が含まれています。');
53:        } elseif ($user_pw === '') {
54:            $errors->set('user_pw', 'パスワードを入力してください。');
55:        } elseif (strlen($user_pw) < 8 || strlen($user_pw) > 72) {
56:            $errors->set('user_pw', 'パスワードは8文字以上72文字以内で入力してください。⮕
    ');
57:        } elseif (!(
58:            preg_match('/[a-z]/', $user_pw)
59:            && preg_match('/[A-Z]/', $user_pw)
60:            && preg_match('/[0-9]/', $user_pw)
61:        )) {
62:            $errors->set('user_pw', 'パスワードには半角の、英小文字・大文字・数字をそれ⮕
    ぞれ1文字以上使ってください。');
```

6.2 ユーザー登録とログイン処理

```
63:     } elseif (!preg_match('/^[ -~]+$/D', $user_pw)) {
64:         $errors->set('user_pw', 'パスワードは半角の数字・英字・記号だけで入力してく➡
    ださい。');
65:     }
66:
67:     // メールアドレス (email)
68:     $email = $input->post('email');
69:     if (!isset($email)) {
70:         $errors->set('email', 'フォームを利用してください。');
71:     } elseif ($email === false) {
72:         $errors->set('email', '使用できない文字列が含まれています。');
73:     } elseif ($email === '') {
74:         $errors->set('email', 'メールアドレスを入力してください。');
75:     } elseif (strlen($email) > 254) {
76:         $errors->set('email', 'メールアドレスは254文字以内で入力してください。');
77:     } elseif (!filter_var($email, FILTER_VALIDATE_EMAIL, FILTER_FLAG_EMAIL_UNI➡
    CODE)) {
78:         $errors->set('email', 'メールアドレスとして認識できませんでした。');
79:     } else {
80:         list($local_part, $domain_part) = explode('@', $email, 2);
81:         if (
82:             !checkdnsrr($domain_part, 'MX')
83:             && !checkdnsrr($domain_part, 'A')
84:             && !checkdnsrr($domain_part, 'AAAA')
85:         ) {
86:             $errors->set('email', '現存するメールアドレスを入力してください。');
87:         } else {
88:             $sth = $dbh->prepare(
89:                 'SELECT user_id FROM users WHERE lower(email) = lower(:email)'
90:             );
91:             $sth->execute([':email' => $email]);
92:             $same_user = $sth->fetch();
93:             if ($same_user !== false) {
94:                 $errors->set('email', 'このメールアドレスはすでに使われています。');
95:             }
96:         }
97:     }
98:
99:     // 自己紹介 (description)
100:    $description = $input->post('description');
101:    if (!isset($description)) {
102:        $errors->set('description', 'フォームを利用してください。');
103:    } elseif ($description === false) {
```

175

```
104:            $errors->set('description', '使用できない文字列が含まれています。');
105:        } elseif (strlen($description) > 1000) {
106:            $errors->set('description', '自己紹介は1000文字以内で入力してください。');
107:        }
108:
109:        if ($errors->exist()) {
110:
111:            require '..' . DIRECTORY_SEPARATOR . 'templates' . DIRECTORY_SEPARATOR ➡
    . 'signup.html';
112:
113:        } else {
114:
115:            $sth = $dbh->prepare(
116:                'INSERT INTO users (user_name, user_pw_hash, email, description)'
117:                . ' VALUES (:user_name, :user_pw_hash, :email, :description)'
118:            );
119:            $sth->execute([
120:                'user_name' => $user_name,
121:                'user_pw_hash' => password_hash($user_pw, PASSWORD_DEFAULT),
122:                'email' => $email,
123:                'description' => $description,
124:            ]);
125:            header('Location: ./login.php');
126:
127:        }
128:
129: }
```

リスト6.10　signup.html（変更後）

```
 1: <!DOCTYPE html>
 2: <title>かんたんSNS / アカウントの登録</title>
 3: <h1>アカウントの登録</h1>
 4: <form action="" method="post">
 5:   <input type="hidden" name="<?= h($csrf::TOKEN_NAME) ?>" value="<?= h($csrf-> ➡
    getToken()) ?>">
 6:   <dl>
 7:     <dt>ユーザー名
 8:     <dd>
 9:       <input type="text" name="user_name" required
10:           value="<?= h($user_name) ?>">
11:       <?php $errors->echo('user_name'); // エラーがあった場合に表示 ?>
12:     <dt>パスワード
```

6.2 ユーザー登録とログイン処理

```
13:     <dd>
14:       <input type="password" name="user_pw" required value="">
15:       <?php $errors->echo('user_pw'); // エラーがあった場合に表示 ?>
16:     <dt>メールアドレス
17:     <dd>
18:       <input type="text" name="email" required
19:           value="<?= h($email) ?>">
20:       <?php $errors->echo('email'); // エラーがあった場合に表示 ?>
21:     <dt>自己紹介
22:     <dd>
23:       <textarea name="description" cols="30" rows="2"
24:           ><?= h($description) ?></textarea>
25:       <?php $errors->echo('description'); // エラーがあった場合に表示 ?>
26:     </dl>
27:     <?php $errors->echo(); // エラーが残っていた場合に表示 ?>
28:     <input type="submit" value="アカウントを作成する">
29: </form>
```

もともとsignup.phpにあったsignup.htmlの読み込みは$input->isPost()でPOST以外、つまりはGET時の処理として移動し、ネストしてしまいます[4]。

■ POST時の処理

では、signup.phpのPOST時の処理について見ていきましょう。

最初にCSRF攻撃対策用のトークンのチェックを行います（18〜20行目）。これはすでにCsrfクラスでメソッドとして定義してあるので呼び出すことにします。OKであればtrueが返され、NGであればfalseが返されます。NGのときはエラーを設定します。ここでは対象の項目がないので、キーに「''」を設定してメッセージをセットします。

次にそれぞれの入力項目に対して整合性のチェックを行います。

ユーザー名（23〜45行目）

ユーザー名はUTF-8として問題がない文字列で、英数字または「_」（アンダースコア）または「-」（ハイフン）だけで構成され、数字だけでは構成されておらず、5文字（バイト）以上32文字（バイト）以下の文字列で、同一のユーザー名がまだ登録されていないかをチェックします。

なお、preg_matchメソッド（30行目）での正規表現では何も修飾子を指定しなければ、検索対象文字列の最後の文字が改行文字のときに、「$」（ドル記号）がその改行文字の直前にもマッチしてしまいます。このため、「文字列の最後まですべて」という意味で「$」を使う場合にはD修飾子（PCRE_DOLLAR_ENDONLY）[5]を付けるようにしましょう。

【4】
リクエストメソッドにはGET、POST以外にPUT、DELETEなどがありますが、今回の「かんたんSNS」では扱わないことにします。

【5】
D修飾子（PCRE_DOLLAR_ENDONLY）を設定しない場合、$（ドル記号）は、検索対象文字列の最後の文字が改行文字であれば、その直前にもマッチします。たとえば
$str = 'abc' . PHP_EOL;
という文字列に対して、
preg_match('/c$/', $str)
はマッチし、
preg_match('/c$/D', $str)
はマッチしません。

177

また今回は英字の大文字・小文字は区別せず、同一のものとみなすので、lower関数でテーブルでの値と入力値を揃えています。エラーがあれば、'user_name'にエラーメッセージを設定します。

パスワード（48〜65行目）

パスワードにどのような文字種を、どのような長さで指定してもらうかに関してはさまざまな意見があると思いますが、今回は、「8文字以上72文字以内の空白を含み制御文字でないASCII文字で、少なくとも英小文字・大文字・数字をそれぞれ1文字以上使っている」という条件にしました。UTF-8を想定して書いていますのでこのような正規表現になります。また、あとでパスワードをハッシュ化する際に使うpassword_hashが条件によっては72文字より後ろを切り捨ててしまう仕様[6]なので72文字までとしています。

【6】
PHP 7.3.5現在。

メールアドレス（68〜97行目）

メールアドレスのチェックには、今回はFILTER_VALIDATE_EMAILをフィルタに用いたfilter_var関数でRFC 822に合致するかのチェックを行い、そのあとでドメイン部分がDSNレコードにMX型、A型、またはAAAA型として登録されているかをチェックするようにしました。ただし、ピリオド（.）が連続で使用されたRFC 822違反のメールアドレスや、ドメイン部分が国際化された（日本語ドメイン名などの）メールアドレス、あるいはIPアドレスが[ ]で囲まれたドメイン部のメールアドレスなどにも対応していません。もし必要であればこのようなメールアドレスも許すよう、ローカル部から一度ドットを除いたものでチェックしたり、Punycode（ピュニコード）変換をしたものでDSNのチェックを行うようなロジックに変更してください[7]。

【7】
Punycode変換を行うにはPEARのNet_IDNA2ライブラリやComposerなどを使います。Composerからはtrue/php-punycodeなどが使用できます。

また今回は行いませんが、実際のシステムではメールアドレスに実際にメールが到達するかどうかのチェックを行うようにしてください。

エラー処理（109〜111行目）

それぞれの項目に対して順次エラーチェックを行っていき、最後に$errors->exist()でなんらかのエラーが存在するかを確認し（109行目）、存在すればsignup.htmlのテンプレート、つまり入力画面をインクルードしてエラーの内容を表示します。今回はあえてエラー時にはパスワードだけは返さないような仕組みにしています。

正常時処理（115〜127行目）

signup.htmlには項目ごとにそれぞれのエラーメッセージが、それぞれの入力フィールドの後ろに表示されるようにしました。また、今回はCSRFトークンのエラー時などのために、項目にひも付かないエラーも最後に表示するような仕組みになっています。

エラーがなければ、入力されたユーザー情報をusersテーブルに行として挿入（INSERT）

します。画面から入力された値をuser_name、user_pw、email、descriptionのそれぞれの項目に設定します。このとき、user_pwすなわちパスワードをそのまま平文で保持することはとても危険なので、ハッシュ化を行ってから、その値をテーブルに保存するようにします。今回はPHP 5.5以降で標準に用意されている、password_hash関数を使用してソルトハッシュ[8]値を保存するようにしました。このあとのログイン時には、ユーザーが入力したパスワードをpassword_hash関数とセットのpassword_verify関数で検証するようにします[9]。またuser_idはあえて設定していません。このカラムはusersテーブルを定義する際にserial型に指定してあるので、INSERT文の発行時に自動的に採番されます。

INSERT文が正常に終了したら、Locationヘッダーを出力してlogin.phpのページにリダイレクトさせます。ログインのスクリプトはまだ作成していませんが、せっかくなので、ブラウザでhttp://localhost/signup.phpにアクセスして、signup.phpを少し動かしてみましょう。

正しい値を入力するとlogin.phpにリダイレクトしてしまうので、今回はあえて、ユーザー名には使用できない文字「！」を、パスワードには短すぎる「a」、メールアドレスにはメールアドレスとして成立しない「@」を入力して、「アカウントを作成する」ボタンをクリックします（図6.5）。

図6.5　アカウントの登録画面

図6.6のようにエラーメッセージが正しく表示されたでしょうか？

[8] ここで「ソルト」とは、ハッシュ値を計算するパスワードの前後に付け加えるランダムな値のことで、通常よりも強固な暗号化が可能になります。名前の由来は、料理の味を塩で変えるように、パスワードに"ソルト"を加えることで鍵の値を変化させることからといわれています。

[9] PHP 5.4などの古いバージョンではまだpassword_hash関数が定義されていません。ほぼ同じことがhttps://github.com/ircmaxell/password_compatを使ってできるのでこちらを使用してください。

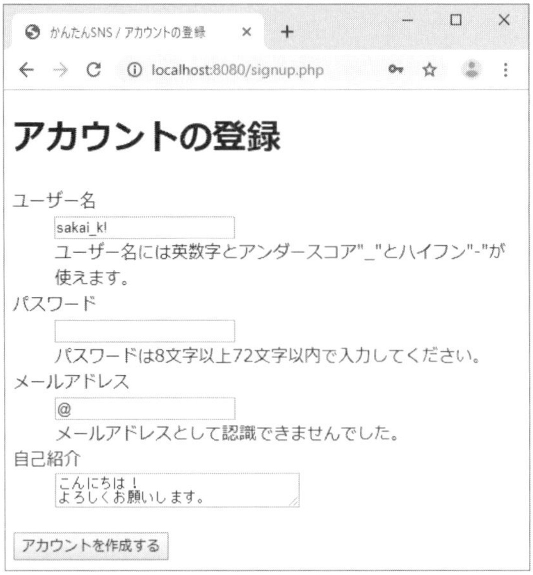

PHPでPostgreSQLを使う〜PHPアプリケーションの作成（2）

図6.6　不正なユーザー名を入力した場合のエラーメッセージ

6.2.3 ログイン処理

それでは次に、ログインのテンプレートとスクリプトを書いてみましょう。テンプレートが増えてきたので、今回からはTemplateクラスを作成し、こちらで出力するようにします。またログイン関連の情報もLoginクラスを作ってそちらにまとめていくようにしてみます。

まずはログインのテンプレートです（リスト6.11）。

リスト6.11　login.html

```
 1: <!DOCTYPE html>
 2: <title>かんたんSNS / ログイン</title>
 3: <h1>ログイン</h1>
 4: <form action="" method="post">
 5:   <?php require 'csrf_token.html'; ?>
 6:   <dl>
 7:     <dt>ユーザー名かメールアドレス
 8:     <dd>
 9:       <input type="text" name="user_name_or_email" required
10:         value="<?= h($user_name_or_email) ?>">
11:       <?php $errors->echo('user_name_or_email'); ?>
12:     <dt>パスワード
13:     <dd>
```

6.2 ユーザー登録とログイン処理

```
14:      <input type="password" name="user_pw" required value="">
15:      <?php $errors->echo('user_pw'); ?>
16:    </dl>
17:    <?php $errors->echo(); ?>
18:    <input type="submit" value="ログイン">
19: </form>
```

テンプレートファイルは単純です。フォーム内には、ユーザー名あるいはメールアドレスの入力フィールドと、パスワードの入力フィールド、そしてそれぞれと全体のエラーメッセージ表示と、ログインボタンの表示があります。それと、CSRFトークンの部分は今後のPOSTフォームでは必ず設定するので、別のテンプレートに切り分けてしまいましょう（リスト6.12）。

リスト6.12　csrf_token.html

```
<input type="hidden" name="<?= h($csrf::TOKEN_NAME) ?>" value="<?= h($csrf->getToken➡
()) ?>">
```

login.htmlとcsrf_token.htmlのそれぞれを以下の場所に保存してください。

```
C:\mytest\simplesns\templates\login.html
C:\mytest\simplesns\templates\csrf_token.html
```

signup.html5行目のCSRFトークン部分もこのテンプレートを読み込むように差し替えてください（リスト6.13）。

リスト6.13　signup.html（変更後）

```
1: <!DOCTYPE html>
2: <title>かんたんSNS / アカウントの登録</title>
3: <h1>アカウントの登録</h1>
4: <form action="" method="post">
5: -  <input type="hidden" name="<?= h($csrf::TOKEN_NAME) ?>" value="<?= h($csrf->➡
   getToken()) ?>">
5: +  <?php require 'csrf_token.html'; ?>
…… (省略) ……
```

PHPでPostgreSQLを使う～PHPアプリケーションの作成（2）

次にTemplateクラスを作っていきます（リスト6.14）。

リスト6.14　Template.php

```
 1: <?php
 2: class Template
 3: {
 4:     private $path;
 5:     private $attributes;
 6: 
 7:     public function __construct(string $path, array $attributes = [])
 8:     {
 9:         $this->path = $path;
10:         $this->attributes = $attributes;
11:     }
12: 
13:     public function render(string $template, array $data = [])
14:     {
15:         $data = array_merge($this->attributes, $data);
16:         extract($data);
17:         include $this->path . DIRECTORY_SEPARATOR . $template;
18:     }
19: 
20: }
```

今回、テンプレートファイルはtemplatesフォルダーに入れることにしました。ただこれをいちいち設定するのは面倒なので、インスタンス化する際に__constructで設定できるようにします。また、あとで共通化したい要素も最初に設定できるようにします。

13～18行目のrenderメソッドでは、テンプレートファイル名と、テンプレートに埋め込みたいデータを引数にします。引数のデータと最初から設定してある要素をマージし、extract関数で配列のキーを変数名、値を変数の値として、変数を作成します。その後、最初に設定してあったパスと合わせて、テンプレートファイルをインクルードします。

Template.phpは次の場所に保存してください。

　C:\mytest\simplesns\classes\Template.php

さらに、Loginクラスを作っていきます（リスト6.15）。

6.2 ユーザー登録とログイン処理

リスト 6.15　Login.php

```php
 1: <?php
 2: class Login
 3: {
 4:     private const LOGIN_UID = 'login_user_id';
 5:     private $dbh;
 6:     private $login_user;
 7:
 8:     public function __construct(PDO $dbh)
 9:     {
10:         $this->dbh = $dbh;
11:         $this->setLoginUser();
12:     }
13:
14:     private function setLoginUser()
15:     {
16:         if (!isset($_SESSION[self::LOGIN_UID])) {
17:             $this->login_user = null;
18:         } else {
19:             $sth = $this->dbh->prepare(
20:                 'SELECT user_id, user_name, email, description'
21:                 . ' FROM users'
22:                 . ' WHERE user_id = :user_id'
23:             );
24:             $sth->execute([':user_id' => $_SESSION[self::LOGIN_UID]]);
25:             $user = $sth->fetch();
26:             if ($user) {
27:                 $this->login_user = $user;
28:             } else {
29:                 $_SESSION[self::LOGIN_UID] = null;
30:                 $this->login_user = null;
31:             }
32:         }
33:     }
34:
35:     public function user(string $col = null)
36:     {
37:         if (is_null($col)) {
38:             return $this->login_user;
39:         } elseif (isset($this->login_user[$col])) {
40:             return $this->login_user[$col];
41:         }
42:         return null;
```

```
43:      }
44:
45:      public function login(int $user_id)
46:      {
47:          $_SESSION[self::LOGIN_UID] = $user_id;
48:          $this->setLoginUser();
49:          session_regenerate_id(true);
50:      }
51:
52:      public function logout()
53:      {
54:          $_SESSION[self::LOGIN_UID] = null;
55:          $this->setLoginUser();
56:      }
57: }
```

　説明が前後しますが、ユーザーIDをパスワードがマッチして、ログインが成功した場合にはloginメソッド（45〜50行目）を呼び出すようにします。メソッド内ではログインのユーザーIDをセッション変数に設定し、setLoginUserメソッドでテーブルからユーザーの情報を取得し、session_regenerate_id関数でセッションIDを変更しています。setLoginUserメソッドではセッションに設定されたユーザーIDからusersテーブルにアクセスして、login_userプロパティに情報を保持します。セッションにユーザーIDが設定されていなかったり、usersテーブルにユーザー情報が登録されていなかった場合にはプロパティlogin_userにはnullを設定することにします。userメソッドではログインが成功したユーザーが設定されていれば、その情報を返します。また、このクラスもcommon.php内でインスタンス化してしまうため、__constructでデータベースハンドラーの設定とsetLoginUserの呼び出しを行うことでlogin_userが設定されている状態にします。

　ログアウト時に使うlogoutメソッド（52〜56行目）もここで定義しておきました。ログインユーザーIDを意味するセッション変数にNULLを設定し、setLoginUserを呼び出すことでlogin_userが設定されていないログアウト状態にします。

　作成したLogin.phpは以下の場所に保存してください。

```
C:¥mytest¥simplesns¥classes¥Login.php
```

　これらのクラスもcommon.phpでインスタンス化してしまいましょう（**リスト6.16**）。

6.2 ユーザー登録とログイン処理

リスト6.16 common.php（変更後）

```php
 1: <?php
 2: require_once 'functions.php';
 3: spl_autoload_register(function($name) {
 4:     include __DIR__ . DIRECTORY_SEPARATOR . 'classes' . DIRECTORY_SEPARATOR . $➡
    name . '.php';
 5: });
 6: session_start();
 7: $dbh = db_connect();
 8: $csrf = new Csrf();
 9: $input = new Input();
10: $errors = new Errors();
11: $login = new Login($dbh);
12: $template = new Template(__DIR__ . DIRECTORY_SEPARATOR . 'templates', [
13:     'login' => $login,
14:     'errors' => $errors,
15:     'csrf' => $csrf,
16: ]);
```

LoginとTemplateのインスタンス化を追加しました。new Templateの第1引数としてテンプレートフォルダーのパスを、第2引数として$login、$errors、$csrfといったインスタンス変数を渡しておきます。これらはインスタンスは共通してテンプレートに渡されることになるため、renderメソッドの実行時に再度呼び出す必要がなくなります。

次に、スクリプトファイルlogin.phpを作成します（**リスト6.17**）。

リスト6.17 login.php

```php
 1: <?php
 2: require_once '..' . DIRECTORY_SEPARATOR . 'common.php';
 3:
 4: // リクエストメソッドがPOSTかどうかで処理を変える
 5: if (!$input->isPost()) {
 6:     // POST 以外
 7:     $template->render('login.html', [
 8:         'user_name_or_email' => '',
 9:     ]);
10: } else {
11:     // POST
12:     // CSRFトークンチェック
13:     if (!$csrf->check()) {
14:         $errors->set('', 'フォームを利用してください。');
```

185

```
15:     }
16:
17:     // ユーザー名 (user_name)
18:     $user_name_or_email = $input->post('user_name_or_email')
19:     if (!isset($user_name_or_email)) {
20:         $errors->set('user_name_or_email', 'フォームを利用してください。');
21:     } elseif ($user_name_or_email === false) {
22:         $errors->set('user_name_or_email', '使用できない文字列が含まれています。');
23:     } elseif ($user_name_or_email === '') {
24:         $errors->set('user_name_or_email', 'ユーザー名/メールアドレスを入力してくだ⏎
    さい。');
25:     } elseif (strlen($user_name_or_email) > 254) {
26:         $errors->set('user_name_or_email', 'ユーザー名/メールアドレスは254文字以内⏎
    で入力してください。');
27:     }
28:
29:     // パスワード (user_pw)
30:     $user_pw = $input->post('user_pw');
31:     if (!isset($user_pw)) {
32:         $errors->set('user_pw', 'フォームを利用してください。');
33:     } elseif ($user_pw === false) {
34:         $errors->set('user_pw', '使用できない文字列が含まれています。');
35:     } elseif ($user_pw === '') {
36:         $errors->set('user_pw', 'パスワードを入力してください。');
37:     } elseif (strlen($user_pw) > 72) {
38:         $errors->set('user_pw', 'パスワードは72文字以内で入力してください。');
39:     }
40:     if (!$errors->exist()) {
41:         $sth = $dbh->prepare(
42:             'SELECT user_id, user_pw_hash'
43:             . ' FROM users'
44:             . ' WHERE lower(user_name) = lower(:user_name)'
45:             . ' OR lower(email) = lower(:email)'
46:         );
47:         $sth->execute([
48:             'user_name' => $user_name_or_email,
49:             'email' => $user_name_or_email,
50:         ]);
51:         $user = $sth->fetch();
52:         if (!$user || !password_verify($user_pw, $user['user_pw_hash'])) {
53:             $errors->set('user_pw', 'ユーザー名/メールアドレスと、パスワードの組み合⏎
    わせが間違っています。');
54:         }
```

6.2 ユーザー登録とログイン処理

```
55:     }
56:
57:     if ($errors->exist()) {
58:         $template->render('login.html', [
59:             'user_name_or_email' => $user_name_or_email,
60:         ]);
61:     } else {
62:         $login->login($user['user_id']);
63:         header('Location: ./');
64:     }
65: }
```

login.phpは以下の場所に保存します。

　C:¥mytest¥simplesns¥public_html¥login.php

　signup.phpと同様に今回もリクエストがPOST時とそれ以外、つまりGET時の場合とで処理を分けています（5行目）。GET時にはuser_name_or_emailに空文字を設定してテンプレートファイルlogin.htmlをレンダリングします。

　POST時にはまず、それぞれの項目が入力されているか、簡単なチェックを行います。それにパスすれば、本当のログインチェックを行います。これは、該当する条件でusersテーブルへSELECTを行った場合に該当する行があるか（つまり、ユーザーが登録されているか）のチェックです。このとき、ユーザー名、メールアドレスは小文字に揃えたいので、SQL上でlower関数を使います（44、45行目）。

　また、今回はユーザー名とメールアドレスのどちらでもログインできるようにするため、これらはOR条件（||）として指定します（52行目）。ただし、このような仕様が可能なのは、emailとuser_nameに同じデータが入力される可能性がまったくないときだけです。今回はemailには必ず「@」が入り、user_nameには決して入らないチェックになっています。もしこの前提が崩れるのであれば、メールアドレスだけ、あるいはユーザー名だけでログインが可能なように変更してください。

　また、signup.phpのユーザー登録時にはパスワードをpassword_hash関数でハッシュ化したものを保存したので、ここでのパスワードはpassword_verify関数でハッシュ値がマッチするかをチェックします。もし条件に合った行が存在しない場合や、password_verify関数が成功しなかった場合は、ログイン失敗（該当するユーザーが見つからない）となるので、user_name_or_emailを設定してテンプレートのlogin.htmlを呼び出し、ユーザーに項目の再入力を促します（58〜60行目）。

　逆に条件どおりの行が存在し、password_verify関数が成功すれば、ユーザーが存在しパ

スワードがマッチする、つまりログインは成功となります。PHPではセッション情報を操作することで、ログイン状態を保持することができます。$login->loginメソッドをユーザーIDを引数に呼び出すので、セッション内にログイン情報が設定されます（62行目）。このログインの成功後は、このときに設定したユーザーIDが$_SESSION['login_user_id']に保持され続けることになります。その後は、「かんたんSNS」のトップ画面にリダイレクトします（63行目）。

さて、先ほどのユーザー登録（signup.php）に正しい値を入力してアカウントを作成すると、ここで作成したlogin.phpにリダイレクトされるようになりました。しかし、ここで正しくログインしてしまうと、まだ作成していない「かんたんSNS」のトップページへリダイレクトされてしまいます。なので、あえて間違ったパスワードを入力してみましょう（図6.7）。

図6.7　あえて間違ったパスワードを入力

今度もエラーメッセージが正しく表示されたでしょうか（図6.8）。

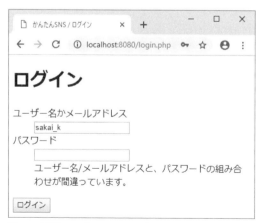

図6.8　間違ったパスワードを入力した場合のエラーメッセージ

6.3 タイムラインの表示

6.3 タイムラインの表示

　ログインが成功したら、「かんたんSNS」のトップ画面（index.php）では、ユーザーがフォローしているそれぞれのユーザーの投稿を一覧表示します。通常のSNSであれば、フォローしているユーザーの投稿に合わせて自分自身の投稿も表示しますが、この「かんたんSNS」ではフォロー／アンフォローの違いをわかりやすくするために、自分自身をフォローしなければ投稿はここには表示されないことにしましょう。

　それではスクリプトindex.phpを作っていきましょう（**リスト6.18**）。テンプレートindex.htmlはそのあとに作ります。

リスト6.18　index.php

```
 1: <?php
 2: require_once '..' . DIRECTORY_SEPARATOR . 'common.php';
 3:
 4: $posts = [];
 5: $page_prev = null;
 6: $page_next = null;
 7: if ($login->user()) {
 8:     $sth = $dbh->prepare(
 9:         'SELECT COUNT(*)'
10:         . ' FROM posts p'
11:         . ' JOIN users u USING (user_id)'
12:         . ' WHERE u.user_id IN ('
13:             . 'SELECT followed_user_id'
14:             . ' FROM follows'
15:             . ' WHERE user_id = :user_id'
16:         . ')'
17:     );
18:     $sth->execute([':user_id' => $login->user('user_id')]);
19:     $count = $sth->fetchColumn();
20:     if ($count) {
21:         $page = (int) $input->get('page');
22:         if ($page < 1) {
23:             $page = 1;
24:         }
25:         $limit = 10;
26:         $offset = $limit * ($page - 1);
27:         $sth = $dbh->prepare(
28:             'SELECT p.post_id, p.user_id, p.post, p.created_at, u.user_name'
```

189

```
29:                    . ' FROM posts p'
30:                    . ' JOIN users u USING (user_id)'
31:                    . ' WHERE p.user_id IN ('
32:                    .   'SELECT f.followed_user_id'
33:                    . ' FROM follows f'
34:                    . ' WHERE user_id = :user_id'
35:                    . ')'
36:                    . ' ORDER BY p.created_at DESC'
37:                    . ' LIMIT :limit'
38:                    . ' OFFSET :offset'
39:            );
40:            $sth->execute([
41:                ':user_id' => $login->user('user_id'),
42:                ':limit' => $limit,
43:                ':offset' => $offset,
44:            ]);
45:            $posts = $sth->fetchAll();
46:            if ($page > 1) {
47:                $page_prev = $page - 1;
48:            }
49:            if ($count > $offset + count($posts)) {
50:                $page_next = $page + 1;
51:            }
52:        }
53: }
54: $template->render('index.html', [
55:     'post' => '',
56:     'posts' => $posts,
57:     'page_prev' => $page_prev,
58:     'page_next' => $page_next,
59: ]);
```

index.phpはブラウザからアクセスさせたいファイルなので、次の場所に保存します。

　C:¥mytest¥simplesns¥public_html¥index.php

index.phpというファイル名は、特別なファイル名です。ファイル名を省略したURL、たとえば今回であればhttp://localhost/というURLにブラウザからアクセスした場合、ビルトインウェブサーバーはindex.php（あるいはindex.html）がそのフォルダーに存在すればそれを出力する、という動きになっています。index.phpはそのフォルダー、あるいはサイトのトップページということになります。

6.3 タイムラインの表示

ログインが成功していれば、すなわち$loginにユーザー情報が設定されていれば、フォローしているユーザーの投稿を表示することにしましょう。今回は、表示する投稿数を1ページ当たり10件にします。まずは、対象の投稿が全部で何件になるのかを調べてみましょう。次のようなSQL文を実行することになります。

```
SELECT COUNT(*)
 FROM posts p
 JOIN users u USING (user_id)
 WHERE u.user_id IN (
    SELECT followed_user_id
     FROM follows
     WHERE user_id = :id
 )
```

■ COUNT関数

COUNTという集計関数は、指定したテーブル内の条件に合った行の件数を返してくれます。たとえば、「SELECT COUNT(*) FROM posts」というSELECT文は、postsに全部で何行のデータがあるか、その行数を返してくれます。WHERE句を付ければその条件に合った行数を返してくれます。

■ JOIN句

JOINは「INNER JOIN」(内部結合)を省略したものです。そのあとにUSINGあるいはONで指定した条件で、テーブルを結合します。FROM句やJOIN句に「posts p」などと記述することで、このSQL文の中では「p」を「posts」を言い換えたものとして認識してくれます。今回の例では「USING (user_id)」としているので、usersテーブルのuser_idとpostsテーブルのuser_idが同じ行を結合します。ただし(INNER) JOINは内部結合なので、両方のテーブルに行が存在しないと検索対象になりません。たとえば、ユーザーが退会したときにusersテーブルからはユーザー情報を削除したが、postsテーブルからは投稿情報を削除し忘れたといった場合でも、結合の仕方をINNER JOINにしておくとusersテーブルのuser_idとマッチする情報がないため、その投稿は検索対象になりません[10]。

■ IN演算子

IN演算子は、あるカラムに対して複数の選択肢を指定する場合に使います。たとえば、「WHERE foo IN ('bar', 'baz')」という条件を指定すれば、foo列の値が 'bar' または 'baz' の行を取得します。つまり、「WHERE foo = 'bar' OR foo = 'baz'」と等価です。また、INの中にはサブクエリを記述することも可能です。今回のSQLでは、:user_idにログインユーザーのユーザーIDが設定されるので、このサブクエリは「ログインユーザーがフォローしている

【10】
逆になんらかの理由でユーザー情報が削除されていても投稿は取得したい場合には(INNER) JOIN を LEFT (OUTER) JOIN に書き換え外部結合の句にすることでSELECTの対象になります。

191

CHAPTER 6　PHPでPostgreSQLを使う〜PHPアプリケーションの作成（2）

ユーザーのID」を返します。

それらをpostsテーブルのuser_idに対する条件にするので、このSELECT文の全体としては「ログインユーザーがフォローしているユーザーの投稿の全件数」を取得することになるわけです。この数が1以上の場合には、表示するべき投稿が存在します。そのため、今度は各投稿を取得するSELECT文を発行しましょう。

```
SELECT p.post_id, p.user_id, p.post, p.created_at, u.user_name
 FROM posts p
 JOIN users u USING (user_id)
 WHERE p.user_id IN (
    SELECT f.followed_user_id
     FROM follows f
     WHERE user_id = :id
 )
 ORDER BY p.created_at DESC
 LIMIT :limit
 OFFSET :offset
```

まったく同じ条件を指定しているので当然ではあるのですが、先ほどのSELECT文にとても似ています。違いは、SELECTの対象が「p.post_id, p.user_id, p.post, p.created_at, u.user_name」（投稿テーブルのすべてのカラムとユーザーテーブルのユーザー名）になっていることと、OFFSET、LIMIT、ORDER BYが指定されていることです。

■ OFFSETとLIMIT

複数の行を読み出すとき、LIMITで取得件数の限度を指定したり、OFFSETで取得する行の開始位置（データを何件読み飛ばすか）を指定したりできます。たとえば、1ページ当たり10件ずつ行を取得したいのであれば、最初のページのSQLでは「LIMIT 10 OFFSET 0」、次のページでは「LIMIT 10 OFFSET 10」にするといった具合です。

LIMITは10の固定、OFFSETの値には、ブラウザから渡されたパラメータpageから算出した値を設定します。今回は画面に表示する一覧のためのpageをあらかじめ埋め込んでおくことで、以降のページを簡単に表示できるような仕組みにします。ただしこのpageパラメータは外から渡されるパラメータなので、簡単に書き換えられてしまいます。数字以外の値が設定されてもintにキャストしてしまいます。また2未満の値、たとえば負の値などを設定されても1を設定し直すことで、PostgreSQLがOFFSETとして取り得るゼロまたは正のbigintの範囲に収まるように押し込めています[11]。

【11】
もしもっと厳密にしたければ、ctype_digit関数やstrnatcmp関数などを使ってチェックしたり、エラー時の処理を組み込んでもよいでしょう。

■ ORDER BY句

行のソート（並べ替えの順序）を指定します。ORDER BYを指定しないと、どのような

順番で行を取得されるのかデータベースは保証しません。このため、OFFSET／LIMITを指定してもあまり意味がありません。ここでは投稿を新しい順に並べたいので、「ORDER BY created_at DESC」と指定します。DESCは降順という意味です。逆に、もし古い順（この場合は昇順）にしたい場合には「ORDER BY created_at ASC」とします。ASCは省略可能なので、単に「ORDER BY created_at」と記述することもできます。

■「次へ」「前へ」のpageの算出

まずは「前へ」があるかないかを判定しますが、これはとても簡単です。今回のpageが1より大きな値であれば、読み飛ばしている行があるので、前ページはあるはずです。このときは、$page から1引いた値を $page_prev を設定します。

「次へ」があるかないかは、今回のオフセットと取得した件数、それに全件数を比較して割り出します。今回のオフセットに取得した件数を足すと、今回のページまでで表示された件数になります。もし、全件数、つまり$count がそれよりも大きかった場合、このページ以降にもまだ表示されるべき行がある、つまりは次ページがあるということになります。このとき、次ページのpageは単に今回の$page に1を足したものになります。

これで出力に必要な項目が揃いましたので、'post' に空文字を設定し、'posts'、'page_prev'、'page_next' にはそれぞれの変数を設定して、テンプレート index.html を呼び出します（リスト6.19）。

リスト6.19　index.html

```
 1: <!DOCTYPE html>
 2: <title>かんたんSNS / ホーム</title>
 3: <h1>かんたんSNS</h1>
 4: <?php if (!$login->user()): ?>
 5: <p><a href="login.php">ログイン</a>または<a href="signup.php">ユーザー登録</a>して➡
    ください。</p>
 6: <?php else: ?>
 7: <form action="insert_post.php" method="post">
 8:   <?php require 'csrf_token.html'; ?>
 9:   <div class="post">
10:     <label for="post">いまどうしてる？</label>
11:     <textarea name="post" id="post" cols="30" rows="2" required><?= h($post) ?>➡
    </textarea>
12:     <?php $errors->echo('post'); ?>
13:     <?php $errors->echo(); ?>
14:     <input type="submit" name="insert" value="投稿">
15:   </div>
16: </form>
```

```
17: <?php endif; ?>
18: <?php if ($posts): ?>
19: <dl class="posts">
20: <?php   foreach ($posts as $post): ?>
21:    <dt><a href="user.php?user_name=<?= rawurlencode($post['user_name']) ?>"><?= ⮕
       h($post['user_name']) ?></a>
22:    <dd>
23:      <a href="post.php?post_id=<?= rawurlencode($post['post_id']) ?>"><?= nl2br(⮕
       h($post['post']), false) ?></a>
24:      <div class="created-at"><?= h((new DateTime($post['created_at']))->format('⮕
       Y-m-d H:i')) ?></div>
25: <?php   endforeach; ?>
26: </dl>
27: <div class="prev-next">
28:    <div class="prev">
29: <?php    if (isset($page_prev)): ?>
30: <?php      if ($page_prev === 1): ?>
31:      <a href="./" class="prev">前へ</a>
32: <?php      else: ?>
33:      <a href="./?page=<?= rawurlencode($page_prev) ?>" class="prev">前へ</a>
34: <?php      endif; ?>
35: <?php    endif; ?>
36:    </div>
37:    <div class="next">
38: <?php    if (isset($page_next)): ?>
39:      <a href="./?page=<?= rawurlencode($page_next) ?>" class="next">次へ</a>
40: <?php    endif; ?>
41:    </div>
42: </div>
43: <?php endif; ?>
```

テンプレートindex.htmlは、次の場所に保存してください。

　C:¥mytest¥simplesns¥templates¥index.html

　テンプレートファイルindex.htmlでは、ここまでに得られた情報をもとにして実際にページを組み立てていきます。ユーザーがログインしている／いないによって、トップページでは表示するものを変えてみます。未ログインであれば、ユーザーにログインまたはユーザー登録を促すメッセージを表示するだけで終わりにしてしまいます。

　ログインしていれば、投稿を入力するためのフィールドを表示しましょう。投稿の本文をパラメータpostに設定して、insert_post.phpを呼び出すフォームを記述します。そのフォーム

の下に投稿を一覧表示します。一覧にはユーザー名、投稿、日時を表示しましょう。このときユーザー名には「user.php?user_name= …」へのリンクを、投稿には「post.php?post_id= …」のリンクを付加しています。これはユーザーの情報や、投稿の詳細を表示するページです。リンクだけを記述しておき、本体は後ほど作成することにしましょう。

あらかじめ設定しておいた「前へ」「次へ」用のページの値、つまり$page_prev、$page_nextが設定されていれば、それぞれへのリンクも表示することにしましょう。$page_prevが設定されていてもその値が1の場合はパラメータ（URL）としてはpageに何も設定されていない場合と同じです。内容が同じページはなるべく別のURLにしたくはないので、$page_prevが1の場合のみ、パラメータpage自体を設定しないようにします。

さて、先ほどあえてログインエラーを起こさせていたページに、正しいユーザー名／パスワードを入力してログインしてみます。正常にログインしてこのトップページに来ても、まだ何も投稿されていない状態ではほとんど何も表示されません（図6.9）。

図6.9 「かんたんSNS」のトップページ

6.4 投稿の書き込み処理／削除処理

それでは、実際に投稿を登録する処理、そして削除する処理のスクリプトを作ってみましょう（リスト6.20）。

リスト6.20　insert_post.php

```
 1: <?php
 2: require_once '..' . DIRECTORY_SEPARATOR . 'common.php';
 3:
 4: $login_user = $login->user();
 5: if (!$login_user) {
```

```
 6:        header('Location: ./login.php');
 7: }
 8:
 9: // リクエストメソッドがPOSTかのチェック
10: if (!$input->isPost()) {
11:     $errors->set('', 'フォームを利用してください。');
12: }
13:
14: // CSRFトークンチェック
15: if (!$csrf->check()) {
16:     $errors->set('', 'フォームを利用してください。');
17: }
18:
19: // 投稿
20: $post = $input->post('post');
21: if (!isset($post)) {
22:     $errors->set('post', 'フォームを利用してください。');
23: } elseif ($post === false) {
24:     $errors->set('post', '使用できない文字列が含まれています。');
25: } elseif (trim($post) === '') {
26:     $errors->set('post', '投稿を入力してください。');
27: } elseif (mb_strlen($post) > 140) {
28:     $errors->set('post', '投稿は140文字以内で入力してください。');
29: }
30:
31: if ($errors->exist()) {
32:     $template->render('index.html', [
33:         'post' => $post,
34:         'posts' => [],
35:         'page_prev' => null,
36:         'page_next' => null,
37:     ]);
38: } else {
39:     $sth = $dbh->prepare(
40:         'INSERT INTO posts (user_id, post, created_at)'
41:         . ' VALUES (:user_id, :post, CURRENT_TIMESTAMP)'
42:     );
43:     $sth->execute([
44:         ':user_id' => $login_user['user_id'],
45:         ':post' => $post,
46:     ]);
47:     header('Location: ./');
48: }
```

スクリプト insert_post.php は、次の場所に保存してください。

C:¥mytest¥simplesns¥public_html¥insert_post.php

■チェック処理（4～17行目）

スクリプト insert_post.php は、投稿を追加（INSERT）する処理を行います。ここでは当然ログインしているべきなので、もし $login_user に値がなければ、ログインページにリダイレクトして処理を終了してしまいましょう（4～7行目）。

ログインしていれば、リクエストが POST かどうか、CSRF トークンがマッチするかをチェックし、その次に投稿の内容をチェックします。パラメータ自体が設定されているか、使用できない文字列が含まれていないか、trim関数で前後の空白文字を削除してもゼロ長の文字列にならないか、文字数を数えて140文字を超えないかをチェックし、もしエラーがあれば入力ページ（index.html）をレンダリングします。

■投稿処理（20～29行目）

これらのチェックにパスしたら、投稿を追加（INSERT）します。ログインユーザーのユーザー ID、投稿そのもの、そして現在の日時（CURRENT_TIMESTAMP）を posts テーブルに追加します。ここでは post_id を設定していませんが、users テーブルの user_id と同様、これも posts の定義時に serial型（正確には bigserial）を指定してあるので問題ありません。投稿の追加に成功したら、また元のトップページにリダイレクトしましょう。

さて、それでは実際に投稿してみましょう。「はじめまして、こんにちは。」と入力して「投稿」ボタンをクリックしてみます（図6.10）。

図6.10　「はじめまして、こんにちは。」と入力して「投稿」ボタンをクリック

CHAPTER 6　PHPでPostgreSQLを使う〜 PHPアプリケーションの作成（2）

今回の「かんたんSNS」では、トップページに表示されるのはフォローしているユーザーの投稿だけ、という仕様にしています。ですのでこの時点では自分の投稿は表示されません（図6.11）。自分自身をフォローしていないとトップページには投稿が表示されない仕組みになっています。

図6.11　自分の投稿が表示されない

ではまず、フォローしている／いないにかかわらず、全員の投稿を一覧表示するページを作ってみましょう。ほとんどの機能はすでにindex.phpにあるので、これをall.phpという別のファイル名で保存し、そこからいろいろな制約を削っていくことにします（リスト6.21）。

リスト6.21　all.php

```
 1: <?php
 2: require_once '..' . DIRECTORY_SEPARATOR . 'common.php';
 3:
 4: $posts = [];
 5: $page_prev = null;
 6: $page_next = null;
 7:
 8: $sth = $dbh->query(
 9:     'SELECT COUNT(*)'
10:     . ' FROM posts p'
11:     . ' JOIN users u USING (user_id)'
12: );
13: $count = $sth->fetchColumn();
14: if ($count) {
15:     $page = (int) $input->get('page');
16:     if ($page < 1) {
17:         $page = 1;
```

6.4 投稿の書き込み処理／削除処理

```
18:     }
19:     $limit = 10;
20:     $offset = $limit * ($page - 1);
21:     $sth = $dbh->prepare(
22:         'SELECT p.post_id, p.user_id, p.post, p.created_at, u.user_name'
23:         . ' FROM posts p'
24:         . ' JOIN users u USING (user_id)'
25:         . ' ORDER BY p.created_at DESC'
26:         . ' LIMIT :limit'
27:         . ' OFFSET :offset'
28:     );
29:     $sth->execute([
30:         ':limit' => $limit,
31:         ':offset' => $offset,
32:     ]);
33:     $posts = $sth->fetchAll();
34:     if ($page > 1) {
35:         $page_prev = $page - 1;
36:     }
37:     if ($count > $offset + count($posts)) {
38:         $page_next = $page + 1;
39:     }
40: }
41: $template->render('all.html', [
42:     'posts' => $posts,
43:     'page_prev' => $page_prev,
44:     'page_next' => $page_next,
45: ]);
```

スクリプトall.phpは、次の場所に保存してください。

　C:¥mytest¥simplesns¥public_html¥all.php

all.phpでは全員の投稿を一覧表示するようなスクリプトを作ります。

　ここでは、if文の「$login_userがなければ」のロジックは削除し、残った部分のネストを1階層上げています。また、2つのSELECT文には「フォローしている」という条件を指定するWHERE句も必要ないのでカットし、さらにSELECT COUNT(*)文にはパラメータを渡す必要がないので、prepare／executeの流れからqueryメソッドだけ処理を変えています。all.htmlには投稿機能を付けないので、renderメソッドの引数としては'post'が必要なくなります。

テンプレートも index.html を all.html としてコピーしてから編集してみましょう（リスト6.22）。

リスト6.22　all.html

```
 1: <!DOCTYPE html>
 2: <title>かんたんSNS / みんなの投稿</title>
 3: <h1>みんなの投稿</h1>
 4: <?php if ($posts): ?>
 5: <dl class="posts">
 6: <?php   foreach ($posts as $post): ?>
 7:    <dt><a href="user.php?user_name=<?= rawurlencode($post['user_name']) ?>"><?= 
       h($post['user_name']) ?></a>
 8:    <dd>
 9:      <a href="post.php?post_id=<?= rawurlencode($post['post_id']) ?>"><?= nl2br(
       h($post['post']), false) ?></a>
10:      <div class="created-at"><?= h((new DateTime($post['created_at']))->format('
       Y-m-d H:i')) ?></div>
11: <?php   endforeach; ?>
12: </dl>
13: <div class="prev-next">
14:    <div class="prev">
15: <?php   if (isset($page_prev)): ?>
16: <?php     if ($page_prev === 1): ?>
17:      <a href="all.php">前へ</a>
18: <?php     else: ?>
19:      <a href="all.php?page=<?= rawurlencode($page_prev) ?>">前へ</a>
20: <?php     endif; ?>
21: <?php   endif; ?>
22:    </div>
23:    <div class="next">
24: <?php   if (isset($page_next)): ?>
25:      <a href="all.php?page=<?= rawurlencode($page_next) ?>">次へ</a>
26: <?php   endif; ?>
27:    </div>
28: </div>
29: <?php endif; ?>
```

テンプレート all.html は、次の場所に保存してください。

C:¥mytest¥simplesns¥templates¥all.html

テンプレートはtitle要素とh1要素の内容を変更し、ログインユーザーのあるなしで表示を切り替える部分を削除しました。page_prevとpage_nextのhref要素もall.phpに変更しています。さて、この「みんなの投稿」のページを実際に表示してみましょう。次のURLにアクセスしてみてください（図6.12）。

```
http://localhost:8080/all.php
```

先ほど入力した投稿が、今度はすべて表示されているでしょうか？

図6.12　全員の投稿が一覧表示される「みんなの投稿」のページ

いろいろなページが出揃ってきたので、そろそろ共通ヘッダーを作ってみましょう（リスト6.23）。

リスト6.23　header.html

```
 1: <link rel="stylesheet" href="/css/default.css">
 2: <header>
 3:   <a href="/">かんたんSNS</a>
 4:   <nav>
 5:     <a href="./">ホーム</a>
 6:     <a href="all.php">みんなの投稿</a>
 7: <?php if (!$login->user()): ?>
 8:     <a href="signup.php">アカウントの登録</a>
 9:     <a href="login.php">ログイン</a>
10: <?php else: ?>
11:     <span>
12:       こんにちは <a href="user.php?user_name=<?php echo rawurlencode($login->user('user_name')); ?>"
```

```
13:       ><?php echo h($login->user('user_name')); ?></a> さん
14:     </span>
15:     <form action="logout.php" method="post">
16:       <?php require 'csrf_token.html'; ?>
17:       <input type="submit" value="ログアウト">
18:     </form>
19: <?php endif; ?>
20:   </nav>
21: </header>
```

テンプレートheader.htmlは、次の場所に保存してください。

　C:¥mytest¥simplesns¥templates¥header.html

■共通CSSファイルの作成

さらに今回は簡単な指定のCSSファイルも作っておきましょう（リスト6.24）。このCSSファイルはデフォルトで使われるようにします。

リスト6.24　default.css

```
 1: .error {
 2:   color: red;
 3: }
 4: .posts {
 5:   width: 100%
 6: }
 7: .prev-next {
 8:   display: flex;
 9:   justify-content: space-between;
10: }
11: .follow {
12:   color: green;
13: }
14: .unfollow {
15:   color: red;
16: }
17: dd {
18:   padding-left: 1em;
19:   margin-left: 1em;
20: }
21: .is-parent + * {
```

```
22:   border-left: 2px solid #77f;
23: }
```

このCSSファイルはブラウザでアクセスされるようにするため、ドキュメントルート直下にcssというフォルダーを作り、そこに以下のように保存してください。

C:¥mytest¥simplesns¥public_html¥css¥default.css

■ header.htmlのインクルード

これで、ログインしている／していないによって内容が切り替わる簡単なヘッダーができました。これまでに作ったテンプレートファイル、signup.html、login.html、index.html、all.htmlのそれぞれのtitle要素のすぐあとに共通ヘッダーheader.htmlをインクルードするように変更してみてください。all.htmlを例にして変更してみましょう（リスト6.25）。

リスト6.25　all.htmlで header.html をインクルード

```
<!DOCTYPE html>
<title>かんたんSNS / みんなの投稿</title>
<?php include 'header.html'; // 共通ヘッダーを追加 ?>
<h1>みんなの投稿</h1>
……（省略）……
```

all.phpにブラウザでアクセスして、ヘッダー部分が表示されるか確認してください（図6.13）。

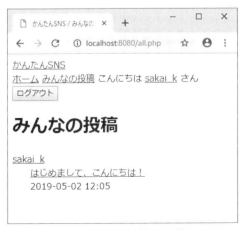

図6.13　ログインの有無で切り替わる簡単なナビゲーション

all.htmlの変更ができたら、今までに作ったsignup.html、login.html、index.htmlにも同じように変更を加えてください。

6.5 ログアウト処理

先ほど共通ヘッダーにログアウトボタンを付けたので、ログアウトの処理も書いてしまいましょう（リスト6.26）。

リスト6.26　logout.php

```
 1: <?php
 2: require_once '..' . DIRECTORY_SEPARATOR . 'common.php';
 3:
 4: $login_user = $login->user();
 5: if (!$login_user) {
 6:     header('Location: ./login.php');
 7: }
 8:
 9: // リクエストメソッドがPOSTかのチェック
10: if (!$input->isPost()) {
11:     header('Location: ./');
12: }
13:
14: // CSRFトークンチェック
15: if (!$csrf->check()) {
16:     exit('フォームを利用してください。');
17: }
18:
19: $login->logout();
20:
21: header('Location: ./');
```

スクリプトlogout.phpは、次の場所に保存してください。

　C:¥mytest¥simplesns¥public_html¥logout.php

リクエストメソッドがPOSTかどうかチェックしてから、CSRFトークンのチェックを行います。その後、Loginクラスでログアウトの処理を行うlogoutメソッドを呼び出します。これでログアウトの処理自体は終わったので、Location:ヘッダーでトップページへリダイレクトします。

共通ヘッダーの「ログアウト」ボタンをクリックすると、ログイン状態が解除され、トップページに遷移することを確認してみましょう（**図6.14**）。

図6.14　ログアウト後のトップページ

ログアウト後のページが確認できたら、再度ログインしておいてください。

6.6　フォロー／アンフォロー機能

　自分の投稿が自分のトップページに表示されないのも少しさびしいので、フォローする機能を作り、自分をフォローしてみましょう。
　そのためのフォームを表示するために、それぞれのユーザーの情報などを表示するuser.phpを作ります（**リスト6.27**）。ユーザーの詳細情報として、ここに投稿数や、フォローしている／されている数なども表示してみましょう。

リスト6.27　user.php

```
 1: <?php
 2: require_once '..' . DIRECTORY_SEPARATOR . 'common.php';
 3: $user_name = $input->get('user_name');
 4: if (!isset($user_name) || $user_name === false || trim($user_name) === '') {
 5:     exit('ユーザーが見つかりませんでした。');
 6: }
 7:
 8: $sth = $dbh->prepare(
 9:     'SELECT u.user_id, u.user_name, u.description'
10:     . ' FROM users u'
```

```
11:      . ' WHERE lower(u.user_name) = lower(:user_name)'
12: );
13: $sth->execute([
14:     ':user_name' => $user_name,
15: ]);
16: $user = $sth->fetch();
17: if (!$user) {
18:     exit('ユーザーが見つかりませんでした。');
19: }
20:
21: $sth = $dbh->prepare(
22:     'SELECT COUNT(*)'
23:     . ' FROM follows f'
24:     . ' JOIN users u ON (u.user_id = f.followed_user_id)'
25:     . ' WHERE f.user_id = :user_id'
26: );
27: $sth->execute([
28:     ':user_id' => $user['user_id'],
29: ]);
30: $following_count = $sth->fetchColumn();
31:
32: $sth = $dbh->prepare(
33:     'SELECT COUNT(*)'
34:     . ' FROM follows f'
35:     . ' JOIN users u USING (user_id)'
36:     . ' WHERE f.followed_user_id = :user_id'
37: );
38: $sth->execute([
39:     ':user_id' => $user['user_id'],
40: ]);
41: $followers_count = $sth->fetchColumn();
42:
43: $now_following = null;
44: $login_user = $login->user();
45: if ($login_user) {
46:     $sth = $dbh->prepare(
47:         'SELECT user_id, followed_user_id'
48:         . ' FROM follows'
49:         . ' WHERE user_id = :user_id AND followed_user_id = :followed_user_id'
50:     );
51:     $sth->execute([
52:         ':user_id' => $login_user['user_id'],
53:         ':followed_user_id' => $user['user_id'],
```

6.6 フォロー／アンフォロー機能

```
54:     ]);
55:     $now_following = $sth->fetch();
56: }
57:
58: $posts = [];
59: $page_prev = null;
60: $page_next = null;
61:
62: $sth = $dbh->prepare(
63:     'SELECT COUNT(*)'
64:     . ' FROM posts'
65:     . ' WHERE user_id = :user_id'
66: );
67: $sth->execute([
68:     ':user_id' => $user['user_id'],
69: ]);
70: $count = $sth->fetchColumn();
71: if ($count) {
72:     $page = (int) $input->get('page');
73:     if ($page < 1) {
74:         $page = 1;
75:     }
76:     $limit = 10;
77:     $offset = $limit * ($page - 1);
78:     $sth = $dbh->prepare(
79:         'SELECT p.post_id, p.user_id, p.post, p.created_at, u.user_name'
80:         . ' FROM posts p'
81:         . ' JOIN users u USING (user_id)'
82:         . ' WHERE p.user_id = :user_id'
83:         . ' ORDER BY p.created_at DESC'
84:         . ' LIMIT :limit'
85:         . ' OFFSET :offset'
86:     );
87:     $sth->execute([
88:         ':user_id' => $user['user_id'],
89:         ':limit' => $limit,
90:         ':offset' => $offset,
91:     ]);
92:     $posts = $sth->fetchAll();
93:     if ($page > 1) {
94:         $page_prev = $page - 1;
95:     }
96:     if ($count > $offset + count($posts)) {
```

207

CHAPTER 6 PHPでPostgreSQLを使う〜PHPアプリケーションの作成 (2)

```
 97:         $page_next = $page + 1;
 98:     }
 99: }
100:
101: $template->render('user.html', [
102:     'user' => $user,
103:     'posts' => $posts,
104:     'page_prev' => $page_prev,
105:     'page_next' => $page_next,
106:     'count' => $count,
107:     'following_count' => $following_count,
108:     'followers_count' => $followers_count,
109:     'now_following' => $now_following,
110: ]);
```

スクリプトuser.phpは、次の場所に保存してください。

　C:¥mytest¥simplesns¥public_html¥user.php

少し長くなってしまいましたが、それぞれの処理は複雑なことはしていません。

まずは、パラメータuser_nameの最低限の入力チェックがOKであれば、それから得られるユーザーの情報を$userにセットします。次に、フォローしている数、フォローされている数、投稿数を取得します。フォローしている／されている件数の取得においてusersテーブルを結合（JOIN）しているのは、もしも退会時にfollowsテーブルからその情報を削除するのを忘れてしまってもカウントしないようにしている保険のようなものです。

ログインしていれば、ログインユーザーがこの$userをフォローしているかどうかも取得します。また、この$userの投稿も一覧表示のために取得します。

それではこのページのテンプレートファイルも作ってみましょう（リスト6.28）。

リスト6.28　user.html

```
1: <!DOCTYPE html>
2: <title>かんたんSNS / <?= h($user['user_name']) ?></title>
3: <?php include 'header.html'; ?>
4: <h1><?= h($user['user_name']) ?></h1>
5: <p><?= nl2br(h($user['description']), false) ?></p>
6: <div>
7:     投稿数: <?= h(number_format($count)) ?>
8:     <a href="following.php?user_name=<?= rawurlencode($user['user_name']) ?>"
9:       >フォロー: <?= h(number_format($following_count)) ?></a>
```

6.6 フォロー／アンフォロー機能

```
10:   <a href="followers.php?user_name=<?= rawurlencode($user['user_name']) ?>"
11:     >フォロワー: <?= h(number_format($followers_count)) ?></a>
12: </div>
13: <div>
14: <?php if (!$login->user()): ?>
15:   <a href="login.php">ログイン</a> または
16:   <a href="signup.php">ユーザー登録</a> してください。
17: <?php else: ?>
18:   <form action="follow.php" method="post">
19:     <?php require 'csrf_token.html'; ?>
20:     <input type="hidden" name="user_name" value="<?= h($user['user_name']) ?>">
21:     現在、<?= h($user['user_name']) ?> さんを
22: <?php  if (!$now_following): ?>
23:     フォローしていません。<input type="submit" value="フォローする" class="follow">
24:     <input type="hidden" name="follow" value="1">
25: <?php  else: ?>
26:     フォローしています。<input type="submit" value="フォローをやめる" class="unfol➡
    low">
27:     <input type="hidden" name="follow" value="0">
28: <?php  endif; ?>
29:     <?php $errors->echo(); ?>
30:   </form>
31: <?php endif; ?>
32: </div>
33: <br>
34: <?php if ($posts): ?>
35: <dl class="posts">
36: <?php  foreach ($posts as $post): ?>
37:   <dt><a href="user.php?user_name=<?= rawurlencode($post['user_name']) ?>"><?= ➡
    h($post['user_name']) ?></a></dt>
38:   <dd>
39:     <a href="post.php?post_id=<?= rawurlencode($post['post_id']) ?>"><?= nl2br(➡
    h($post['post']), false) ?></a>
40:     <div class="created-at"><?= h((new DateTime($post['created_at']))->format('➡
    Y-m-d H:i')) ?></div>
41: <?php  endforeach; ?>
42: </table>
43: <div class="prev-next">
44:   <div class="prev">
45: <?php   if (isset($page_prev)): ?>
46: <?php     if ($page_prev === 1): ?>
47:     <a href="?user_name=<?= rawurlencode($user['user_name']) ?>">前へ</a>
48: <?php     else: ?>
```

209

```
49:        <a href="?user_name=<?= rawurlencode($user['user_name']) ?>&amp;page=<?= ra⏎
           wurlencode($page_prev) ?>">前へ</a>
50: <?php    endif; ?>
51: <?php    endif; ?>
52:      </div>
53:      <div class="next">
54: <?php    if (isset($page_next)): ?>
55:        <a href="?user_name=<?= rawurlencode($user['user_name']) ?>&amp;page=<?= ra⏎
           wurlencode($page_next) ?>">次へ</a>
56: <?php    endif; ?>
57:      </div>
58:    </div>
59: <?php endif; ?>
```

テンプレート user.html は、次の場所に保存してください。

　C:¥mytest¥simplesns¥templates¥user.html

HTMLの表示部ではこれらをすべて表示しますが、ログインしていない場合にはログインページへのリンクを表示します。ログインしている場合には、フォローしている/していないによって「フォローする」あるいは「アンフォローする」のボタンを表示します。このPOST先をfollow.phpにし、対象のuser_nameをパラメータとして、またアンフォローする場合にはunfollowというパラメータも設定することにします。こちらもPOSTメソッドのフォームでCSRFのトークンを忘れないようにしましょう。

ブラウザで次のURLにアクセスしてみてください（図6.15）。ただし、user_nameのパラメータ部分（sakai_k）にはご自分で設定したユーザー名（次のURLの太字部分）を指定してください。

　http://localhost/user.php?user_name=**sakai_k**

6.6 フォロー／アンフォロー機能

図 6.15 user.php を表示したところ

それでは、実際にフォロー／アンフォローの処理を行うスクリプトを作ってみましょう（リスト 6.29）。

リスト 6.29 follow.php

```
 1: <?php
 2: require_once '..' . DIRECTORY_SEPARATOR . 'common.php';
 3:
 4: $login_user = $login->user();
 5: if (!$login_user) {
 6:     header('Location: ./login.php');
 7: }
 8:
 9: // リクエストメソッドがPOSTかのチェック
10: if (!$input->isPost()) {
11:     header('Location: ./');
12: }
13:
14: // CSRFトークンチェック
15: if (!$csrf->check()) {
16:     exit('フォームを利用してください。');
17: }
```

PHPでPostgreSQLを使う～PHPアプリケーションの作成（2）

```
18:
19: // ユーザー名
20: $user_name = $input->post('user_name');
21: if (!isset($user_name)) {
22:     exit('フォームを利用してください。');
23: } elseif ($user_name === false) {
24:     exit('使用できない文字列が含まれています。');
25: } elseif (trim($user_name) === '') {
26:     exit('ユーザー名が正しく設定されていません。フォームを利用してください。');
27: } else {
28:     $sth = $dbh->prepare(
29:         'SELECT user_id, user_name FROM users WHERE lower(user_name) = lower(:us⏎
    er_name)'
30:     );
31:     $sth->execute([
32:         ':user_name' => $user_name,
33:     ]);
34:     $user = $sth->fetch();
35:     if (!$user) {
36:         exit('ユーザー「' . h($user_name) . '」が見つかりませんでした。');
37:     }
38: }
39:
40: // フォロー／アンフォロー
41: $follow = $input->post('follow');
42: if (!isset($follow)) {
43:     exit('フォームを利用してください。');
44: } elseif ($follow === false) {
45:     exit('使用できない文字列が含まれています。');
46: } else {
47:     $follow = filter_var($follow, FILTER_VALIDATE_BOOLEAN, FILTER_NULL_ON_FAIL⏎
    URE);
48:     if (is_null($follow)) {
49:         exit('フォームを利用してください。');
50:     }
51: }
52:
53: $sth = $dbh->prepare(
54:     'SELECT COUNT(*)'
55:     . ' FROM follows'
56:     . ' WHERE user_id = :user_id AND followed_user_id = :followed_user_id'
57: );
58: $sth->execute([
```

```
59:        ':user_id' => $login_user['user_id'],
60:        ':followed_user_id' => $user['user_id'],
61: ]);
62: $current_follow_count = $sth->fetchColumn();
63: switch ($current_follow_count) {
64:     case 0:
65:         if (!$follow) {
66:             exit('現在このユーザーをフォローしていません。');
67:         }
68:         $sth = $dbh->prepare(
69:             'INSERT INTO follows (user_id, followed_user_id, created_at)'
70:             . ' VALUES (:user_id, :followed_user_id, CURRENT_TIMESTAMP)'
71:         );
72:         $sth->execute([
73:             ':user_id' => $login_user['user_id'],
74:             ':followed_user_id' => $user['user_id'],
75:         ]);
76:         break;
77:     case 1:
78:         if ($follow) {
79:             exit('すでにこのユーザーをフォローしています。');
80:         }
81:         $sth = $dbh->prepare(
82:             'DELETE FROM follows'
83:             . ' WHERE user_id = :user_id AND followed_user_id = :followed_user_id'
84:         );
85:         $sth->execute([
86:             ':user_id' => $login_user['user_id'],
87:             ':followed_user_id' => $user['user_id'],
88:         ]);
89:         break;
90:     default:
91:         throw new \Exception('データベースの状態が異常です。システム管理者に連絡して ➎
    ください。');
92: }
93: header('Location: ./user.php?user_name=' . rawurlencode($user['user_name']));
```

　当然ながらフォロー／アンフォロー処理はログインしていないとできないので、最初にログインユーザーの存在を確認し、CSRFトークンのチェックを行ってから、フォローする（アンフォローする）対象のuser_nameの整合性および存在チェックを行います（冒頭から38行目まで）。

　入力値のfollowの値によってフォローするのかアンフォローするのかを判定しますが、今

回はfilter_var関数を使ってみましょう（47行目）。

　followsテーブルには、フォローする側（主体）のユーザーIDがuser_idに、フォローされる側（対象）のユーザーIDがfollowed_user_idに格納されています。ですので、user_idはログインユーザーのユーザーID、followed_user_idはuser_nameから得られた$userのユーザーIDという条件で検索し、SELECT COUNT(*)文で行が存在するかを確認することで、現在ログインユーザーがこのユーザーをフォローしているかが判定できます。

　今回は、パラメータfollowと現在の状態とで整合性がとれない場合は、処理を中断（exit）してしまうことにしました。また、データベースの状態が異常になっていないとあり得ませんがSELECT COUNT(*)文の結果が2以上になるような場合は例外を投げてしまいます。それ以外の場合はOKなので、もともとフォローされていなければ行を追加（INSERT）、フォローされていればアンフォローになるので行を削除（DELETE）します。

　それでは先ほどのユーザー詳細ページで「フォローする」ボタンをクリックしてみましょう（図6.16）。「フォローする」ボタンが「フォローをやめる」ボタンに切り替わっているでしょうか？ また、この状態でトップ画面に戻ると、今度はフォローしたユーザー（つまり自分）の投稿が表示されるようになっているでしょうか？

図6.16　「フォローする」ボタンが「フォローをやめる」ボタンに切り替わっている

6.7 コメント機能

6.7 コメント機能

次に投稿に対してコメントを付ける処理を作ってみましょう。コメントの入力フォームを作るために、まずは投稿自体の詳細ページを作ってみましょう（**リスト6.30**）。

リスト6.30　post.php

```php
 1: <?php
 2: require_once '..' . DIRECTORY_SEPARATOR . 'common.php';
 3:
 4: $post_id = $input->get('post_id');
 5: if (!isset($post_id) || $post_id === false || !ctype_digit($post_id)) {
 6:     exit('投稿が見つかりませんでした。');
 7: }
 8:
 9: $sth = $dbh->prepare(
10:     'SELECT p.post_id, p.user_id, p.post, p.created_at, u.user_name'
11:     . ' FROM posts p'
12:     . ' JOIN users u USING (user_id)'
13:     . ' WHERE post_id = :post_id'
14: );
15: $sth->execute([
16:     ':post_id' => $post_id,
17: ]);
18: $post = $sth->fetch();
19: if (!$post) {
20:     exit('投稿が見つかりませんでした。');
21: }
22:
23: $comments = [];
24: $page_prev = null;
25: $page_next = null;
26:
27: $sth = $dbh->prepare(
28:     'SELECT COUNT(*)'
29:     . ' FROM comments'
30:     . ' WHERE post_id = :post_id'
31: );
32: $sth->execute([
33:     ':post_id' => $post['post_id'],
34: ]);
35: $count = $sth->fetchColumn();
```

CHAPTER 6　PHPでPostgreSQLを使う〜 PHPアプリケーションの作成（2）

```
36: if ($count) {
37:     $page = (int) $input->get('page');
38:     if ($page < 1) {
39:         $page = 1;
40:     }
41:     $limit = 10;
42:     $offset = $limit * ($page - 1);
43:     $sth = $dbh->prepare(
44:         'SELECT c.comment_id, c.post_id, c.user_id, c.parent_comment_id, c.comm⮐
    ent, c.created_at'
45:         . ', u.user_name'
46:         . ' FROM comments c'
47:         . ' LEFT JOIN users u USING (user_id)'
48:         . ' WHERE post_id = :post_id'
49:         . ' ORDER BY c.created_at ASC'
50:         . ' LIMIT :limit'
51:         . ' OFFSET :offset'
52:     );
53:     $sth->execute([
54:         ':post_id' => $post['post_id'],
55:         ':limit' => $limit,
56:         ':offset' => $offset,
57:     ]);
58:     $comments = $sth->fetchAll();
59:     if ($page > 1) {
60:         $page_prev = $page - 1;
61:     }
62:     if ($count > $offset + count($comments)) {
63:         $page_next = $page + 1;
64:     }
65: }
66:
67: $template->render('post.html', [
68:     'post' => $post,
69:     'comments' => $comments,
70:     'comment' => '',
71:     'page_prev' => $page_prev,
72:     'page_next' => $page_next,
73:     'count' => $count,
74: ]);
```

スクリプトpost.phpは、次の場所に保存してください。

6.7　コメント機能

C:¥mytest¥simplesns¥public_html¥post.php

　スクリプトの構造としては、ユーザーごとのページとインデックスページを合わせたような作りになっていますが、今回はメインの情報としてユーザーの詳細ではなく、投稿の詳細を表示しています。そして反復の対象としては、投稿ではなくコメントを出力するようにしました。これから定義するテンプレートファイルでは、投稿の後ろにコメントが表示されるようにするので、このページではコメントは単純にコメント登録日時の昇順に出力するようにしてあります。

　続いてテンプレートファイルを書いてみましょう（**リスト6.31**）。

リスト6.31　post.html

```
 1: <!DOCTYPE html>
 2: <title>かんたんSNS / <?= h($post['post']) ?></title>
 3: <?php include 'header.html'; ?>
 4: <dl>
 5:   <dt><a href="/user.php?user_name=<?= rawurlencode($post['user_name']) ?>"><?➡
= h($post['user_name']) ?></a>
 6:   <dd><?= nl2br(h($post['post']), false) ?></dd>
 7:   <dd class="created-at"><?= h((new DateTime($post['created_at']))->format('Y-➡
m-d H:i')) ?>
 8: <?php if ($login->user()): ?>
 9: <?php     if ($login->user('user_id') === $post['user_id']): ?>
10:   <dd>
11:     <form action="delete_post.php" method="post"
12:       onclick="return confirm('本当に削除しますか？');">
13:     <?php require 'csrf_token.html'; ?>
14:     <input type="hidden" name="post_id" value="<?= h($post['post_id']) ?>">
15:     <input type="submit" value="削除">
16:     </form>
17: <?php     endif; ?>
18:   <dt><a href="/user.php?user_name=<?= rawurlencode($login->user('user_name')) ➡
?>"><?= h($login->user('user_name')) ?></a>
19:   <dd>
20:     <form action="insert_comment.php" method="post">
21:       <?php $this->render('csrf_token.html'); ?>
22:       <input type="hidden" name="post_id" value="<?= h($post['post_id']) ?>">
23:       <div class="comment">
24:         <textarea name="comment" id="comment" cols="30" rows="2" required><?= ➡
h($comment) ?></textarea>
25:         <?php $errors->echo('comment'); ?>
26:         <?php $errors->echo(); ?>
```

217

```php
27:         <input type="submit" name="insert" value="コメントする">
28:       </div>
29:     </form>
30:   </dd>
31: <?php endif; ?>
32: </dl>
33: <?php if ($comments): ?>
34: <dl class="comments">
35: <?php   foreach ($comments as $comment): ?>
36:   <dt>
37: <?php    if (!isset($comment['user_name'])): ?>
38:     (退会済み)
39: <?php    else: ?>
40:     <a href="user.php?user_name=<?= rawurlencode($comment['user_name']) ?>"><?= h($comment['user_name']) ?></a>
41: <?php    endif; ?>
42:   <dd><a href="comment.php?comment_id=<?= rawurlencode($comment['comment_id']) ?>"><?= nl2br(h($comment['comment']), false) ?></a>
43:   <dd class="created-at"><?= h((new DateTime($comment['created_at']))->format('Y-m-d H:i')) ?>
44: <?php   endforeach; ?>
45: </dl>
46: <div class="prev-next">
47:   <div class="prev">
48: <?php   if (isset($page_prev)): ?>
49: <?php    if ($page_prev === 1): ?>
50:     <a href="?post_id=<?= rawurlencode($post['post_id']) ?>">前へ</a>
51: <?php    else: ?>
52:     <a href="?post_id=<?= rawurlencode($post['post_id']) ?>&amp;page=<?= rawurlencode($page_prev) ?>">前へ</a>
53: <?php    endif; ?>
54: <?php   endif; ?>
55:   </div>
56:   <div class="next">
57: <?php   if (isset($page_next)): ?>
58:     <a href="?post_id=<?= rawurlencode($post['post_id']) ?>&amp;page=<?= rawurlencode($page_next) ?>">次へ</a>
59: <?php   endif; ?>
60:   </div>
61: </div>
62: <?php endif; ?>
```

テンプレート post.html は、次の場所に保存してください。

　C:¥mytest¥simplesns¥templates¥post.html

　ここでは投稿の詳細を表示すると同時に、それが自分の投稿であれば「削除」ボタンと、投稿へのコメント登録のためテキストエリアも付けました。

　当然、ログインしているユーザーのIDと投稿のユーザーIDが一致しないと「削除」ボタンは表示されません。また確認なしでいきなり削除されてしまうとちょっと怖いので、今回は「削除」ボタンがクリックされたら、ごくシンプルな確認ダイアログをJavaScriptで表示するようにしました。そこの確認ダイアログで「OK」ボタンがクリックされた場合のみ、delete_post.phpに処理が渡されます。

　また、ここで入力するコメントは、ここに表示されている投稿に対するものなので、inputタグのhidden属性をpost_idに設定しています（22行目）。

　この投稿にコメントが登録されていれば、このページで表示するようにします。ここではpost.phpで記述したように、単純にコメント登録日時の昇順で表示するようにしています。

　いずれかの投稿一覧ページから投稿をクリックして、投稿詳細ページが正しく表示されるかを確認してみてください（**図6.17**）。

図6.17　投稿詳細ページ

6.7.1 投稿の削除

　次に投稿を削除するスクリプトを作ってみましょう（**リスト6.32**）。

リスト6.32 delete_post.php

```php
 1: <?php
 2: require_once '..' . DIRECTORY_SEPARATOR . 'common.php';
 3:
 4: $login_user = $login->user();
 5: if (!$login_user) {
 6:     header('Location: ./login.php');
 7: }
 8:
 9: // リクエストメソッドがPOSTかのチェック
10: if (!$input->isPost()) {
11:     $errors->set('', 'フォームを利用してください。');
12: }
13:
14: // CSRFトークンチェック
15: if (!$csrf->check()) {
16:     $errors->set('', 'フォームを利用してください。');
17: }
18:
19: // 投稿ID
20: $post_id = $input->post('post_id');
21: if (!isset($post_id) || !ctype_digit($post_id)) {
22:     $errors->set('post', 'フォームを利用してください。');
23: } else {
24:     $post_id_as_string = $post_id;
25:     $post_id = (int) $post_id;
26:     if ($post_id_as_string !== (string) $post_id) {
27:         $errors->set('post_id', '投稿IDが整数型の範囲外です。');
28:     } else {
29:         $sth = $dbh->prepare(
30:             'SELECT post_id FROM posts'
31:             . ' WHERE user_id = :user_id AND post_id = :post_id'
32:         );
33:         $sth->execute([
34:             ':user_id' => $login_user['user_id'],
35:             ':post_id' => $post_id,
36:         ]);
37:         $rows = $sth->fetchAll();
38:         if (!$rows) {
39:             $errors->set('post', '投稿が登録されていないか、すでに削除されました。最初からやり直してください。');
40:         } elseif (count($rows) > 1) {
41:             throw new \Exception('データベースの状態が異常です。システム管理者に連絡してください。');
```

```
42:        }
43:    }
44: }
45:
46: if ($errors->exist()) {
47:    $template->render('index.html', [
48:        'post' => '',
49:        'posts' => [],
50:        'page_prev' => null,
51:        'page_next' => null,
52:    ]);
53: } else {
54:    $sth = $dbh->prepare(
55:        'DELETE FROM posts'
56:        . ' WHERE user_id = :user_id AND post_id = :post_id'
57:    );
58:    $sth->execute([
59:        ':user_id' => $login_user['user_id'],
60:        ':post_id' => $post_id,
61:    ]);
62:    header('Location: ./');
63: }
```

スクリプト delete_post.php は、次の場所に保存してください。

```
C:\mytest\simplesns\public_html\delete_post.php
```

このスクリプトの全体の構成は insert_post.php と似ています。たとえば、ログインの
チェック、リクエストの POST チェック、CSRF トークンのチェックなどはほぼ同じです。パ
ラメータの post_id のチェックには ctype_digit 関数でチェックをしているので、使用できな
い文字列が入ってきた場合に返される false のチェックは省いています。

この DELETE 文の発行時に気をつけるべき点は、その投稿が本当にログインユーザーの
ものであるかということです。主キーである posts.post_id さえ設定されていればユニークな
1行を削除できますが、それだけではその投稿がログインユーザーのものである確証はあり
ません。posts.post_id のチェック時に、user_id も条件にして、対象の投稿があるかをチェッ
クしましょう。

エラーがあるときに返すページをどこにすべきかは難しいところですが、エラーが発生す
るほとんどの場合は不正なアクセスなので、今回はテンプレート index.html をレンダリング
することにしました。もっと厳密にしたければ、post_id が正当かどうかで返す先のページを
切り替えてもよいかもしれません。

エラーがなければ実際の削除処理を行い、今回はトップページにリダイレクトします。

それでは、投稿を削除するボタンをクリックして、投稿を削除したあとにトップページにリダイレクトされるかを確認してみてください。（図6.18、図6.19）

図6.18　投稿詳細ページと「本当に削除しますか？」の確認ダイアログ

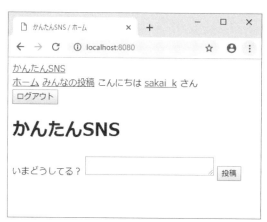

図6.19　投稿削除後のトップページ

6.7.2 コメントの登録

今度は、コメントを登録するスクリプトを書いてみましょう（リスト6.33）。

6.7 コメント機能

リスト 6.33　insert_comment.php

```php
 1: <?php
 2: require_once '..' . DIRECTORY_SEPARATOR . 'common.php';
 3:
 4: $login_user = $login->user();
 5: if (!$login_user) {
 6:     header('Location: ./login.php');
 7: }
 8:
 9: // リクエストメソッドがPOSTかのチェック
10: if (!$input->isPost()) {
11:     exit('フォームを利用してください。');
12: }
13:
14: // CSRFトークンチェック
15: if (!$csrf->check()) {
16:     exit('フォームを利用してください。');
17: }
18:
19: // 投稿の取得
20: $post_id = $input->post('post_id');
21: if (!isset($post_id) || $post_id === false || !ctype_digit($post_id)) {
22:     exit('フォームを利用してください。');
23: } else {
24:     $sth = $dbh->prepare(
25:         'SELECT p.post_id, p.user_id, p.post, p.created_at, u.user_name'
26:         . ' FROM posts p'
27:         . ' JOIN users u USING (user_id)'
28:         . ' WHERE post_id = :post_id'
29:     );
30:     $sth->execute([':post_id' => $post_id]);
31:     $post = $sth->fetch();
32:     if (empty($post)) {
33:         exit('投稿が見つかりませんでした。');
34:     }
35: }
36:
37: // コメント
38: $comment = $input->post('comment');
39: if (!isset($comment)) {
40:     $errors->set('comment', 'フォームを利用してください。');
41: } elseif ($comment === false) {
42:     $errors->set('comment', '使用できない文字列が含まれています。');
```

223

CHAPTER 6 PHPでPostgreSQLを使う〜PHPアプリケーションの作成 (2)

```
43: } elseif (trim($comment) === '') {
44:     $errors->set('comment', 'コメントを入力してください。');
45: } elseif (mb_strlen($comment) > 140) {
46:     $errors->set('comment', 'コメントは140文字以内で入力してください。');
47: }
48: 
49: if ($errors->exist()) {
50:     $template->render('post.html', [
51:         'post' => $post,
52:         'comments' => [],
53:         'comment' => $comment,
54:         'page_prev' => null,
55:         'page_next' => null,
56:         'count' => 0,
57:     ]);
58: } else {
59:     $sth = $dbh->prepare(
60:         'INSERT INTO comments (post_id, user_id, comment, created_at)'
61:         . ' VALUES (:post_id, :user_id, :comment, CURRENT_TIMESTAMP)'
62:     );
63:     $sth->execute([
64:         ':post_id' => $post['post_id'],
65:         ':user_id' => $login_user['user_id'],
66:         ':comment' => $comment,
67:     ]);
68:     header('Location: ./post.php?post_id=' . rawurlencode($post['post_id']));
69: }
```

スクリプトinsert_comment.phpは、次の場所に保存してください。

  C:\mytest\simplesns\public_html\insert_comment.php

　今回のスクリプトは投稿の登録のスクリプトと似ています。post_idが正当な値で、そのidの投稿がちゃんと存在するかがチェックとして増えていますが、基本的な構造はほとんど同じです。

　まずは新たに通常の投稿をしたあとに、別のユーザーアカウントを作り、新しいアカウントで、その投稿に対してコメントが書き込めるかを確認してみてください（図6.20、図6.21）。

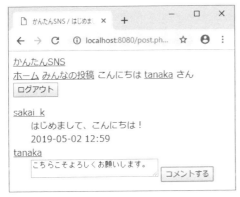

図 6.20 投稿へのコメントを入力したページ

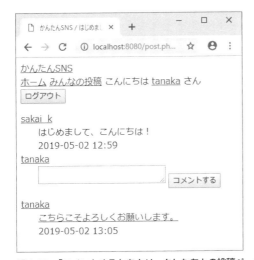

図 6.21 「コメントする」をクリックしたあとの投稿ページ

　ここまでの機能では、コメントは投稿だけにしか付けられないので、コメントにもコメントを付けられるようにしましょう。まずはコメント自体の詳細ページを作ってみます（リスト6.34）。

PHPでPostgreSQLを使う～PHPアプリケーションの作成（2）

リスト6.34　comment.php

```
 1: <?php
 2: require_once '..' . DIRECTORY_SEPARATOR . 'common.php';
 3: $comment_id = $input->get('comment_id');
 4: if (!isset($comment_id) || $comment_id === false || !ctype_digit($comment_id)) {
 5:     exit('コメントが見つかりませんでした。'); 6: }
 7:
 8: $sth = $dbh->prepare(
 9:     'SELECT c.comment_id, c.post_id, c.user_id, c.parent_comment_id, c.comment, ⮕
    c.created_at'
10:     . ', u.user_name'
11:     . ', p.post, p.created_at AS post_created_at'
12:     . ', pu.user_name AS post_user_name'
13:     . ' FROM comments c'
14:     . ' LEFT JOIN users u USING (user_id)'
15:     . ' JOIN posts p USING (post_id)'
16:     . ' JOIN users pu ON (pu.user_id = p.user_id)'
17:     . ' WHERE comment_id = :comment_id'
18: );
19: $sth->execute([
20:     ':comment_id' => $comment_id,
21: ]);
22: $comment = $sth->fetch();
23: if (!$comment) {
24:     exit('コメントが見つかりませんでした。');
25: }
26:
27: $template->render('comment.html', [
28:     'comment' => $comment,
29:     'comment_str' => '',
30: ]);
```

スクリプトcomment.phpは、次の場所に保存してください。

　C:¥mytest¥simplesns¥public_html¥comment.php

　一度書き込んだコメントのユーザーが退会などで削除になった場合でも、コメント同士の親子関係を保持しておきたいので今回はあえて行削除はせず、comments.user_idにはNULLがセットされるよう、ON DELETEの外部キー制約を設定しておきました。このcomments.user_idに対して単純にusersテーブルとuser_idでJOIN（省略をしなければINNER JOIN）した場合、usersテーブルには結合すべき行がないので、commentsテーブルに行はあって

6.7　コメント機能

も、execute後に行は返されません。ここをLEFT JOIN（省略をしなければLEFT OUTER JOIN）をすることで、comments.user_idがNULLでも結果が返ってくるようになります。

　投稿や、投稿を行ったユーザーに関しては、今回は必ず行があるのでJOIN（INNER JOIN）で問題ありません。投稿テーブル（posts）のcreated_atや投稿したユーザーのユーザー名は、そのままのカラム名で取得すると、コメントテーブル（comments）のcreated_atやコメントしたユーザーのユーザー名とかぶってしまうので、取り出すカラム名にAS句を使用してAS post_created_atやAS post_user_nameと別名で取り出すようにしています。

　テンプレートも作りましょう（**リスト6.35**）。

リスト6.35　comment.html

```
 1: <!DOCTYPE html>
 2: <title>かんたんSNS / <?= h($comment['comment']) ?></title>
 3: <?php include 'header.html'; ?>
 4: <dl>
 5:   <dt class="is-parent">
 6:     <a href="user.php?user_name=<?= rawurlencode($comment['post_user_name']) ?>
   "><?= h($comment['post_user_name']) ?></a>
 7:   <dd>
 8:     <a href="post.php?post_id=<?= rawurlencode($comment['post_id']) ?>"><?= nl2
   br(h($comment['post']), false) ?></a>
 9:     <div class="created-at"><?= h((new DateTime($comment['post_created_at']))->
   format('Y-m-d H:i')) ?></div>
10:   <dt id="comment-<?= h($comment['comment_id']) ?>">
11: <?php    if (!isset($comment['user_name'])): ?>
12:    (退会済み)
13: <?php    else: ?>
14:     <a href="/user.php?user_name=<?= rawurlencode($comment['user_name']) ?>"><?
   = h($comment['user_name']) ?></a>
15: <?php    endif; ?>
16:   <dd>
17:     <?= nl2br(h($comment['comment']), false) ?>
18:     <div class="created-at"><?= h((new DateTime($comment['created_at']))->forma
   t('Y-m-d H:i')) ?></div>
19: <?php if ($login->user()): ?>
20:   <dt><a href="/user.php?user_name=<?= rawurlencode($login->user('user_name'))
   ?>"><?= h($login->user('user_name')) ?></a>
21:   <dd>
22:     <form action="insert_comment.php" method="post">
23:       <?php $this->render('csrf_token.html'); ?>
24:       <input type="hidden" name="post_id" value="<?= h($comment['post_id']) ?>">
25:       <input type="hidden" name="parent_comment_id" value="<?= h($comment['comm
   ent_id']) ?>">
```

227

CHAPTER 6 PHPでPostgreSQLを使う〜PHPアプリケーションの作成（2）

```
26:      <div class="comment">
27:        <textarea name="comment" id="comment" cols="30" rows="2" required><?= h↩
    ($comment_str) ?></textarea>
28:        <?php $errors->echo('comment'); ?>
29:        <?php $errors->echo(); ?>
30:        <input type="submit" name="insert" value="コメントする">
31:      </div>
32:    </form>
33:   </dd>
34: <?php endif; ?>
35: </dl>
```

テンプレートcomment.htmlは、次の場所に保存してください。

　C:¥mytest¥simplesns¥templates¥comment.html

コメントに関しては、その親となる投稿が必ず1件存在するので、まずはそれを表示します。その下にコメントを表示しますが、今回はユーザーが退会しているためユーザー名が設定されていない可能性があるので、isset関数で存在の有無をチェックし、その内容で表示の分岐を行っています。

　ここでは、表示しているコメントを親とした子コメントを登録できるようにテキストエリア（textarea）を設置しています（27行目）。hidden属性で持つパラメータについては、post_idに加えて今回は表示しているcomment_idをparent_comment_idとしてinsert_comment.phpに渡すようにしました（25行目）。

　これではこれに対応できるよう、insert_comment.phpに変更を加えてみましょう（**リスト6.36**）。

リスト6.36　insert_comment.php（変更後）

```
 1: <?php
 2: require_once '..' . DIRECTORY_SEPARATOR . 'common.php';
 3:
 4: $login_user = $login->user();
 5: if (!$login_user) {
 6:     header('Location: ./login.php');
 7: }
 8:
 9: // リクエストメソッドがPOSTかのチェック
10: if (!$input->isPost()) {
11:     exit('フォームを利用してください。');
```

```
12: }
13:
14: // CSRFトークンチェック
15: if (!$csrf->check()) {
16:     exit('フォームを利用してください。');
17: }
18:
19: // 投稿の取得
20: $post_id = $input->post('post_id');
21: if (!isset($post_id) || $post_id === false || !ctype_digit($post_id)) {
22:     exit('フォームを利用してください。');
23: } else {
24:     $sth = $dbh->prepare(
25:         'SELECT p.post_id, p.user_id, p.post, p.created_at, u.user_name'
26:         . ' FROM posts p'
27:         . ' JOIN users u USING (user_id)'
28:         . ' WHERE post_id = :post_id'
29:     );
30:     $sth->execute([':post_id' => $post_id]);
31:     $post = $sth->fetch();
32:     if (empty($post)) {
33:         exit('投稿が見つかりませんでした。');
34:     }
35: }
36:
37: // 親コメントID
38: $parent_comment = [];
39: $parent_comment_id = $input->post('parent_comment_id');
40: if (!isset($parent_comment_id)) {
41:     // OK
42: } elseif ($parent_comment_id === false || !ctype_digit($parent_comment_id)) {
43:     exit('フォームを利用してください。');
44: } else {
45:     $sth = $dbh->prepare(
46:         'SELECT c.comment_id, c.post_id, c.user_id, c.parent_comment_id, c.com➋
    ment, c.created_at'
47:         . ', u.user_name'
48:         . ', p.post, p.created_at AS post_created_at'
49:         . ', pu.user_name AS post_user_name'
50:         . ' FROM comments c'
51:         . ' LEFT JOIN users u USING (user_id)'
52:         . ' JOIN posts p USING (post_id)'
53:         . ' JOIN users pu ON (pu.user_id = p.user_id)'
```

```
54:            . ' WHERE comment_id = :comment_id'
55:        );
56:        $sth->execute([':comment_id' => $parent_comment_id]);
57:        $parent_comment = $sth->fetch();
58:        if (empty($parent_comment)) {
59:            exit('親コメントが見つかりませんでした。');
60:        } elseif ($parent_comment['post_id'] !== $post['post_id']) {
61:            exit('投稿IDと親コメントの投稿IDが一致しません。');
62:        }
63: }
64:
65: // コメント
66: $comment = $input->post('comment');
67: if (!isset($comment)) {
68:     $errors->set('comment', 'フォームを利用してください。');
69: } elseif ($comment === false) {
70:     $errors->set('comment', '使用できない文字列が含まれています。');
71: } elseif (trim($comment) === '') {
72:     $errors->set('comment', 'コメントを入力してください。');
73: } elseif (mb_strlen($comment) > 140) {
74:     $errors->set('comment', 'コメントは140文字以内で入力してください。');
75: }
76:
77: if ($errors->exist()) {
78:     if (isset($parent_comment['comment_id'])) {
79:         $template->render('comment.html', [
80:             'comment' => $parent_comment,
81:             'comment_str' => $comment,
82:         ]);
83:     } else {
84:         $template->render('post.html', [
85:             'post' => $post,
86:             'comments' => [],
87:             'comment' => $comment,
88:             'page_prev' => null,
89:             'page_next' => null,
90:             'count' => 0,
91:         ]);
92:     }
93: } else {
94:     $sth = $dbh->prepare(
95:         'INSERT INTO comments (post_id, user_id, parent_comment_id, comment, ➡
    created_at)'
```

```
 96:            . ' VALUES (:post_id, :user_id, :parent_comment_id, :comment, CURRENT⏎
     _TIMESTAMP)'
 97:        );
 98:        $sth->execute([
 99:            ':post_id' => $post['post_id'],
100:            ':user_id' => $login_user['user_id'],
101:            ':parent_comment_id' => (isset($parent_comment['comment_id']) ? $paren⏎
     t_comment['comment_id']: null),
102:            ':comment' => $comment,
103:        ]);
104:        header('Location: ./post.php?post_id=' . rawurlencode($post['post_id']));
105: }
```

まず親コメントID (parent_comment_id) に対してのチェックを追加しています。今回はpost_idとの整合性のチェックも必要なので、あわせて追加してあります (38〜63行目)。

またエラーがあった場合の戻り先も、投稿詳細ページだけではなくコメント詳細ページに戻ることもあるので、その処理も追加しました。

そしてcommentsテーブルへの追加 (INSERT) 時には$parent_comment['comment_id']が設定されていればそのIDを親コメントID (parent_comment_id) として登録するようにしました。

では、いったんログアウトし、他のアカウントでログインしなおしてから、コメントに対するコメントを追加してみましょう (図6.22、図6.23)。

図6.22　コメントへのコメントを入力したページ

図6.23 「コメントする」をクリックした後の投稿詳細ページ

ここで新しく登録したコメントをクリックしてみましょう（図6.24）。

図6.24 子コメントのコメント詳細ページ

コメントの親の投稿は表示されますが、ここではやはりコメントの親のコメントも表示してほしいところです。そこで、このコメントの親となるコメントも表示されるようにコメント詳細ページに変更を加えてみましょう（リスト6.37）。

6.7 コメント機能

リスト6.37　comment.php（変更後）

```php
 1: <?php
 2: require_once '..' . DIRECTORY_SEPARATOR . 'common.php';
 3: $comment_id = $input->get('comment_id');
 4: if (!isset($comment_id) || $comment_id === false || !ctype_digit($comment_id)) {
 5:     exit('コメントが見つかりませんでした。');
 6: }
 7:
 8: $sth = $dbh->prepare(
 9:     'SELECT c.comment_id, c.post_id, c.user_id, c.parent_comment_id, c.comment, ➡
   c.created_at'
10:     . ', u.user_name'
11:     . ', p.post, p.created_at AS post_created_at'
12:     . ', pu.user_name AS post_user_name'
13:     . ' FROM comments c'
14:     . ' LEFT JOIN users u USING (user_id)'
15:     . ' JOIN posts p USING (post_id)'
16:     . ' JOIN users pu ON (pu.user_id = p.user_id)'
17:     . ' WHERE comment_id = :comment_id'
18: );
19: $sth->execute([
20:     ':comment_id' => $comment_id,
21: ]);
22: $comment = $sth->fetch();
23: if (!$comment) {
24:     exit('コメントが見つかりませんでした。');
25: }
26:
27: $parent_comments = [];
28: if (isset($comment['parent_comment_id'])) {
29:     $sth = $dbh->prepare(
30:         'WITH RECURSIVE comment_tree AS ('
31:             . 'SELECT c.comment_id, c.post_id, c.user_id, c.parent_comment_id, ➡
   c.comment, c.created_at'
32:             . ' FROM comments c'
33:             . ' WHERE comment_id = :comment_id'
34:             . ' UNION ALL'
35:             . ' SELECT c.comment_id, c.post_id, c.user_id, c.parent_comment_id, ➡
   c.comment, c.created_at'
36:             . ' FROM comments c'
37:             . ' JOIN comment_tree ct ON (ct.parent_comment_id = c.comment_id)'
38:         . ')'
39:         . ' SELECT ct.*, u.user_name'
```

233

```
40:         . ' FROM comment_tree ct'
41:         . ' LEFT JOIN users u USING (user_id)'
42:         . ' ORDER BY ct.created_at'
43:     );
44:     $sth->execute([':comment_id' => $comment['parent_comment_id']]);
45:     $parent_comments = $sth->fetchAll();
46: }
47:
48: $template->render('comment.html', [
49:     'parent_comments' => $parent_comments,
50:     'comment' => $comment,
51:     'comment_str' => '',
52: ]);
```

追加したのは、詳細に表示するメインのコメントにparent_comment_idが設定されているとき、つまりは親コメントが設定されている場合には$parent_commentsに親コメントを格納する部分、そしてその$parent_commentsをテンプレートに渡す部分です。今回はこのコメントの取り出しに再帰クエリ（再帰SQL、再帰的問い合わせなどともいいます）を使います。

■WITH問い合わせ

再帰クエリについて説明する前に、まずは再帰でない「WITH問い合わせ」について説明しておきましょう[12]。次のコードを見てください。

```
WITH followers_counts (user_id, followers_count) AS (
    SELECT u.user_id, COUNT(f.user_id)
      FROM users u
      LEFT JOIN follows f ON (f.followed_user_id = u.user_id)
      GROUP BY u.user_id
), popular_users AS (
    SELECT user_id, followers_count
      FROM followers_counts
      WHERE followers_count > (SELECT AVG(followers_count) FROM followers_counts)
)
SELECT u.*, p.followers_count
  FROM popular_users p
  JOIN users u USING (user_id)
  ORDER BY  p.followers_count DESC
;
```

WITH問い合わせのメリットは、WITH句で定義した1つまたは複数の一時テーブルを、

[12]
再帰クエリ (WITH RECURSIVE) とWITH句はPostgreSQLバージョン8.4以降からの機能です。それ以前のバージョンを新たに使用することはまずないでしょうが、やむを得ない理由で再帰クエリを使えないバージョンおよびデータベースを使用する場合は、parent_comment_idをcommentsテーブルに持つことはやめ、代わりに閉包テーブル (Closure Table) を作成し、そこに祖先と子孫の関係をすべて格納するようにするとよいでしょう。

その後のWITH句内で別に定義する一時テーブルで、あるいはWITH句の外でも1回ないし複数回使用できるという点です。上記の例では、最初のSELECT文でユーザーごとにフォロワーが何人いるかを集計したデータをfollowers_countsという1つ目の一時テーブルに格納し、2番目のSELECT文ではそのfollowers_countsを使ってフォロワー数が平均を超えたユーザーのデータを2つ目の一時テーブルpopular_usersに格納しています。WITH句のあとの最後のSELECT文では、そのpopular_usersとusersを結合（JOIN）して平均のフォロワー数を超えたユーザーの詳細情報を取得する、という問い合わせになっています。

1行目のところで、followers_countsに対して(user_id, followers_count)と列名を定義してあるので、1つ目のSELECT文で得られるuser_idおよびcountはそれぞれuser_idおよびfollowers_countという名前で受け取ります。以降、followers_countsを使うときはこの名前で呼ばれることになります。2つ目のpopular_usersでは列名が省略されているので、SELECTで使われているuser_idとfollowers_countがそのまま使われます。

今回は一時テーブルをそれぞれ1回しか使っていませんが、一時テーブルをそれ以降も複数回使うような場合には、サブクエリでは表現が面倒になるような問い合わせもシンプルに書くことができるようになります。

あるいはトランザクションを分けて、その中でCREATE TEMP TABLE構文で一時テーブルを作り、そのあとにトランザクション内の別文で問い合わせることでもWITH問い合わせと同様、あるいはそれ以上のことができるかもしれません。しかし、シンプルに1回の問い合わせで一時テーブルの作成および使用を行いたい場合はWITH問い合わせのほうが便利です。今回はWITH句内の文でSELECTで説明しましたが、RETURNING句を使うことでINSERT、UPDATE、DELETE時に効果的にWITH問い合わせを使うことができます。

```
WITH inserted_user (user_id) AS (
    INSERT INTO users (user_name, user_pw_hash, email)
      VALUES ('new_user_name', '$2y$10$abc...', 'new@example.com')
      RETURNING user_id
)
INSERT INTO follows (user_id, followed_user_id)
  SELECT user_id, [紹介者ユーザーID] FROM inserted_user
  UNION
  SELECT [紹介者ユーザーID], user_id FROM inserted_user
;

WITH deleted_user AS (
    DELETE FROM users WHERE user_id = 9
      RETURNING *
)
INSERT INTO log_users
  SELECT *, CURRENT_TIMESTAMP AS deleted_at
```

```
        FROM deleted_user
;
```

■再帰クエリ

次に、WITH問い合わせに**RECURSIVE修飾子**を付けた再帰クエリについて説明します。今回のスクリプトの中で、$parent_commentsを格納している部分を詳しく見てみましょう。

```
WITH RECURSIVE comment_tree AS (
    SELECT c.comment_id, c.post_id, c.user_id, c.parent_comment_id, c.comment,
            c.created_at       -- 最初のSELECT文 ❶
      FROM comments c
      WHERE comment_id = [コメントID]
  UNION ALL
    SELECT c.comment_id, c.post_id, c.user_id, c.parent_comment_id, c.comment,
            c.created_at       -- 反復するSELECT文 ❷
      FROM comments c
      JOIN comment_tree ct ON (ct.parent_comment_id = c.comment_id)
)
SELECT ct.*, u.user_name     -- 実際のSELECT文 ❸
  FROM comment_tree ct
  LEFT JOIN users u USING (user_id)
  ORDER BY ct.created_at
;
```

再帰クエリの概念を理解するには、WITH RECURSIVE内をUNION（またはUNION ALL）の前のSELECT文と、それ以降のSELECT文に分けて考えるとよいでしょう。WITH RECURSIVE内ではまず、UNIONの前のSELECTが実行されます。まずはこの結果が一時テーブルcomment_treeに格納されます。最初のSELECT文❶ではまだcomment_treeは使用できません。

2番目の反復するSELECT文❷では、comment_treeが使えるようになります。この一時テーブルcomment_treeのparent_comment_idと、実在しているcommentsテーブルのcomment_idが同じという条件で結合（JOIN）することで、結果としてこのSELECT文ではcommentsテーブルから1つ上の親のコメントの情報が得られます。その行が、今度は一時テーブルcomment_treeに追加になります。これが2番目のSELECTで行を返さなくなるまで反復して繰り返される、というわけです。

なおUNIONで行う結合では、行の内容が同一になる重複行はその片方が取り除かれますが、その処理を行うため少々時間がかかります。UNION ALLで結合は重複があっても取り除かれませんが、その代わりに処理時間は短くてすみます。今回の再帰クエリでは重複する可能性がないので、処理時間が短くてすむUNION ALLで結合しています。また、今回はメ

6.7 コメント機能

インで表示するコメントから始まり、その親コメントをさかのぼって取得していく再帰クエリにしたので必ず終わりがあります。ただWITH RECURSIVE内の2つのSELECT文の条件を間違えると、簡単に無限ループが発生してしまうので気をつけましょう。

こうやって作られた一時テーブルcomment_treeが、3番目の実際のSELECT文❸で使用できるという動きになります。

SELECT文❸ではユーザー名がほしいのでテーブルusersを結合（JOIN）しています。今回はユーザーが退会した場合でも、コメントに関してはその親子関係を残しておきたいので、コメントテーブルの行は削除せず、user_idにNULLが設定されるようにcommentsテーブルの外部キーを定義しました。そのため、SELECT文❸ではusersをLEFT JOINで外部結合してusersの行の情報はなくてもcomment_treeの行は得られるようにしました。

また、コメントに関しては、古いものを上に、新しいものを下に表示したいので、このSELECT文には「ORDER BY ct.created_at」を指定してあります。

今回は2番目のSELECT文❷を「FROM comments JOIN comment_tree」という形で書きましたが、FROM句に2つのテーブル名を書き、WHERE句で結合条件を書く方法もあります。次のようになります。

```
SELECT …
 FROM comments c, comment_tree ct
 WHERE c.comment_id = ct.parent_comment_id
```

それではこれらの親コメントも表示されるようにテンプレートcomment.htmlに変更を加えてみましょう（**リスト6.38**）。

リスト6.38　comment.html（変更後）

```
 1: <!DOCTYPE html>
 2: <title>かんたんSNS / <?= h($comment['comment']) ?></title>
 3: <?php include 'header.html'; ?>
 4: <dl>
 5:   <dt class="is-parent">
 6:     <a href="user.php?user_name=<?= rawurlencode($comment['post_user_name']) ?>➡
    "><?= h($comment['post_user_name']) ?></a>
 7:   <dd>
 8:     <a href="post.php?post_id=<?= rawurlencode($comment['post_id']) ?>"><?= nl2➡
    br(h($comment['post']), false) ?></a>
 9:     <div class="created-at"><?= h((new DateTime($comment['created_at']))->forma➡
    t('Y-m-d H:i')) ?></div>
10:
11: <?php if (isset($parent_comments)): ?>
12: <?php   foreach ($parent_comments as $parent_comment): ?
```

237

```
13:    <dt class="is-parent">
14: <?php    if (!isset($parent_comment['user_name'])): ?>
15:      (退会済み)
16: <?php    else: ?>
17:      <a href="user.php?user_name=<?= rawurlencode($parent_comment['user_name']) ⏎
    ?>"><?= h($parent_comment['user_name']) ?></a>
18: <?php    endif; ?>
19:    <dd>
20:      <?= nl2br(h($parent_comment['comment']), false) ?>
21:      <div class="created-at"><?= h((new DateTime($parent_comment['created_at'])) ⏎
    ->format('Y-m-d H:i')) ?></div>
22: <?php    endforeach; ?>
23: <?php endif; ?>
24:
25:    <dt id="comment-<?= h($comment['comment_id']) ?>">
26: …… (省略) ……
```

元の投稿を表示する dd 要素のあとに $parent_comments が設定されていれば、その内容を表示するようにしました。ここでもユーザーが退会している可能性があるので、user_name が設定されていない場合には「(退会済み)」と表示するようにしました。

コメント詳細画面で、親投稿だけではなく、親コメントも表示されるかを見てみましょう (図 6.25)。

図 6.25　子コメントの詳細ページ

6.8 退会処理

最後に、退会処理を作ってみましょう（**リスト6.39**）。

リスト6.39　close_account.php

```php
 1: <?php
 2: require_once '..' . DIRECTORY_SEPARATOR . 'common.php';
 3:
 4: $login_user = $login->user();
 5: if (!$login_user) {
 6:     header('Location: ./login.php');
 7: }
 8:
 9: // リクエストメソッドがPOSTかのチェック
10: if (!$input->isPost()) {
11:     header('Location: ./');
12: }
13:
14: // CSRFトークンチェック
15: if (!$csrf->check()) {
16:     exit('フォームを利用してください。');
17: }
18:
19: $dbh->beginTransaction();
20:
21: $sth = $dbh->prepare('UPDATE comments SET comment = NULL WHERE user_id = :user_i➡
    d');
22: $sth->execute([':user_id' => $login_user['user_id']]);
23:
24: $sth = $dbh->prepare('DELETE FROM users WHERE user_id = :user_id');
25: $sth->execute([':user_id' => $login_user['user_id']]);
26:
27: // $sth = $dbh->prepare('DELETE FROM posts WHERE user_id = :user_id');
28: // $sth->execute([':user_id' => $login_user['user_id']]);
29:
30: // $sth = $dbh->prepare('DELETE FROM follows WHERE user_id = :user_id OR followe➡
    d_user_id = :followed_user_id');
31: // $sth->execute([':user_id' => $login_user['user_id']], ':followed_user_id' => ➡
    $login_user['user_id']);
32:
33: $dbh->commit();
```

```
34:
35: $login->logout();
36:
37: header('Location: ./');
```

スクリプトclose_account.phpは、次の場所に保存してください。

　C:¥mytest¥simplesns¥public_html¥close_account.php

　まずはログインしているか、リクエストメソッドがPOSTか、CSRFトークンが正当かをチェックします（4〜17行目）。退会そのものだけであれば、usersテーブルから該当の行をDELETE文で物理削除してしまえばそれで終わりなのですが、退会するユーザーにひも付けられたデータについても確認しておきましょう。

　今回作成した4つのテーブル、users、posts、follows、commentsはすべてユーザーの行動によって作られるデータですので、退会時にはそれらのデータを削除します。ただ今回はコメントの親子関係を保持しておくため、退会後もコメントの行自体は削除しない方針にしました。このためcommentsテーブルの該当行に関しては、ユーザーが入力した文章の内容であるcomment列にはNULLをセットすることにします。同時にuser_idにNULLをセットしてもかまいません。ただcommentsテーブルを定義したときに外部キー制約として「REFERENCES users(user_id) ON DELETE SET NULL」が指定してあるため、usersから行が削除されたときにはPostgreSQLが自動的に該当のcomments.user_idにNULLをセットします。したがって、今回は手動でNULLをセットしなくても問題はありません。

　21行目以降では、commentsテーブルのUPDATEのあとにusersテーブルに対してDELETEを発行していますがこれには理由があります。usersからDELETEされたときにcomments.user_idにはNULLがセットされてしまいます。この状態であとからcommentsに対して「WHERE user_id = :user_id」を指定しても、意図した行にはマッチしなくなってしまい不都合が生じます。この点には注意するようにしてください。

　postsテーブル、followsテーブルにも外部キー制約が設定してありました（158ページ）。どちらも「REFERENCES users(user_id) ON DELETE CASCADE」と指定しているので、usersからその行が削除されたときにはpostsのuser_idが合致する行、そしてfollowsのuser_id、followed_user_idが合致する行もPostgreSQLが自動的に削除（DELETE）します。今回は動きを理解するためにコメントアウトで同様の処理を書いてみましたが、実際には書く必要はありません（27〜31行目）。

■ トランザクション処理

　今回、これらのUPDATE、DELETE文の前後にはPDOのbeginTransactionメソッド（19

行目）とcommitメソッドを呼び出しています（33行目）。これは実際のSQLではBEGINコマンドとCOMMITコマンドが発行されているのと等価です。

　ここで行っているのは、トランザクションと呼ばれるデータベースの重要な機能です。トランザクションは、BEGINからCOMMITまでの間に発行されたすべてのSQLが正しく実行されたときにはじめて、この一連の処理を成功としてくれる機能です。途中で何かしらのエラーが発生すれば、BEGIN以降のすべての処理を失敗したものとして巻き戻し（ROLLBACK）してくれます。

　今回の「かんたんSNS」では、これまでのほとんどのSELECT文でusersテーブルを結合（JOIN）して使ってきたので、usersさえちゃんと削除すれば表面的にはあまり問題は起きません。しかし、もっとクリティカルなケースではそうはいきません。たとえば、銀行のオンラインシステムで鈴木さんから田中さんへ1万円の振り込みを行うとします。仮に主キーがnameのaccountsテーブルで、とても単純なSQLで表現すれば次のようになります。

```
UPDATE accounts SET balance = balance - 10000 WHERE name = '鈴木';
UPDATE accounts SET balance = balance + 10000 WHERE name = '田中';
```

　この2つのUPDATE文は、成功するときには必ず両方が成功しなくてはなりません。たとえば片方だけ、鈴木さんからの引き落としは成功して田中さんへの振り込みが失敗した、という事態が発生してしまうと、2つのアカウントのつじつまが合わなくなってしまいます。

　トランザクションはそのようなことがないよう、複数の手順を「すべて成功か、すべて失敗か」にまとめてくれます。

```
BEGIN;
UPDATE accounts SET balance = balance - 10000 WHERE name = '鈴木';
UPDATE accounts SET balance = balance + 10000 WHERE name = '田中';
COMMIT;
```

　このようにトランザクションを宣言しておけば、もしなんらかの理由で2つ目のUPDATE（田中さんのアカウントへの入金）が失敗した場合でも、BEGIN以前の状態にデータを戻し、1つ目のUPDATE（鈴木さんのアカウントからの引き落とし）もなかったことにしてます。

　今回のケースであれば、commentsテーブルの更新（UPDATE）は成功してusersテーブルでの削除（DELETE）に失敗した場合、データをbeginTransaction以前の状態まで戻してくれるので、テーブル間に矛盾が発生することなく、一連の「退会処理に失敗した」ことになってくれるのです。

6.9 まとめ

　これで、「かんたんSNS」の機能をひととおり実装できました。とはいえ、まだユーザーごとのフォローしている／フォローされているユーザー一覧ページも、コメントの削除（親子関係を維持するため、DELETEでデータを物理削除するのではなくuser_idやcommentにNULLを設定する）処理や、ユーザー情報の変更ページや投稿の検索処理も作っていません。

　またindex.php、all.php、user.phpで表示されている投稿の一覧部分も共通が多いので、切り分けて1つのテンプレートで管理できそうです。

　本章で作成したスクリプトはWebサイトからダウンロードできます[13]。それらを見る前に、ぜひ腕試しとして自分自身で作ってみてください。

【13】
本書のサンプルプログラムのソースコードは、次のWebサイトからダウンロードできます。
https://www.shoeisha.co.jp/book/download/9784798160436

Chapter **7**

PostgreSQLの仕組みを理解する

CHAPTER 7 PostgreSQLの仕組みを理解する

この章では、PostgreSQLのプロセス、メモリの使い方、データベースファイルの構成など、PostgreSQLの仕組みに関わることについて解説します。

なお以降の章では、特に断りがない限り、Linux環境を前提に解説します。

7.1 PostgreSQLのプロセス

PostgreSQLの内部では、さまざまなプロセスやメモリ、ファイルがデータをやり取りしながら稼働しています。この節ではプロセスについて見ていきます。

7.1.1 フロントエンドとバックエンド

psqlやpgAdmin 4のように、SQLを発行してPostgreSQLに仕事を要求するプロセス（クライアント）を「フロントエンド」、実際にデータファイルにアクセスして結果を返却したり、PostgreSQL内部のハウスキーピングに当たる処理をするなど、サーバー側で動作するプロセス（サーバー）を「バックエンド」と呼びます（図7.1）。

プロセスとは、プログラムの実行単位のことです。通常「プログラム」という場合は特定のファイルを意味しますが、同じプログラムが複数起動している場合、それらは別の「プロセス」として扱われます。

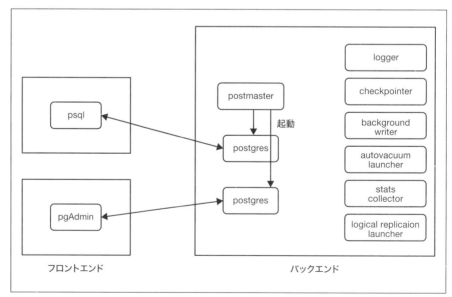

図7.1 フロントエンドとバックエンド

7.1.2 バックエンドプロセス

PostgreSQLを起動すると、複数のプロセスが起動します。次に示す例は、PostgreSQL Global Development Groupが提供するバージョン11.0のrpmをインストールした場合のものです（起動するプロセスの数は、バージョンや設定によって異なります）。

```
postgres 30464     1  0 12:20 pts/65   00:00:00 /usr/pgsql-11/bin/postgres    ← postmasterプロセス
postgres 30465 30464  0 12:20 ?        00:00:00 postgres: logger
postgres 30467 30464  0 12:20 ?        00:00:00 postgres: checkpointer
postgres 30468 30464  0 12:20 ?        00:00:00 postgres: background writer
postgres 30469 30464  0 12:20 ?        00:00:00 postgres: walwriter
postgres 30470 30464  0 12:20 ?        00:00:00 postgres: autovacuum launcher
postgres 30471 30464  0 12:20 ?        00:00:00 postgres: stats collector
postgres 30472 30464  0 12:20 ?        00:00:00 postgres: logical replication launcher
```

■ postmaster ── 最初に起動するプロセス

複数のプロセスのうち、「/usr/pgsql-11/bin/postgres」が最初に起動するプロセスです。以降、このプロセスのことを「postmaster」と呼びます[1]。

postmasterは、logger、checkpointerなどのプロセスを起動した後、フロントエンドからの接続を待ちます。

■ postgres ── 接続ごとに起動するプロセス

それでは、psqlでデータベースに接続してみましょう。

```
$ psql
```

この状態で、別の端末からプロセスを表示すると次のようになります。

```
postgres 30464     1  0 12:20 pts/65   00:00:00 /usr/pgsql-11/bin/postgres
postgres 30465 30464  0 12:20 ?        00:00:00 postgres: logger
postgres 30467 30464  0 12:20 ?        00:00:00 postgres: checkpointer
postgres 30468 30464  0 12:20 ?        00:00:00 postgres: background writer
postgres 30469 30464  0 12:20 ?        00:00:00 postgres: walwriter
postgres 30470 30464  0 12:20 ?        00:00:00 postgres: autovacuum launcher
postgres 30471 30464  0 12:20 ?        00:00:00 postgres: stats collector
postgres 30472 30464  0 12:20 ?        00:00:00 postgres: logical replication launcher
postgres 31104 30464  0 12:23 ?        00:00:00 postgres: postgres postgres [local] idle
```
                                                                            ← postgresプロセス

[1] PostgreSQL 8.3以降はpostmasterという名称は使われなくなりましたが、本書では説明の都合上この名称を使います。

先ほどより1つプロセスが増えています。このプロセスは接続ごとに起動し、「postgres」と呼びます。

psqlなどのフロントエンドが最初に接続するのはpostmasterです。postmasterは、接続を受けるとpostgresを起動し、そのpostgresにフロントエンドからの接続を渡します。postgresはフロントエンドからの接続1つに対して1つ存在し、接続が切断されるとpostgresも終了します。

フロントエンドからSQLが送信されると、postgresは、パーサー→リライタ→プランナ／オプティマイザ→エクゼキュータといった工程（コラム「SQLの処理」を参照）を経て、結果をフロントエンドに返します。

■logger ── ログをファイルに保存するプロセス

loggerは、標準エラー出力に出力されたログをファイルにリダイレクトして保存するプロセスです。設定ファイルであるpostgresql.confのパラメータ`logging_collector`がオン（on）に設定されている場合に起動します。

■checkpointer ── チェックポイントを実現するプロセス

クライアントのクエリによる更新を永続化するためには、更新結果をディスクへ反映する必要があります。ただ、クライアントがデータベースへの更新を要求するたびにその内容を逐一テーブルなどを保存しているファイルに反映していては、ディスクのI/O処理がボトルネックとなり、十分な性能が出せません。そこで、クライアントが更新を要求した時点では共有メ

SQLの処理

パーサー、リライタ、プランナ／オプティマイザ、エクゼキュータそれぞれの工程の概要は以下のとおりです。

- **パーサー**：クライアントからリクエストのあったSQL文の構文や文字列をチェックします。構文などに間違いがある場合、この工程で検知され、エラーとなります。
- **リライタ**：あらかじめ定義されているSQL書き換えのルールがあれば、そのルールをパーサーの処理結果に対して適用します。たとえば、ビュー[2]はこのルールを利用して実現しています。
- **プランナ／オプティマイザ**：SQLを処理する方法はテーブルのスキャンや結合の方式などによっていくつかの方法が考えられますが、その中から最も効率的な実行計画[3]を選択します。
- **エクゼキュータ**：プランナが作成した実行計画を実際に実行します。

---

[2]
ビューとは、仮想的なテーブルです。テーブルと異なり実際にデータは保持せず、ビューを参照するとあらかじめ定義したSELECT文が実行されます。

[3]
実行計画については、第11章の「11.6 実行計画」を参照してください。

モリバッファ【4】上のデータのみ更新し、ディスクへの書き込みはあとでまとめて行うことで効率化しています【5】。このディスクへの変更をまとめて実施する処理を「チェックポイント」と呼びます。checkpointer は自動でこのチェックポイントを実行します【6】。

■ background writer
── 共有メモリバッファ上のデータをディスクに書き込むプロセス

background writer は、ディスクに反映されていない共有メモリバッファ（ダーティバッファ）をディスクに書き込むプロセスです。background writer が動作することで、チェックポイント時にディスクへ書き込まなければならないデータ量が削減できます。また、共有メモリバッファ上に各バックエンドプロセスが利用する空き領域が確保されます。

■ walwriter ── データの変更内容をWALファイルに書き込むプロセス

walwriter はトランザクションログを定期的に WAL【7】ファイルに書き込むプロセスです。トランザクションログはクエリを処理する postgres プロセスによって主に生成され、共有バッファ上にある WAL バッファへ蓄積されます。walwriter は定期的にこの WAL バッファをチェックし、書き出す WAL データがあれば WAL ファイルへ書き出しています。

■ autovacuum launcher / autovacuum worker
── 定期的なメンテナンスを実行するプロセス

autovacuum launcher は、テーブルやインデックスへのアクセス状況を監視し、必要に応じて autovacuum worker を起動するプロセスです。autovacuum worker は、テーブルやインデックスに対して不要なデータの削除などの定期的なメンテナンスを実行するプロセスです。パラメータ autovacuum がオフ（off）に設定されていない限り自動的に起動します【8】。自動バキュームの詳細については、第11章の「11.1.3　自動VACUUM」を参照してください。

■ stats collector ── 稼働統計情報を収集するプロセス

stats collector プロセスは、テーブルやインデックスへのアクセス状況などの稼働統計情報を収集する稼働統計情報コレクタのプロセスです。

■ logical replication launcher
── ロジカルレプリケーションのワーカを起動するプロセス

logical replication launcher は、ロジカルレプリケーションのサブスクライバで動作するワーカを起動します。ロジカルレプリケーションを利用していなくても本プロセスは常駐することに注意してください。ロジカルレプリケーションについては、第13章の「13.1.3　ロジカルレプリケーション」を参照してください。

【4】
共有メモリバッファは、複数のプロセス間で共有できるメモリ領域です。PostgreSQLは、読み書きしたデータをバックエンドプロセス間で共有するために共有メモリバッファを利用しています。詳細については、本章の「7.1.5　メモリ構造」を参照してください。

【5】
すぐあとのwalwriterプロセスの説明で述べるように、WALの書き込みはトランザクションのコミットの都度行います。WALは故障時のデータ復旧に利用されるため、チェックポイントでのテーブルなどの更新のようにまとめて処理して効率化を図ることはできません。コミットの都度の更新ではディスクI/Oが問題にならないのか気になる方もいるかもしれません。WALは更新が発生した順番にシーケンシャルに書き込むので、ランダムアクセスが発生するテーブルなどの操作に比べるとハードディスクでも高速に処理できるため、問題になりにくくなっています。

【6】
CHECKPOINTコマンドを使って、明示的にチェックポイントを実行することも可能です。

【7】
WALについては、第12章の「12.4.1　WAL」を参照してください。

【8】
通常の運用ではオン（on）が推奨です。デフォルトはオン（on）です。

■ walsender / walreceiver
――マスター／スタンバイサーバー間でWALの送受信を行うプロセス

ストリーミングレプリケーションにおいて、walsenderはWALレコードをスタンバイサーバーに送信するマスターサーバー側のプロセスで、walreceiverはWALレコードをマスターサーバーから受信するスタンバイサーバー側のプロセスです。ストリーミングレプリケーションの設定を行っている場合のみ起動します。カスケードレプリケーションの構成をとっている場合、スタンバイサーバーから別のスタンバイサーバーへWALレコードを転送することになるため、walsenderはスタンバイサーバーでも稼働することがあります。ストリーミングレプリケーションの詳細については、第13章「レプリケーションを使う」を参照してください。

■ parallel worker ―― パラレルクエリを処理するプロセス

PostgreSQLは1つのクエリを複数のプロセスで分担して処理することもできます。この機能を「パラレルクエリ」と呼びます。パラレルクエリ実行時に起動するプロセスがparallel workerです。

parallel workerは常駐せず、パラレルクエリを実行している間だけ起動します。いくつparallel workerが起動するかはPostgreSQLに任せることもできますし、アクセスするテーブルの単位で設定することもできます。パラレルクエリについては、第4章の「4.8 パラレルクエリ」を参照してください。

7.1.3 フロントエンドプロセス

■ psql

典型的なフロントエンドのアプリケーションであるpsqlの動作について解説します。

psqlの役割は単純です。基本的には、「1. SQLを送信」し、「2. 返却された結果やステータス、エラーメッセージなどを表示する」だけです。psqlからSELECT文などのSQLを発行すると、そのSQLはそのままバックエンドへ送信されます。前述のように、構文解析からデータファイルへのアクセスまでの処理は、すべてバックエンドプロセス側で実行されます。

たとえば、「SELECT * FROM table1」というSQLを実行すると、バックエンドからtable1の内容がすべて送信され、クライアントのメモリ上に展開されます[9]。

またpsqlでは、\dなどのコマンド（バックスラッシュコマンド）でテーブルやシーケンスの一覧を確認できますが、この機能も、単にテーブル一覧を取得するSQLをバックエンドに送信することで実現しています。

【9】
通常フロントエンドは、非常に大きな結果を返すクエリでもすべての結果をメモリ上に保持しようとします。このため、メモリが不足する可能性がある点に注意が必要です。この問題は、LIMIT/OFFSETやカーソルを使って、問い合わせの結果を少しずつフロントエンドに送信することで回避できます。psqlではFETCH_COUNT変数を設定すれば指定した行数ずつ取得できます。詳細についてはPostgreSQLのマニュアルのSELECT、DECLARE、FETCH、psqlの項を参照してください。

7.1 PostgreSQLのプロセス

> **さらに**
>
> psqlがバックスラッシュコマンドで送信するSQLは、psqlの起動時に-Eオプションを指定すると画面に表示されます。
>
> ```
> $ psql -d postgres -E
>
> postgres=# \d
> ********* QUERY **********
> SELECT n.nspname as "Schema",
> c.relname as "Name",
> CASE c.relkind WHEN 'r' THEN 'table' WHEN 'v' THEN 'view' WHEN 'm' THEN
> 'materialized view'
> WHEN 'i' THEN 'index' WHEN 'S' THEN 'sequence' WHEN 's' THEN 'special' WHEN
> 'f' THEN 'foreign
> table' WHEN 'p' THEN 'table' WHEN 'I' THEN 'index' END as "Type",
> pg_catalog.pg_get_userbyid(c.relowner) as "Owner"
> FROM pg_catalog.pg_class c
> LEFT JOIN pg_catalog.pg_namespace n ON n.oid = c.relnamespace
> WHERE c.relkind IN ('r','p','v','m','S','f','')
> AND n.nspname <> 'pg_catalog'
> AND n.nspname <> 'information_schema'
> AND n.nspname !~ '^pg_toast'
> AND pg_catalog.pg_table_is_visible(c.oid)
> ORDER BY 1,2;
> **************************
> ```

■ COPY文と\copyコマンド

フロントエンドとバックエンドの役割の違いの例として、SQLのCOPY文とpsqlの\copyバックスラッシュコマンドの違いを説明します。

psqlから「COPY tbl1 FROM '/tmp/file1.dat'」というSQL文を入力すると、このSQL文がそのままバックエンドに送信されます。したがって、file1.datというファイルを読み込むのは、SQLを受け取ったバックエンドです。そのため、このファイルにはPostgreSQLを起動したユーザーの権限（通常はpostgres）で参照できる必要があります。

一方、psqlで「\copy tbl1 from /tmp/file1.dat」というバックスラッシュコマンドを実行すると、psql内部で「COPY tbl1 FROM STDIN」というSQLに変換され、このSQLがバックエンドに送信されます。この場合、file1.datを読み込むのはpsqlです。

したがって、psqlがバックエンドとは別のマシン上で動作している場合、上記のCOPY文で読み込まれるのはバックエンドのマシン上の/tmp/file1.datですが、\copyバックスラッ

シュコマンドで読み込まれるのはpsqlが動作するマシン上の/tmp/file1.datです（**図7.2**）。

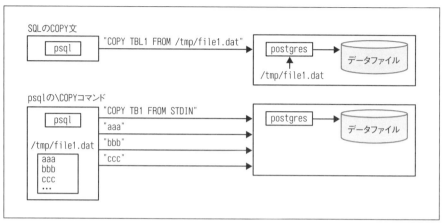

図7.2　COPY文と\copyコマンド

7.1.4 フロントエンドとバックエンドのやり取り

■フロントエンドプロトコル／バックエンドプロトコル

　HTTPやFTPと同じように、PostgreSQLのバックエンドとフロントエンドとのやり取りには専用のプロトコルが存在します。このプロトコルを実装したライブラリの1つが「libpq」です[10]。

　C言語でPostgreSQLに接続するプログラムをコーディングするときは、libpqを利用するのが一般的です。たとえば、psqlはC言語で実装されているのでlibpqを使っています。一方、JavaのJDBCドライバーはlibpqを使わずに独自にプロトコルを実装しています。

■libpqの機能

　通常、PostgreSQLを使用する際にlibpqの存在を意識する必要はありませんが、libpqを使っているクライアントやインターフェイスには共通で使える便利な機能があります。

libpqで使える環境変数

　まず、libpqが参照する環境変数について説明します。たとえば、libpqを利用するアプリケーションでホスト名の指定を省略すると、libpqは環境変数PGHOSTに設定されたホストに接続します。libpqには標準の動作を設定する環境変数が数多く存在します。主なものを**表7.1**に示します。

---

[10]
libpqは、PostgreSQL Global Development Groupが作成したrpmであれば、postgresql[PostgreSQLメジャーバージョン]-libsという名前のパッケージに含まれています。

表 7.1　libpq が参照する環境変数

環境変数	説明
PGHOST	接続先のサーバー名またはUNIXドメインソケットのパス
PGHOSTADDR	接続先のIPアドレス
PGPORT	接続先のポート
PGDATABASE	接続先のデータベース名
PGUSER	ユーザー名
PGPASSWORD	パスワード（非推奨。後述のパスワードファイルを推奨）
PGOPTIONS	postgresへのオプション
PGCLIENTENCODING	クライアントの文字コード

　環境変数PGOPTIONSには、postmasterがpostgresを起動するときの引数を指定することができます。たとえば、当該セッションだけpsqlから発行するSQLをすべてログに保存するには、次のような方法が考えられます（スーパーユーザー権限が必要です）。

```
$ PGOPTIONS='-c log_statement=all' psql
```

パスワードファイル

　libpqを使ったアプリケーションでは、パスワードファイルを使うと接続時のパスワード入力を省略できます。

　接続時にバックエンドからパスワードが要求されると、libpqはパスワードファイルを参照し、該当するホスト／ポート／データベース名／ユーザー名の組み合わせが見つかると、そこに設定されたパスワードを自動的に送信します。

　通常、パスワードファイルは、$HOME/.pgpassに配置します。

　パスワードファイルの書式は次のようになっています。

```
ホスト名：ポート番号：データベース名：ユーザー名：パスワード
```

　パスワード以外の各項目には、「すべて」を意味する「*」（アスタリスク）を指定できます。たとえば、パスワードファイルに次のような設定があったとして、ローカルホストのポート5432へ「user1」ユーザーからの接続があったときは、「password1」をパスワードとして使用します。

```
localhost:5432:*:user1:password1
```

　なお、.pgpassファイルの権限はchmodコマンドを使って0600以下に変更しておかなければなりません。

7.1.5 メモリ構造

PostgreSQLが使用するメモリは、共有メモリを利用してすべてのバックエンドと共有するものと、バックエンドごとに確保するものに大別できます。

前者の主要なものには共有メモリバッファとWALバッファがあります。後者の主要なものとしては、ワークメモリ、メンテナンスワークメモリがあります（図7.3）。

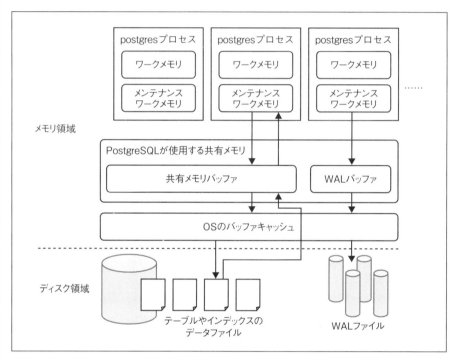

図7.3 メモリ構造

それでは、各メモリについて順に説明していきます。

■共有メモリバッファ

共有メモリバッファは、テーブルやインデックスのデータをメモリ上にキャッシュしておくためのバッファです。データを共有メモリバッファ上にキャッシュすることにより、ディスクから読み取る回数を減らして性能を向上できます。

共有メモリバッファのサイズは、パラメータshared_buffersに設定します。shared_buffersのデフォルト値は通常128MBですが、これはかなり小さい値です。1GB以上のメモリを搭載したデータベース専用のサーバーであれば、最初はサーバーに搭載された物理メモリ量

（仮想環境であれば割り当てメモリ量）の4分の1程度のサイズをshared_buffersに設定し、チューニングするとよいでしょう[11]。大きなメモリを管理する場合は、それだけ管理に要するコストが増えるため、shared_buffersにあまり大きなサイズを設定してもそれほど効果はありません。また、PostgreSQLはディスクの読み取り時にOSのキャッシュが働くことを前提としており、OSのキャッシュのためにメモリをある程度余らせておいたほうが性能が良くなります。通常のケースでは、サーバーに搭載されたメモリの40%以上をshared_buffersに割り当てても効果はないでしょう。

■ WALバッファ

WAL（Write Ahead Log）は、データベースへの変更を記録したログです[12]。WALファイルはデータベースクラスタ内のpg_walディレクトリ下のファイルに保存されますが、WALバッファはこのファイルに書き込む前のバッファです。

WALバッファのサイズは、パラメータwal_buffersに設定します。デフォルトではwal_buffersがshared_buffersの1/32のメモリをWALバッファ用に確保します。WALファイルへの書き込みは、トランザクションがコミットされるたびに行われます。そのため、あまり大きな値に設定する必要はなく、デフォルトで問題にならないことが多いでしょう[13]。

■ ワークメモリ

ワークメモリは、SQLの実行時にソートやハッシュ操作などのためにバックエンドごとに確保されるメモリです。具体的には、ソートであればORDER BY／マージ結合、ハッシュ操作であればハッシュ結合、などで利用されます。ワークメモリのサイズが不足すると、一時ファイルを作成し、ディスクアクセスを発生させながら処理を行うため、性能が悪化します。一方、ワークメモリが十分に大きいとメモリ上でソートを行うことができ、ハッシュ操作の必要な内部処理が選択されやすくなり、クエリの性能が向上します。ワークメモリの最大サイズは、パラメータwork_memに設定します。デフォルト値は4MBです。

一時ファイルを利用しているかを確認するには、パラメータlog_temp_filesを利用することで、一時ファイルを利用した際に「LOG: temporary file: path ???, size ???」というフォーマットのログを出力させることが可能です。また、EXPLAIN ANALYZE[14]が出力する「Sort Method: external merge Disk: ???kB」などの表示から、ディスクに出力されたことが確認できます。

複雑なSQLの実行時には、ソートやハッシュ操作が並行して実行され、work_memに設定したサイズの数倍のメモリが確保されることがあります。また、ワークメモリはバックエンドごとに確保されるため、同時接続数が多い場合には大量のメモリが確保されることがあります。このためwork_memにあまりに大きなサイズを設定すると、メモリが不足してしまうことがあります。したがって、postgresql.confファイル内のwork_memには、最大でもメモリが不足しな

【11】
shared_buffersの設定が適切かどうかは、データベースのキャッシュヒット率を確認します。確認方法については、第10章の「10.2.2 重要な稼働統計情報」を参照してください。

【12】
WALについては、第12章の「12.4.1 WAL」を参照してください。

【13】
多数のクライアントが同時にコミットする場合などはコミット前にWALバッファへの蓄積量が多くなるため、より大きな値にチューニングすると性能が向上する可能性があります。

【14】
EXPLAIN ANALYZEについては、第11章の「11.6 実行計画」を参照してください。

い程度のサイズを設定し、大量のワークメモリが必要なSQLの実行時には、以下のように個別にSETコマンドを使ってwork_memのサイズを一時的に増やすのがいいでしょう。

```
postgres=# SET work_mem TO '256MB';
```

■ メンテナンスワークメモリ

メンテナンスワークメモリは、VACUUMやCREATE INDEXなどのメンテナンスの実行時にバックエンドごとに確保されるメモリです。メンテナンスワークメモリを増やすと、これらのメンテナンスを効率良く実行できるようになります。メンテナンスワークメモリの最大サイズは、パラメータmaintenance_work_memに設定します。maintenance_work_memのデフォルト値は64MBです。

これらのメンテナンス操作は多数のプロセスで同時実行されるケースは少ないため、ワークメモリと比べて大きなサイズを設定しても通常問題ありません。ただ、自動バキュームでは、パラメータautovacuum_max_workersに設定した数（デフォルトでは3）のVACUUMが同時に実行されることがあります。そのため、最大でautovacuum_max_workers × maintenance_work_memだけのメモリが確保される点に注意が必要です。この問題への対処として、パラメータautovacuum_work_memの値デフォルトの-1から変更すれば、自動バキュームのワーカ (autovacuum_max_workers) だけmaintenance_work_memではなくautovacuum_work_memで設定した値のメモリを利用させることもできます。

7.2 PostgreSQLのデータベースファイル

ここでは、PostgreSQLのデータベースクラスタのディレクトリ構成、各ディレクトリとファイルの役割について説明します。

7.2.1 データベースファイルの格納場所

データベースファイルは、initdbコマンドの実行時に指定したデータベースクラスタのディレクトリ内に格納されます。通常、データベースクラスタの場所は環境変数PGDATAに設定されています。データベースクラスタ内には、テーブルやインデックスが格納されているファイル以外に、ログファイル、ユーザーの情報、設定ファイルなどが格納されています。

7.2 PostgreSQLのデータベースファイル

7.2.2 データの一覧

データベースクラスタのディレクトリ構成を**図7.4**に示します（紙面の都合でページをまたがって掲載しています）。

```
$PGDATA
├ PG_VERSION ──────────── PostgreSQLのメジャーバージョン番号を記録するファイル
├ base ────────────────── 各データベースに対応するディレクトリを格納するディレクトリ
│ ├ 1
│ │ ├ 112
│ │ ├ 113
│ │ ├ 1247 ────────────── テーブルのデータを格納するファイル
│ │ ├ 1247_fsm ────────── テーブルの空き領域マップを格納するファイル
│ │ ├ 1247_vm ─────────── テーブルの可視性マップを格納するファイル
│ │ :
│ │ ├ pg_filenode.map ─── OIDとファイルノードとのマッピングをキャッシュするファイル
│ │ ├ pg_internal.init ── システムカタログのキャッシュを格納するファイル
│ ├ 13285
│ │ ├ 112
│ │ ├ 113
│ │ ├ 1247
│ │ :
│ │ ├ 16447
│ │ └ 16447_init ──────── unloggedテーブルの初期状態を保存するファイル
│ :
│ └ pgsql_tmp
├ current_logfiles ────── 現在書き込んでいるログファイルを記録するファイル
├ global
│ ├ 1136
│ ├ 1136_fsm
│ ├ 1136_vm
│ ├ 1137
│ ├ 1213
│ ├ 1213_fsm
│ ├ 1213_vm
│ :
│ ├ pg_control
│ ├ pg_filenode.map
│ └ pg_internal.init
├ log ─────────────────── ログファイルを格納するデフォルトのディレクトリ
├ pg_commit_ts ────────── トランザクションのコミット時刻のデータを保有するディレクトリ
├ pg_dynshmem ─────────── 動的共有メモリサブシステムで使われるファイルを保有するディレクトリ
├ pg_hba.conf ─────────── クライアント認証の設定ファイル
├ pg_ident.conf ───────── ユーザー名マッピングの設定ファイル
├ pg_logical ──────────── 主にロジカルレプリケーションのための状態データを保有するディレクトリ
```

図7.4　データベースクラスタのディレクトリ構成

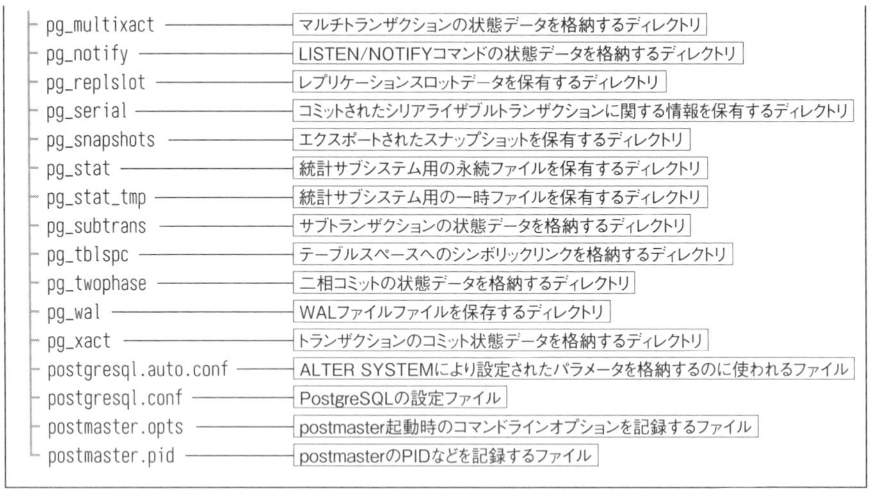

CHAPTER 7 PostgreSQLの仕組みを理解する

─ pg_multixact ───────	マルチトランザクションの状態データを格納するディレクトリ
─ pg_notify ───────	LISTEN/NOTIFYコマンドの状態データを格納するディレクトリ
─ pg_replslot ───────	レプリケーションスロットデータを保有するディレクトリ
─ pg_serial ───────	コミットされたシリアライザブルトランザクションに関する情報を保有するディレクトリ
─ pg_snapshots ───────	エクスポートされたスナップショットを保有するディレクトリ
─ pg_stat ───────	統計サブシステム用の永続ファイルを保有するディレクトリ
─ pg_stat_tmp ───────	統計サブシステム用の一時ファイルを保有するディレクトリ
─ pg_subtrans ───────	サブトランザクションの状態データを格納するディレクトリ
─ pg_tblspc ───────	テーブルスペースへのシンボリックリンクを格納するディレクトリ
─ pg_twophase ───────	二相コミットの状態データを格納するディレクトリ
─ pg_wal ───────	WALファイルファイルを保存するディレクトリ
─ pg_xact ───────	トランザクションのコミット状態データを格納するディレクトリ
─ postgresql.auto.conf ───────	ALTER SYSTEMにより設定されたパラメータを格納するのに使われるファイル
─ postgresql.conf ───────	PostgreSQLの設定ファイル
─ postmaster.opts ───────	postmaster起動時のコマンドラインオプションを記録するファイル
─ postmaster.pid ───────	postmasterのPIDなどを記録するファイル

図7.4 データベースクラスタのディレクトリ構成（続き）

では、データベースクラスタ内の主なディレクトリとファイルを見ていきましょう。

■ baseディレクトリ

baseディレクトリ内には、各データベースに対応するサブディレクトリが存在します。ディレクトリ名はデータベースのOIDです。OID（Object IDentifier：オブジェクト識別子）とは、データベースやテーブルなどに割り当てられた識別子です。データベースのOIDは、システムカタログ[15] pg_databaseのoid列を参照するとわかります。

【15】
システムカタログとは、テーブルや属性、インデックスの有無など、データベースの内部的な情報が格納されたテーブルです。

```
postgres=# SELECT oid, datname FROM pg_database; [16]
  oid  |  datname
-------+-----------
     1 | template1
 11866 | template0
 11874 | postgres
```

【16】
oid列は隠し列となっているため、「SELECT * FROM pg_database」を実行しても表示されません。明示的に指定する必要があります。なおPostgreSQLのバージョン12からは隠し列ではなく通常の列として扱われます。

データベースに対応するディレクトリ内には、そのデータベースに作成されたテーブルやインデックスのデータが格納されたファイルが存在します。このファイルのパスをテーブル名から調べるには、pg_relation_filepath関数が便利です[17]。

【17】
ファイル名はOIDと同じであることもありますが、通常は「ファイルノード番号」と呼ばれるOIDとは別の値になります。興味のある方は、システムカタログpg_classのoidとrelfilenodeの値がTRUNCATEコマンドを実行するとどのように変化するか確認してみてください。

```
postgres=# SELECT pg_relation_filepath('t1');
 pg_relation_filepath
----------------------
 base/13285/16415
```

256

7.2 PostgreSQLのデータベースファイル

> **さらに**
>
> テーブルのデータは基本的に1つのファイルに格納されます。ただし、ファイルのサイズが1GBを超えると1GB単位のセグメントにファイルが分割されます。分割されたファイルは、ファイルノード番号の最後に「.1」、「.2」、……というように数字の付いた名前になります。
>
> また、テーブルのフィールド値が大きすぎて収まらない場合は、TOAST（The Oversized-Attribute Storage Technique）という仕組みによって別のテーブル（TOASTテーブルと呼ばれます）にデータが格納されます。

> **さらに**
>
> ファイル名の末尾に「_fsm」、「_vm」が付いたファイルもあります。「_fsm」が付いたファイルは、該当するテーブルの空き領域を記録しています。fsmは「Free Space Map」の略です。「_vm」が付いたファイルは、たとえば、該当するテーブルがすべてのトランザクションから可視であるデータのみ含んでいるかといった情報を記録しています。vmは「Visibility Map」の略です。
>
> いずれもPostgreSQLが内部での処理を効率化するために利用しており、ユーザーは通常意識する必要はないものですが、内部の仕組みに興味のある方はマニュアルなどを参照してみてください。

■ globalディレクトリ

globalディレクトリ内には、ユーザーやデータベース、テーブルスペースに関する情報など、データベース間で共有されるシステムカタログが格納されます。

■ pg_tblspcディレクトリ

pg_tblspcディレクトリは、テーブルスペースを作成している場合に利用されます。

テーブルスペースとは、データベースやテーブルなどをデータベースクラスタ以外に格納する機能です。データベースクラスタとは別のディスク領域に設定したテーブルスペースを利用することで、ディスクI/Oを分散させたり、1つのデータベースクラスタで複数のディスクボリュームを利用する、といったことが可能になります。

次に、/home/postgres/pgsql/tblspcディレクトリへテーブルスペースを作成する例を示します。ディレクトリ自体はすでに作成済みの前提です。

PostgreSQLの仕組みを理解する

```
postgres=# CREATE TABLESPACE space1 LOCATION '/home/postgres/pgsql/tblspc';
CREATE TABLESPACE

postgres=# SELECT oid, * FROM pg_tablespace WHERE spcname = 'space1';
  oid  | spcname | spcowner | spcacl | spcoptions
-------+---------+----------+--------+------------
 16422 | space1  |       10 |        |

postgres=# CREATE TABLE table1 (i int) TABLESPACE space1;
CREATE TABLE
postgres=# \d table1
           Table "public.table1"
 Column |  Type   | Collation | Nullable | Default
--------+---------+-----------+----------+---------
 i      | integer |           |          |
Tablespace: "space1"
```

なお、lsコマンドで確認できるように、テーブルスペースはシンボリックリンクを利用して実現されています。

```
$ ls -l pgsql/11.0/data/pg_tblspc/16422
lrwxrwxrwx 1 postgres postgres 23 11月 11 15:58 pgsql/11.0/data/pg_tblspc/16422 -> /home/postgres/pgsql/tblspc
```

■pg_walディレクトリ

　pg_walディレクトリには、データベースへの変更を記録したWAL（Write Ahead Log）ファイルが格納されます。名前に「log」が含まれていますが、このファイルはPostgreSQLがクラッシュリカバリやストリーミングレプリケーション構成時などに利用します。ユーザーがソフトウェアの動作を追うことを目的としたいわゆるログファイルではありません。したがって、ディスク容量が足りないなどの理由で、削除してはいけません[18]。

　pg_walディレクトリ内に保存するWAL量は、最小／最大のWALサイズをそれぞれパラメータmin_wal_size、max_wal_sizeで指定して調整できます。これらのパラメータは目安であり、状況によってはWALファイルのサイズがmax_wal_sizeを超えることもあります。WALが書き込めなくなると、PostgreSQLはサービスを停止してしまうので、pg_walはmax_wal_sizeの値ぎりぎりには設定せず、必ずある程度余裕を持たせましょう。

[18]
pg_walはpg_xlogという名称でしたが、ログファイルと混同されることがあったため、PostgreSQL 10から名称が変更されました。

Chapter

8

PostgreSQLをきちんと使う

PostgreSQLをきちんと使う

この章では、日本語の扱いや、PostgreSQLの起動／停止、各種設定の反映方法など、データベースクラスタの作成やPostgreSQLの起動について、PostgreSQLをきちんと使うために知っておくべき機能について解説します。

8.1　日本語の扱い

ここでは、PostgreSQLで日本語を扱うために必要な設定や注意点について説明します。

8.1.1　ロケール

ロケールとは、文字の並び順や日時の書式など、国際化のためのさまざまな機能を提供する仕組みです。しかし、これらの機能の一部は、日本語を扱う際にはあまり必要がなかったり[1]、一部の検索が遅くなったり、プラットフォームによっては文字列の比較やソートでさまざまな問題が発生したりすることがあります。そのため、PostgreSQLで日本語を使う場合は、initdbを実行するときに--no-localeオプションを付加して、ロケールを無効にすることを推奨します。

[1] 英語以外のヨーロッパ言語などでは必要な機能です。

```
$ initdb --no-locale
```

initdbコマンドの実行時にロケールを指定すると、template0、template1データベースがここで指定したロケールとなります。以降は、このロケールが新しいデータベースを作成するときのデフォルトとなります。createdbコマンドでロケールの指定を省略した場合は、initdbで指定した（template1データベースの）ロケールが使われます。現在のロケールの設定を確認するには、「psql -l」を実行します。CollationとCtypeが「C」になっていれば、ロケールは無効になっています。

```
$ psql -l
                              List of databases
   Name    |  Owner   | Encoding | Collate | Ctype |   Access privileges
-----------+----------+----------+---------+-------+-----------------------
 postgres  | postgres | UTF8     | C       | C     |
 template0 | postgres | UTF8     | C       | C     | =c/postgres          +
           |          |          |         |       | postgres=CTc/postgres
 template1 | postgres | UTF8     | C       | C     | =c/postgres          +
           |          |          |         |       | postgres=CTc/postgres
 testdb    | postgres | UTF8     | C       | C     |
```

8.1.2 文字コード

データベースに文字を格納するときの文字コードを「データベースエンコーディング」といいます。データベースエンコーディングはデータベースを作成するときに指定します。選択するエンコーディングによって、使える文字の種類が決まります。日本語を使う場合は、UTF8やEUC_JPを選択するのが一般的です。

一方、クライアントで使用するエンコーディングを「クライアントエンコーディング」といいます。データベースエンコーディングとクライアントエンコーディングが違う場合、PostgreSQLの内部で文字コードの変換が行われます。クライアントエンコーディングは、データベースに接続するときや、接続した後の任意のタイミングで変更できます。そのため、LinuxのpsqlでアクセスするときはEUC_JP、WindowsのpsqlからアクセスするときはSJISと使い分けることもできます。

■ データベースエンコーディングの指定方法

initdbコマンドに-Eまたは--encodingオプションを使用してエンコーディングを指定すると、template0、template1データベースがここで指定したエンコーディングとなります。以降は、このエンコーディングが新しいデータベースを作成するときの標準として使われます。createdbコマンドで-Eまたは--encodingオプションを省略した場合は、initdbで指定した（template1データベースの）エンコーディングが使われます。現在のデータベースエンコーディングを確認するには、「psql -l」を実行します。

データベースエンコーディングの設定例を次に示します[2]。template1データベースと異なるエンコーディングのデータベースを作成するには、createdbコマンドの実行時に-Tオプションを使ってテンプレートデータベースにtemplate0を指定する必要があります。

【2】
ここでは、標準のエンコーディングがUTF8となっています。

```
$ createdb -E EUC_JP -T template0 newdb
$ createdb --encoding=EUC_JP -T template0 newdb2
$ createdb newdb3
$ psql -l
                          List of databases
    Name    |  Owner   | Encoding | Collation | Ctype |   Access privileges
------------+----------+----------+-----------+-------+------------------------
 newdb      | postgres | EUC_JP   | C         | C     |
 newdb2     | postgres | EUC_JP   | C         | C     |
 newdb3     | postgres | UTF8     | C         | C     |
 postgres   | postgres | UTF8     | C         | C     |
 template0  | postgres | UTF8     | C         | C     | =c/postgres          +
            |          |          |           |       | postgres=CTc/postgres
 template1  | postgres | UTF8     | C         | C     | =c/postgres          +
            |          |          |           |       | postgres=CTc/postgres
 testdb     | postgres | UTF8     | C         | C     |
```

261

PostgreSQLをきちんと使う

■ **クライアントエンコーディングの指定方法**

クライアントエンコーディングは、さまざまな方法で指定できます。

- パラメータclient_encodingで指定する[3]
- psqlで\encodingコマンドを使う
- libpqの環境変数PGCLIENTENCODINGを指定する

【3】
postgresql.confに定義できますが、SETコマンドで現在のセッションやトランザクションについてだけ変更することもできます。

現在のクライアントエンコーディングの設定値を確認するには、SHOWコマンドやpsqlの\encodingコマンドを実行します。次に\encodingによる変更および確認の例を示します。

```
postgres=# \encoding
UTF8
postgres=# \encoding SJIS
postgres=# \encoding
SJIS
```

8.1.3 EUC_JPとSJIS

ここでは、Windowsの文字コードを扱うときの諸問題について簡単に説明します。実際には文字コードについての問題は非常に複雑なので、本格的な対応を考える場合は専門の書籍などを参考にすることをおすすめします[4]。

【4】
『[改訂新版]プログラマのための文字コード技術入門』（矢野啓介著、技術評論社、2018年）などを参照してください。

Windowsでの文字コードは、Windows-31jやCP932などと呼ばれるもので、これはSJISに機種依存文字を加えたものになっています。この機種依存文字には、ギリシャ数字などの記号や「髙」（はしごだか）などの一部の漢字が含まれています。これらの機種依存文字は、一般的なEUC_JPでは扱うことができません。しかし、PostgreSQLでは、これらWindows-31jの機種依存文字をEUC_JPに変換するときに、EUC_JPの空き領域にマッピングしてくれるようになっています。このような拡張されたEUC_JPを「eucJP-open」と呼びます。

変換後のEUC_JPのコードは、通常は対応するフォントがないので表示することはできません。しかし、それらを再びSJISに変換すれば、元の文字コードに戻すことができます[5]。このため、データベースエンコーディングにEUC_JP、クライアントエンコーディングにSJISという設定であれば、機種依存文字も問題なく扱えるようになっています。

【5】
ただし、Windows-31Jの中には、同じ文字で別の文字コードを与えられたものが複数存在しています。これらはEUC_JPで1つの文字コードとして扱っているため、SJISに戻したときに同じ文字コードになるとは限りません。

プログラミング言語にも、文字コード変換機能があります。ここでは、PostgreSQLの文字コード変換機能とプログラミング言語の文字コード変換機能をどのように使い分ければいいか考えてみましょう。

■ PHPの場合

PHPの文字コードは、`default_charset`で設定します[6]。以下ではPostgreSQLとPHPの文字コードのパターン例を紹介します。

（1）PostgreSQL、PHP、HTMLすべてUTF8の場合

`default_charset`にUTF8を設定します。

- php.ini

  ```
  default_charset = UTF-8
  ```
- httpd.conf／.htaccess

  ```
  php_value default_charset UTF-8
  ```
- nginx default.conf

  ```
  fastcgi_param PHP_VALUE "default_charset=UTF-8";
  ```

（2）PostgreSQL、PHP、HTMLもすべてEUC-JPの場合

`default_charset`にEUC-JPを設定します。設定する値は「EUC_JP」となります。

- php.ini

  ```
  default_charset = EUC_JP
  ```
- httpd.conf／.htaccess

  ```
  php_value default_charset EUC_JP
  ```
- nginx default.conf

  ```
  fastcgi_param PHP_VALUE "default_charset=EUC_JP";
  ```

（3）PostgreSQLはEUC_JP、PHPとHTMLはUTF8の場合

データベース接続時のデータソース名（Data Source Name：DSN）に`--client_encoding`オプションを付ける、あるいは`pg_set_client_encoding`関数を使用することで、PHP側のエンコーディングを指定します。この指定により、データをデータベースからPHPに持ってくる、あるいはPHPからデータベースに持っていくときにエンコーディングが変換されます。

- 例1

  ```
  $dbh = new PDO("pgsql:host=localhost; port=5432; dbname=testdb; ➡
  options='--client_encoding=UTF-8';", $user, $pass);
  ```
- 例2

  ```
  $conn = pg_pconnect('host=localhost port=5432 dbname=testdb');
  pg_set_client_encoding($conn, 'UTF-8');
  ```

例2では、Webページ（HTML）がUTF8なので、`default_charset`を'UTF-8'に設定しています。

> 【6】
> 古いバージョンのPHPでは、mbstring.internal_encodingなどで設定していましたが、PHP 5.6.0以降では非推奨です。

■Javaの場合

Javaの内部では文字列をすべてUTF16として扱います。このため、アプリケーション側でUTF16以外の文字コードを使う場合は、まずJavaがUTF16への変換を行います。PostgreSQLのclient_encodingは、JDBCドライバーによってUTF8に設定されます。

■格納されている文字コードを確認する

文字コードに関する問題が発生してしまった場合、その問題がプログラミング言語側で発生しているのかデータベース側で発生しているのか、どの文字コードで問題が発生しているのかを切り分けることが重要です。

データベースの中に格納されている文字列の文字コードは、encode関数で確認することができます。次の例は、データベースエンコーディングがUTF8のものです。

```
utf8db=> create table tbl1(t text);
create table
utf8db=> insert into tbl1 values ('あいうえお');
insert 0 1
utf8db=> select encode(t::bytea, 'hex'), t from tbl1;
              encode                |     t
------------------------------------+------------
 e38182e38184e38186e38188e3818a     | あいうえお
```

この結果から、「あ」の文字コードは16進数でe38182、「お」はe3818aとしてデータベースに格納されていることがわかります。

同様に、データベースエンコーディングがEUC_JPの場合は、次のような結果になります。

```
eucdb=> select encode(t::bytea, 'hex'), t from tbl1;
         encode          |     t
-------------------------+------------
 a4a2a4a4a4a6a4a8a4aa    | あいうえお
```

EUC_JPではひらがなは2バイトになります。「あ」はa4a2、「お」はa4aaとしてデータベースに格納されていることがわかります。

8.2 チェックサム

データベースは、データを正しく保存できなければなりませんが、現実にはハードウェア故障などによりデータが破損する可能性があります。

PostgreSQLはデータチェックサム機能により、保存したデータが破損したことを検知する仕組みを提供しています。この機能を有効にすると、PostgreSQLはまずデータを書き込む際にチェックサムを計算および保存します。そして、データを読み込む際に改めてチェックサムを計算し、保存しておいたチェックサム値と比較し、値が異なる場合はメッセージを出力します。

initdbコマンド実行時に-kオプションを指定すれば、データベースクラスタのチェックサム機能を有効にすることができます。ただし、データベースクラスタ作成後は変更できない点に注意してください[7]。

```
$ initdb -k
```

チェックサムの設定は、パラメータ data_checksums で確認できます。

```
postgres=# SHOW data_checksums;
data_checksums
----------------
 on
```

チェックサムが異なるデータを発見した場合、PostgreSQLは以下のようにメッセージを出力します。

```
postgres=# SELECT * FROM t1;
WARNING:  page verification failed, calculated checksum 14315 but expected 33427
ERROR:  invalid page in block 0 of relation base/13285/16391
```

また、pg_verify_checksums コマンドを利用すれば、現在のデータベースクラスタ内でデータが破損していないかをチェックすることができます。なお、pg_verify_checksums コマンドはPostgreSQLを正常に停止した状態で動作させる必要があります。エラーがなければ0が返され、エラーがあれば非ゼロ（通常は1）が返されます[8]。

【7】
ただし、PostgreSQL 12 ではpg_checksumsコマンドを利用して、データベースクラスタ作成後もチェックサム機能の有効化・無効化が可能になります。

【8】
なお、PostgreSQL 12では pg_verify_checksums コマンドはpg_checksums という名称に変更されます。

PostgreSQLをきちんと使う

```
$ pg_verify_checksums -D data
pg_verify_checksums: checksum verification failed in file "data/base/13285/16391", ⏎
block 0: calculated checksum 37EB but block contains 8293
Checksum scan completed
Data checksum version: 1
Files scanned:   935
Blocks scanned:  2913
Bad checksums:   1          ──────エラーあり
```

8.3 PostgreSQLの起動と停止

ここでは、PostgreSQLの起動と停止の方法について説明します。

PostgreSQLの起動や停止を行うには、pg_ctlコマンドを使用します。コマンドを実行するユーザーはinitdbコマンドでデータベースクラスタを作成したユーザーでなければなりません。

pg_ctlコマンドでは、データベースクラスタの場所を指定する必要があります。データベースクラスタの場所は-Dオプション、または環境変数PGDATAで指定します。両方とも指定されている場合には、-Dオプションで指定したデータベースクラスタが優先されます。

8.3.1 PostgreSQLの起動

PostgreSQLを起動するには、pg_ctlコマンドをstartモードで実行します。

```
$ pg_ctl start
waiting for server to start.... done
server started
```

【9】
PostgreSQLのバージョンが9.6以下の場合、pg_ctl startはPostgreSQLの起動を待たずにコマンドが返ってきました。バージョン9.6以下の環境でデータベースに接続して何か処理するようなスクリプトを記述する場合は、-wオプションを指定するとよいでしょう。

デフォルトでは、PostgreSQLの起動が完了するまでコマンドは終了しません[9]。pg_ctlコマンドがPostgreSQLの起動を待つ時間はデフォルトでは60秒です。-tオプションや環境変数PGCTLTIMEOUTで任意の時間に変更することも可能です。

PostgreSQLが起動しているかどうかを確認するには、pg_ctlコマンドをstatusモードで実行します。PostgreSQLが起動中の場合には、サーバープロセスのプロセスIDと起動時のコマンドラインが表示されます。

```
$ pg_ctl status
pg_ctl: server is running (PID: 501)
/usr/pgsql-11/bin/postgres
```

8.3.2 PostgreSQLの停止

PostgreSQLを停止するには、pg_ctlコマンドをstopモードで実行します。

```
$ pg_ctl stop
waiting for server to shut down.... done
server stopped
```

stopモードもstartモードと同様に、PostgreSQLが停止するまで待ちます。

PostgreSQLを停止するにはいくつか方法があります。どのようにPostgreSQLを停止するかは、次の3つの停止モードから選択できます（**表8.1**）。

表8.1　PostgreSQLの停止モード

モード	説明
smartモード	接続中のクライアントが切断するのを待ってから停止する
fastモード	接続中のクライアントを強制的に切断して停止する。実行中のSQLはアボートされる。［デフォルト値］
immediateモード	クリーンアップ処理をせずサーバープロセスを停止する。再起動時にはクラッシュリカバリが行われる

停止モードは-mオプションで指定します。デフォルトはfastモードです。smartモードでPostgreSQLを停止するには次のように指定します。

```
$ pg_ctl stop -m smart
```

immediateモードは、クライアントが接続中でも停止できるという点ではfastモードと同じですが、クリーンアップ処理をせずにサーバープロセスを停止する点が異なります。クリーンアップ処理を行わないということは、サーバープロセスがクラッシュして停止したのと同じです。そのため、PostgreSQLの再起動時には復旧処理が行われます。したがって、サーバーに過負荷がかかってfastモードでの停止を受け付けないといった場合を除き、通常はimmediateモードでPostgreSQLを停止してはいけません。

8.4　設定——postgresql.conf

PostgreSQLの最も基本的な設定ファイルであるpostgresql.confで扱える設定について見ていきましょう。

PostgreSQLは、設定パラメータによって、その設定の反映されるタイミングが異なりま

す。たとえば、max_connections（最大同時接続数）はpostmasterを起動したときにのみ設定が反映されますが、client_encoding（クライアントの文字コード）はいつでも設定を変更することができます。

8.4.1 設定変更の方法

主な設定変更の方法について説明します。

■postgresql.confの編集

postgresql.confは、データベースクラスタ $PGDATA直下にあるテキストファイルです。このファイルをvimなどのテキストエディタで編集し、pg_ctlコマンドをreloadモードまたはrestartモードで実行するのが、基本的な設定変更の手順です。

reloadモードでは、PostgreSQLにSIGHUPシグナルを送信して、設定ファイルを再読み込みさせます。restartモードと異なり、reloadモードではサービスは停止しません。

```
$ pg_ctl reload
server signaled

$ pg_ctl restart
waiting for server to shut down.... done
server stopped
waiting for server to start.... done
server started
```

すべてのパラメータがreloadモードで変更できればよいのですが、max_connectionsやshared_buffersなどの一部の設定パラメータは設定ファイルの再読み込みでは反映できず、PostgreSQLを再起動する必要があります[10]。PostgreSQLを再起動するには、pg_ctlコマンドをrestartモードで実行します。restartモードでPostgreSQLを再起動することは、stopモードで停止してからstartモードで起動することと同じです。停止から起動までの間サービスは停止します。

■ALTER SYSTEMコマンド

psqlなどのクライアントプログラムからALTER SYSTEMコマンドを使うと、postgresql.confを編集することなくPostgreSQLの設定を変更できます。

```
postgres=# ALTER SYSTEM SET max_connections TO 300;
ALTER SYSTEM
```

[10]
どのパラメータが再起動（restart）を必要とするか確認する方法は、本章の「8.4.2 設定反映のタイミング」で説明します。

ALTER SYSTEMコマンドで変更しても、PostgreSQLの再起動を必要とするパラメータは、再起動されるまで反映されません。SHOWコマンドを利用すると現在の設定値を参照できます。

```
postgres=# SHOW max_connections ;
 max_connections
-----------------
 100

$ pg_ctl restart
waiting for server to shut down.... done
server stopped
server started

postgres=# SHOW max_connections ;
 max_connections
-----------------
 300
```

ALTER SYSTEMコマンドで変更されたパラメータは、postgresql.auto.confというpostgresql.confとは別ファイルで管理されます。ALTER SYSTEMコマンドを利用している場合は、postgresql.confだけ確認して設定値を誤解しないよう注意しましょう。

■SETコマンド

SQLコマンドのSETで変更できるパラメータもあります。SETコマンドで変更したパラメータは、設定したセッション内でのみ有効になります[11]ので、一時的に設定を変更したい場合に利用するとよいでしょう。変更したパラメータを元に戻すには、SQLコマンドのRESETを実行します。

```
postgres=# SHOW work_mem;
 work_mem
----------
 4MB

postgres=# SET work_mem TO '32MB';
SET
postgres=# SHOW work_mem ;
 work_mem
----------
 32MB
```

【11】
セッション内で有効になるのはデフォルトの動作です。「SET LOCAL パラメータ名 TO 値」とすれば、現在のトランザクション内においてだけパラメータを変更することもできます。

さらに

パラメータによっては、SQLコマンドのALTER DATABASEやALTER ROLEを使って、特定のデータベースやユーザーに対して固有のパラメータを設定できます。

libpq経由で接続する場合、クライアント側で環境変数PGOPTIONSを使って、その接続固有のパラメータを設定できます。

また、pg_ctlによる起動時に、-cを利用すればコマンドラインオプションで設定パラメータを渡すこともできます。

```
$ pg_ctl start -o "-c port=5433 -c max_connections=50"
```

8.4.2 設定反映のタイミング

さまざまな設定変更の方法があることを見てきましたが、各パラメータがどの方法で変更できるのか確認する必要があります。

PostgreSQLマニュアルの各パラメータの説明中にも記載がありますが、pg_settingsビュー[12]のcontextフィールドからも確認できます。

pg_settingsビューのcontextフィールドは、その設定がどのタイミングで読み込まれるかを表します（**表8.2**）。

[12]
ビューとは、仮想的なテーブルです。テーブルと異なり実際にデータは保持せず、ビューを参照するとあらかじめ定義したSELECT文が実行されます。

表8.2 pg_settingsビューのcontextフィールド

contextの値	設定が読み込まれるタイミング
internal	server_versionのように表示専用。変更不可
postmaster	PostgreSQLサーバーの起動時だけ設定を変更できる。pg_ctlで変更する場合restartが必要
sighup	SIGHUPシグナルを受けたときに読み込む。pg_ctlで変更する場合はreloadで変更可能
backend	誰でもクライアントからの接続時に変更可能。接続後は変更不可
superuser-backend	スーパーユーザーに限りクライアントからの接続時に変更可能。接続後は変更不可
user	誰でもSQLコマンドのSETで変更可能
superuser	スーパーユーザーに限りSQLコマンドのSETを発行したときに変更可能

また、pg_settingsビューのsourceフィールドは、現在の設定値がどのように与えられたかを表します（**表8.3**）。

表 8.3 pg_settings ビューの source フィールド（一部）

source の値（一部）	設定値が与えられた方法
default	初期値
configuration file	postgresql.conf で値が設定された
database	SQL コマンドの ALTER DATABASE で設定された
user	SQL コマンドの ALTER ROLE で設定された
session	SQL コマンドの SET で設定された

さらに

　ここまでに紹介したパラメータ以外にも、「格納パラメータ」と呼ばれるテーブル単位で設定可能なパラメータもあります。テーブル単位でバキューム（VACUUM）を無効にしたり、パラレルクエリが動作するワーカー数を固定したりするなど、きめ細かい動作を設定できます。どのような項目が設定できるか興味がある方は、PostgreSQL のマニュアルの CREATE TABLE、CREATE INDEX の格納パラメータに関する記述を参照してください。

Chapter

9

PostgreSQLをセキュアに使う

PostgreSQLをセキュアに使う

この章では、PostgreSQLサーバーへのネットワーク接続や、データベース内のオブジェクトへのアクセス権限の設定方法など、PostgreSQLのセキュリティ関連の機能について解説します。

9.1 ネットワークからのアクセス制御

ネットワークからの接続を許可するには、postgresql.confとpg_hba.confの設定が必要です。これら2つのファイルは、データベースクラスタの直下にあります。postgresql.confでは、ネットワークからの接続を許可するインターフェイス（IPアドレスやポートなど）を設定します。pg_hba.confでは、接続元、データベース、ユーザーの組み合わせに対してどのような認証を行うか（あるいは認証を行わずに接続を許可あるいは拒否するか）などの細かい設定が可能です。

では、ネットワーク経由での接続を許可する設定について、順を追って見ていきましょう。

9.1.1 listen_addresses —— 接続の制御

ネットワークからのアクセスを許可するインターフェイスのIPアドレスまたはホスト名は、postgresql.confのパラメータlisten_addressesに指定します。複数のネットワークインターフェイスを持つマシンであれば、「そのうちの特定のネットワークからのみ接続を許可する」といった設定ができます。listen_addressesのデフォルトの値はlocalhostですが、これはそのPostgreSQLが稼働しているホストのTCP/IPループバックアドレス、つまり127.0.0.1からの接続のみ受け付けるということです。

たとえば、127.0.0.1と192.168.0.1という2つのIPアドレスを持つマシン上でPostgreSQLが動作しているとします。このマシンからpsqlでそれぞれのアドレスに接続すると、次のようになります。

```
$ psql -h 192.168.0.1 template1
psql: could not connect to server: 接続を拒否されました
  Is the server running on host "192.168.0.1" and accepting
  TCP/IP connections on port 5432?

$ psql -h localhost template1
psql (11.0)
Type "help" for help.
```

このように、デフォルトではループバックアドレスからの接続のみ許可されます。ここで、

9.1 ネットワークからのアクセス制御

listen_addresses = '' と指定すると、TCP/IP接続を一切受け付けなくなります[1]。第2章で設定したように、listen_addresses = '*' と指定すると、存在するすべてのインターフェイスからのTCP/IP接続を受け付けます。また、次のようにカンマで区切って複数のIPアドレスやホスト名を指定することもできます。

```
listen_addresses = 'localhost,192.168.0.1'
```

では、外部からネットワーク経由での接続を許可するようにしてみましょう。この場合は、listen_addressesに '*'（すべて許可）を指定します。

```
listen_addresses = '*'
```

この設定の変更を反映するには、PostgreSQLの再起動が必要です。次のコマンドを実行してください。

```
$ pg_ctl restart
```

では再び、192.168.0.1のIPアドレスへ接続してみましょう。

```
$ psql -h 192.168.0.1 template1
psql: FATAL:  no pg_hba.conf entry for host "192.168.0.1", user "postgres",
database "postgres"
```

今度は違うメッセージが表示されて接続が拒否されてしまいました。このメッセージについては、次項で説明します。

9.1.2 pg_hba.conf —— クライアント認証

pg_hba.confファイルでは、接続元のホスト（IPアドレス）、接続先データベース名、ユーザー名の組み合わせに対して接続を許可するか、あるいはどのような認証を行うかを設定します。接続要求に対してバックエンドはpg_hba.confを先頭から順番にチェックし、一致するホスト、データベース名、ユーザー名の組み合わせを発見すると、そこに記述された認証を行います。一致しなければ、pg_hba.confの次の行と照合します。

少しわかりにくいかもしれませんが、先ほど説明したpostgresql.confのlisten_addressesに指定するのはPostgreSQLが動作しているサーバー（待ち受け側）のIPアドレスで、pg_hba.confに指定するのはPostgreSQLに接続するマシンのIPアドレスです。間違えないように注意してください。

[1]
この場合、UNIXであればUNIXドメインソケットを使って接続できます。

275

■trust —— 認証を行わずに接続を許可する

デフォルトのpg_hba.confファイルは、次のようになっています。

```
# "local" is for Unix domain socket connections only
local   all         all                                 trust
# IPv4 local connections:
host    all         all         127.0.0.1/32            trust
# IPv6 local connections:
host    all         all         ::1/128                 trust
```

「#」で始まるコメント行や空行は無視されます。では、それら以外の行を順に詳しく見てみましょう。まず2行目です。

- 先頭のlocalは、UNIXドメインソケットからの接続についての記述であることを意味する
- 2番目の値はデータベース名。allはすべてのデータベースを意味する
- 3番目の値はユーザー名。allはすべてのユーザーを意味する
- 4番目の値は、どのような認証を行うかを意味する。trustは認証を行うことなく接続を許可することを意味する

つまり、この1行は「UNIXドメインソケットからの接続は、どのデータベース、どのユーザーでも認証を行わず、接続を許可する」ことを意味します。

次に4行目を見ていきましょう。

- 先頭のhostは、TCP/IPからの接続を意味する
- 次の2つは先ほどと同じくデータベース名とユーザー名を意味する
- 4番目の値はIPアドレスの範囲。127.0.0.1/32は、127.0.0.1のビットマスク32（ループバックアドレス）を意味する
- 5番目のtrustも先ほどと同様、認証を行うことなく接続を許可することを意味する

つまり、この1行は、「TCP/IP経由で、ループバックアドレスからやってきた接続すべてに、認証を行うことなく接続を許可する」ことを意味します。6行目はIPv6のループバックアドレスについても同様に認証を行うことなく接続を許可することを意味します。

データベース名、ユーザー名、接続元の組み合わせがどの行にも一致しなかった場合、接続は拒否されます。先ほどの「no pg_hba.conf entry for ……」というメッセージはこの状態を意味します。

では、192.168.0.0～192.168.0.255までのアドレスからの接続を許可するように設定してみ

9.1　ネットワークからのアクセス制御

ましょう。pg_hba.confに次の1行を追加します。

```
host    all       all        192.168.0.0/24       trust
```

　pg_hba.confの変更後にPostgreSQLを再起動する必要はありませんが、設定を読み込み直す必要があります。

```
$ pg_ctl reload
server signaled
```

　これで192.168.0.1へも接続できるようになりました。

```
$ psql -h 192.168.0.1 template1
psql (11.0)
Type "help" for help.
```

▶さらに

　SSLを利用して通信が暗号化された接続しか受け付けないようにアクセス制御するhostsslというパラメータもあります。SSLによる暗号化については、本章の「9.4 通信の暗号化」を参照してください。

■ reject —— 認証を行わずに接続を拒否する

　rejectはtrustの逆で、接続を拒否します。先ほどpg_hba.confに追加した行の前に、次の1行を追加してみましょう。

```
host    db1       all        192.168.0.0/24       reject ——この行を追加
host    all       all        192.168.0.0/24       trust
```

　これで、以下のように192.168.0.0 ~ 192.168.0.255からdb1というデータベースへのアクセスは拒否され、それ以外のデータベースへのアクセスは許可されるようになります。

```
$ createdb db1
$ pg_ctl reload
server signaled
$ psql -h 192.168.0.1 db1
psql: FATAL: pg_hba.conf rejects connection for host "192.168.0.1", user "postgres", ➡
 database "db1"

$ psql -h 192.168.0.1 template1
psql (11.0)
Type "help" for help.
```

　注意しなければならないのは、pg_hba.confは上の行から順番にチェックされるということです。次のように、先ほどとは逆の順番で指定すると、db1への接続に対して先にtrustがマッチしてしまうため、rejectを指定した行は意味がなくなってしまい、期待したようには動作しません。

```
host    all    all    192.168.0.0/24    trust
host    db1    all    192.168.0.0/24    reject
```

■md5 ── パスワード認証を行う[2]

　md5は、MD5ハッシュアルゴリズムを用いたパスワード認証を行います。次のように、pg_hba.confにさらに1行を追加してみましょう。

```
host    all    user1    192.168.0.0/24    md5 ───この行を追加
host    db1    all      192.168.0.0/24    reject
host    all    all      192.168.0.0/24    trust
```

　次に、createuserコマンドでユーザーを作成し、パスワードを設定します。

```
$ createuser -S -D -R -P user1
Enter password for new role: ───パスワードを入力
Enter it again: ───パスワードを再入力
```

　-Pオプションは、パスワードの設定を行うことを意味します。既存のユーザーのパスワードを設定するには、psqlの\passwordコマンドを使用します。

```
template1=# \password user1
Enter new password:
Enter it again:
```

[2]
md5によるパスワード認証では十分なセキュリティが確保できないため、後述のscram-sha-256が導入されています。パスワード認証が必要であれば、特別な理由がない限り、scram-sha-256を選択しましょう。

ユーザーの作成とパスワードの設定は、SQLコマンドのCREATE ROLEやALTER ROLEでもできます。これらのコマンドは、次のようにpsqlなどから実行します。

```
template1=# CREATE ROLE user2 WITH LOGIN PASSWORD 'user2';
CREATE ROLE
template1=# ALTER ROLE user1 PASSWORD 'u1';
ALTER ROLE
```

SQLコマンドでパスワードを設定すると、コマンド履歴やサーバーログにパスワードが残るため、\passwordコマンドを使ったほうが安全です。

では、pg_hba.confを再読み込みさせた後、パスワードによる認証を実行してみましょう。

```
$ pg_ctl reload
server signaled
$ psql -h 192.168.0.1 -U user1 template1
Password for user user1: [誤ったパスワードを入力] ──── 間違ったパスワードを入力

psql: FATAL:  password authentication failed for user "user1"

$ psql -h 192.168.0.1 -U user1 template1
Password for user user1: [正しいパスワードを入力] ──── 正しいパスワードを入力

psql (11.0)
Type "help" for help.
```

パスワード認証に失敗した場合は、そこで接続は失敗となります。pg_hba.confの次の行の認証が試行されるわけではないので注意してください。

■scram-sha-256 ── 堅牢なパスワード認証を行う

md5は古くからPostgreSQLでサポートされているパスワード認証方式ですが、アルゴリズムが比較的単純であることなどから、近年では十分なセキュリティが確保できないとされています。これを受けて導入されたのがscram-sha-256です。より堅牢なパスワード認証ができます。先ほどmd5で認証していたuser1を、scram-sha-256に変更してみましょう。

まず、パスワードを暗号化するアルゴリズムを指定するパラメータpassword_encryptionのデフォルトがmd5なので、これをscram-sha-256に変更します。

パスワードがmd5とscram-sha-256のどちらで保存されているかは、pg_authidカタログのrolpassword列の先頭の文字から確認できます[3]。

【3】
通常はpassword_encryptionは運用途中に変更しないため、この確認作業も必要ないと考えますが、今回は解説のために紹介しています。

PostgreSQLをセキュアに使う

```
template1=# SELECT rolname, rolpassword FROM pg_authid WHERE rolname = 'user1';
 rolname |              rolpassword
---------+---------------------------------------
 user1   | md57d1b5a4329b6478e976508ab9a49ee3d

template1=> SET password_encryption TO 'scram-sha-256';
```

改めてパスワードを設定します。

```
template1=> \password user1
Enter new password:
Enter it again:

template1=# SELECT rolname, rolpassword FROM pg_authid WHERE rolname = 'user1';
 rolname |              rolpassword
---------+---------------------------------------
 user1   | SCRAM-SHA-256$4096:3xfAnGZyzcHa+Ue..
```

pg_hba.confを以下のようにscram-sha-256に書き換えます。

```
host    all    user1    192.168.0.0/24    scram-sha-256
```

設定を再読み込みさせれば、以降のuser1での接続の認証にはscram-sha-256が利用されるようになります。

```
$ pg_ctl reload
server signaled
```

> **さらに**
>
> 認証方式には、他にもKerberosやPAMなどの外部モジュールを使った方法を選択できます。詳細については、PostgreSQL 11ドキュメントの第20章「クライアント認証」を参照してください。

9.2 ユーザーによるアクセス制御

PostgreSQLのアクセス制御は、ユーザー[4]によるアクセス制御と、データベースオブジェクトへのアクセス制御の2種類があります。本節ではユーザーによるアクセス制御について説明します。データベースオブジェクトへのアクセス制御については次節で説明します。

[4]
正確には、ロールによってアクセス制御します。ロールは、ユーザーとユーザーのグループを包む概念です。

9.3 データベースオブジェクトへのアクセス制御

ユーザー単位で制御できる権限を**表9.1**に示します。表中のデフォルトはCREATE USER
コマンドでユーザーを作成した場合のデフォルト権限です。

表 9.1 ユーザーによるアクセス制御

権限	デフォルト
スーパーユーザー	なし
権限の継承	あり
ユーザー作成	なし
データベース作成	なし
ログイン	あり
レプリケーション	なし
最大接続数	無制限
パスワードの有効期限	無期限
RLS[5]の無視	なし

CREATE ROLEコマンドで作成した場合、ログイン権限はデフォルトでは付与されませ
ん。

ALTER ROLEコマンドにより、user1にスーパーユーザー権限を与える例を示します。

スーパーユーザー権限以外についても、同様にALTER ROLEコマンドで変更できます。

```
postgres=# SELECT rolname, rolsuper FROM pg_roles WHERE rolname = 'user1';
 rolname | rolsuper
---------+----------
 user1   | f

postgres=# ALTER ROLE user1 SUPERUSER;
ALTER ROLE

postgres=# SELECT rolname, rolsuper FROM pg_roles WHERE rolname = 'user1';
 rolname | rolsuper
---------+----------
 user1   | t
```

【5】
RLS (Row Level Secu-
rity : 行セキュリティポリ
シー) は行単位でユーザー
の権限を制御する仕組みで
す。概要については、本章の
「9.3.7 行の参照の許可」
を参照してください。

9.3 データベースオブジェクトへのアクセス制御

PostgreSQLでは、データベース自身やデータベース内のさまざまなオブジェクト（テーブ
ルや関数など）に対して、ユーザーごとに細かくアクセス権限を設定できます。主なデータ
ベースオブジェクトとそれに設定できるアクセス権限を**表9.2**に示します。

表9.2 データベースオブジェクトへのアクセス制御

オブジェクトの種類	権限の種類	説明	デフォルトのアクセス権 所有者	デフォルトのアクセス権 所有者以外
テーブル、ビュー	SELECT	テーブル、ビューの参照、COPY TO	○	
	INSERT	テーブルへの行の追加、COPY FROM	○	
	UPDATE	テーブルへの行の更新	○	
	DELETE	テーブルの行の削除	○	
	TRUNCATE	TRUNCATE	○	
	REFERENCES	外部キーの参照、被参照	○	
	TRIGGER	テーブルへのトリガ[6]の作成	○	
列	SELECT	テーブルの列の参照	○	
	INSERT	テーブルへの行（指定した列のみ）の挿入	○	
	UPDATE	テーブルの行（指定して列のみ）の更新	○	
	REFERENCES	外部キーの参照、被参照	○	
シーケンス	SELECT	currval	○	
	UPDATE	nextval、setval	○	
	USAGE	currval、nextval	○	
データベース	CREATE	スキーマの作成	○	
	CONNECT	データベースへの接続	○	○
	TEMPORARY	テンポラリテーブルの作成	○	○
関数	EXECUTE	関数の実行	○	○
言語	USAGE	手続言語を使った関数の作成	○	○
スキーマ	CREATE	スキーマ内へのオブジェクトの作成	○	
	USAGE	スキーマ内のオブジェクトへのアクセス	○	
テーブルスペース	CREATE	テーブルスペース内へのテーブル、インデックスの作成	○	

[6] トリガとは、あるSQLの動作（値の挿入など）を契機（引き金）として、自動的に特定の関数を実行する仕組みです。

9.3.1 所有者とスーパーユーザー

　データベースオブジェクトの作成者は、そのオブジェクトの所有者となります。所有者はそのオブジェクトの編集と削除ができます。また、そのオブジェクトに対してすべての権限を持ちます。テーブルの場合であれば、CREATE TABLEを実行したユーザーが所有者となり、そのユーザーだけがALTER TABLEやDROP TABLEでテーブルを編集／削除できます。さらに、テーブルをSELECTやUPDATEなどで操作する権限も持ちます。

　スーパーユーザーはすべてのオブジェクトに対してすべての権限を持ちます。また、表9.2の「デフォルトのアクセス権」は、所有者でもスーパーユーザーでもない一般のユーザーが、デフォルトでオブジェクトに対するアクセス権限を持つかどうかを表しています。このように、テーブルの場合、一般のユーザーはデフォルトでは一切アクセスできませんが、関数

の場合は一般のユーザーでもデフォルトで実行できます。これらの権限は、後ほど説明するGRANT、REVOKEコマンドで変更できます。

　テーブルの所有者は、psqlの\dコマンドで参照できます。また、SQLコマンドの「ALTER TABLE tablename OWNER TO new_owner」で所有者を変更できます。

```
postgres=# CREATE TABLE testtable(i INTEGER);
CREATE TABLE
postgres=# \d
          List of relations
 Schema |   Name    | Type  | Owner
--------+-----------+-------+-------
 public | testtable | table | postgres

postgres=# CREATE USER guest;      ────guestユーザーを作成
CREATE ROLE
=postgres=# \c - guest        ────────guestユーザーとして接続しなおす
You are now connected to database "postgres" as user "guest".
postgres=> SELECT * FROM testtable ;
ERROR:  permission denied for table testtable
```

9.3.2 権限の付与／剥奪

■オブジェクトへの権限の付与／剥奪

　テーブルなどのオブジェクトに対して権限を与えるにはSQLコマンドのGRANTを使用し、権限を剥奪するにはREVOKEを使用します。

```
postgres=> \c - postgres
postgres=# GRANT SELECT, INSERT ON testtable TO guest;
GRANT
postgres=# \c - guest
You are now connected to database "postgres" as user "guest".
postgres=> INSERT INTO testtable VALUES (1);
INSERT 0 1
postgres=> SELECT * FROM testtable;
 i
---
 1
```

283

■スキーマへの権限の付与／剥奪

　PostgreSQLには、テーブル、インデックス、関数などを論理的にグルーピングする「スキーマ」という概念があります。スキーマを利用して、業務の種類ごとに異なるスキーマを割り当てれば、同名のテーブルをスキーマごとに作成することも可能になります。特に指定しない場合、「public」という名前のスキーマに所属します。

　スキーマ内のすべてのオブジェクトに対してまとめてアクセス権限を設定できます。testschemaスキーマ内のすべてのテーブルに対するSELECT権限をguestユーザーに与えるには、以下のようにGRANTを実行します。

```
postgres=# CREATE SCHEMA testschema;
CREATE SCHEMA
postgres=# GRANT SELECT ON ALL TABLES IN SCHEMA testschema TO guest;
GRANT
```

　ただし、スキーマ内のすべてのオブジェクトに対してアクセス権限を設定しても、そのあとに作成されたオブジェクトには適用されません。今後作成されるオブジェクトのデフォルトのアクセス権限も変更するには、ALTER DEFAULT PRIVILEGESで設定できます。testschemaスキーマ内に今後作成されるテーブルに対するSELECT権限をguestユーザーに与えるようにするには、以下のようにALTER DEFAULT PRIVILEGESを実行します。

```
=# ALTER DEFAULT PRIVILEGES IN SCHEMA testschema GRANT SELECT ON TABLES TO guest;
ALTER DEFAULT PRIVILEGES
```

9.3.3 サーチパスの保護

　直前の「スキーマへの権限の付与／剥奪」で述べたように、特にスキーマを指定しないでオブジェクトを作成した場合、そのオブジェクトはpublicスキーマに所属します。この仕組みを利用すると、悪意を持つユーザーがPostgreSQLの組み込み関数などと同名の関数を作成すれば、この関数を他のユーザーに実行させることが可能になります[7]。

　以下では、組み込み関数のlower()を使った簡単な例を示します。lower()は、大文字がある場合、小文字に変換した結果を出力します。

```
postgres=# CREATE TABLE testtable (col VARCHAR);
CREATE TABLE

postgres=# INSERT INTO testtable VALUES ('AaA');
INSERT 0 1
```

【7】
この問題は、CVE-2018-1058として報告されています。なおCVEとは、Common Vulnerabilities and Exposures（共通脆弱性識別子）の略で、脆弱性に関する問題のリストが以下で公開されています。
http://cve.mitre.org/

9.3　データベースオブジェクトへのアクセス制御

```
postgres=# SELECT * FROM testtable;
col
-----
AaA

postgres=# SELECT lower(col) FROM testtable ;
lower
-------
aaa
```

ユーザー attacker が独自の lower() 関数を public スキーマに作成します。

```
postgres=> CREATE FUNCTION lower(varchar) RETURNS text AS $$
  SELECT 'ATTACKED! : ' || $1;
  $$ LANGUAGE SQL IMMUTABLE;
```

postgres ユーザーが lower() を実行すると、組み込み関数の lower() を呼び出したつもりが、attacker が作成した関数が呼び出されてしまいます。

```
postgres=# SELECT lower(col) FROM testtable;
     lower
-----------------
  ATTACKED! : AaA
```

このような攻撃を防ぐためには、以下のいずれかの手段をとる必要があります。

- オブジェクト名のみではなく、スキーマ名も明記する。たとえば、lower() 関数を呼び出すのであれば lower() ではなく、pg_catalog.lower() とする
- public スキーマへのオブジェクトの作成権限を剥奪する。具体的には、すべてのデータベースに対してスーパーユーザー権限で以下のコマンドを実行する

  ```
  =$ REVOKE CREATE ON SCHEMA public FROM PUBLIC;
  ```
- サーチパス (search_path) から public を除外する。たとえば、以下のコマンドをスーパーユーザーから実行する

  ```
  =$ ALTER ROLE [ユーザー名] SET search_path = "$user";
  ```

ただし、ユーザー作成権限のあるユーザーが存在する場合、他のユーザーのサーチパス (search_path) を変更できてしまうため、この方法は有効ではない点に注意してください。

285

CHAPTER 9　PostgreSQLをセキュアに使う

この問題（CVE-2018-1058）の詳細については、次のURLを参照してください。

- A Guide to CVE-2018-1058: Protect Your Search Path | PostgreSQL wiki
  https://wiki.postgresql.org/wiki/A_Guide_to_CVE-2018-1058:_Protect_Your_Search_Path

9.3.4 権限の確認

テーブル、シーケンス、ビューの権限の一覧を見るには、psqlから\dpコマンドを実行します。

```
postgres=# \dp
                                Access privileges
  Schema |   Name    | Type  |    Access privileges    | Column privileges | Policies
--------+-----------+-------+-------------------------+-------------------+----------
 public | testtable | table | postgres=arwdDxt/postgres+|                   |
        |           |       | guest=ar/postgres         |                   |
```

複雑な文字列が表示されていますが、Access privileges列に表示された文字列のうち、「=」に続く部分（たとえば、postgres=arwdDxt/postgresのarwdDxtの部分[8]）はオブジェクトに対する権限を、スラッシュ（/）以降の部分（たとえば、postgres=arwdDxt/postgresの/postgresの部分）は誰によって権限が与えられたかを表します。Column privileges列には、列の権限が表示されます。権限を表す各文字の意味を**表9.3**に示します。

[8]
「postgres」のあとの「+」は改行されていることを示しています。

表9.3　権限の種類

権限を表す文字	意味
a	INSERT (Append)
r	SELECT (Read)
w	UPDATE (Write)
d	DELETE
D	TRUNCATE
x	REFERENCES
t	TRIGGER
X	EXECUTE
U	USAGE
C	CREATE
c	CONNECT
T	TEMPORARY

9.3 データベースオブジェクトへのアクセス制御

　先ほどの例の場合、ユーザー postgres は testtable テーブルに対して INSERT、SELECT、UPDATE、DELETE、TRUNCATE、REFERENCES、TRIGGER の権限を持ち、ユーザー guest は SELECT と INSERT の権限だけを持ちます。

9.3.5 UPDATE/DELETE権限とSELECT権限

　UPDATE や DELETE の権限はあるが SELECT 権限がない場合、参照を伴う UPDATE 文や DELETE 文は実行できません。たとえば、次のような場合です。

```
postgres=# REVOKE ALL ON testtable FROM guest;
REVOKE
postgres=# GRANT UPDATE, DELETE ON testtable TO guest;
GRANT
postgres=# \c - guest
You are now connected to database "postgres" as user "guest".
postgres=> \dp
                            Access privileges
 Schema |   Name    | Type  |     Access privileges      | Column access privileges
--------+-----------+-------+----------------------------+--------------------------
 public | testtable | table | postgres=arwdDxt/postgres+|
        |           |       | guest=wd/postgres          |

postgres=> UPDATE testtable SET i = i - 1; ──── ┤iの値を参照しているので実行できない│
ERROR:  permission denied for table testtable
postgres=> DELETE FROM testtable WHERE i = 1; ──── ┤iの値を参照しているので実行できない│
ERROR:  permission denied for table testtable
postgres=> UPDATE testtable SET i = 1; ──────── ┤更新だけなので実行できる│
UPDATE 1
```

9.3.6 列の参照の許可

　テーブルの特定の列や行に対するアクセスを制限することもできます。以下、その方法について具体的に見ていきましょう。
　まずは、次のような member テーブルを作成します。

```
postgres=# CREATE TABLE member (username TEXT PRIMARY KEY, password TEXT);
CREATE TABLE
postgres=# INSERT INTO member VALUES ('suzuki', 'aaaaa');
INSERT 0 1
postgres=# INSERT INTO member VALUES ('sato', 'bbbbb');
INSERT 0 1
postgres=# INSERT INTO member VALUES ('tanaka', 'ccccc');
INSERT 0 1
postgres=# SELECT * FROM member;
 username | password
----------+----------
 suzuki   | aaaaa
 sato     | bbbbb
 tanaka   | ccccc
```

このmemberテーブルから、password以外の列を他のユーザーからも参照できるようにするには、password以外の列に対してSELECT権限を付与します。

```
postgres=# GRANT SELECT (username) ON member TO PUBLIC;
GRANT
postgres=# \dp member
 Schema | Name   | Type  | Access privileges | Column privileges    | Policies
--------+--------+-------+-------------------+----------------------+----------
 public | member | table |                   | username:           +|
        |        |       |                   |   =r/postgres        |
```

Column privileges列にusernameの権限が表示されます。「=r/postgres」は、すべてのユーザーにSELECT権限があることを表します。

```
postgres=# \c - guest
You are now connected to database "postgres" as user "guest".
postgres=> SELECT * FROM member;
ERROR:  permission denied for table member
postgres=> SELECT username FROM member;
 username
----------
 suzuki
 sato
 tanaka
```

このように、guestユーザーはmemberテーブルのpassword列を参照できませんが、password列を除いた列は参照できます。

9.3 データベースオブジェクトへのアクセス制御

9.3.7 行の参照の許可

続いて、テーブルの行に対するアクセスを制限してみましょう。行に対するアクセス制御は、行セキュリティポリシーという機能を使って実現できます。ここでは、memberテーブルについて、自身の行しか参照できないようにポリシーを作ってみましょう。

まず、行セキュリティポリシーを有効化します。

```
postgres=# ALTER TABLE member ENABLE ROW LEVEL SECURITY;
```

すべてのユーザーに参照権限を与えます。

```
postgres=# GRANT SELECT ON member TO PUBLIC;
```

続いて、ポリシーを作成します。

```
postgres=# CREATE POLICY rls_member ON member FOR SELECT TO PUBLIC USING (username =➡
  current_user);
```

これは、すべてのユーザーについて（PUBLIC）、username列が現在のユーザーにマッチする行について（username = current_user）、参照を許可するrls_memberという名前のポリシーを作成することを意味しています。

実際に動作確認してみましょう。

```
postgres=# SELECT * FROM member;
 username | password
----------+----------
 tanaka   | ccccc
 sato     | bbbbb
 suzuki   | aaaaa

postgres=# CREATE USER suzuki;
CREATE ROLE

postgres=# \c - suzuki
You are now connected to database "postgres" as user "suzuki".
postgres=> SELECT * FROM member;
 username | password
----------+-----------
 suzuki   | aaaaa
```

289

9.3.8 特定の操作の許可

ユーザー名とパスワードが正しいかどうかのチェックをguestユーザーに実行させたいとしましょう。guestユーザーがmemberテーブルをSELECTで参照できるのであれば簡単ですが、guestユーザーにはmemberテーブルに格納されたpasswordは見せたくありません。

このような場合、ユーザー名とパスワードが正しいかどうかをチェックするユーザー定義関数を作成し、それをguestユーザーからも実行できるようにすることで、memberテーブルに参照権限を与えることなく「ユーザー名とパスワードのチェックをする」という操作だけを許可することができます。具体的には、以下のような方法になります。

```
postgres=# CREATE OR REPLACE FUNCTION check_member(text, text) RETURNS boolean AS
    'SELECT EXISTS (SELECT * FROM member WHERE username = $1 AND password = $2)'
    LANGUAGE 'sql' SECURITY DEFINER;
CREATE FUNCTION

postgres=# \c - guest
You are now connected to database "postgres" as user "guest".
postgres=> SELECT check_member('suzuki', 'aaaaa');
 check_member
--------------
 t
```

ユーザー定義関数は、デフォルトでは実行したユーザーの権限で動作します。しかし、CREATE FUNCTIONにSECURITY DEFINERを指定することで、関数を定義したユーザーの権限で動作させることができます。

このように、権限をユーザー定義関数と組み合わせることで、オブジェクトに対する特定の操作だけを許可することもできます。

9.4 通信の暗号化

PostgreSQLのサーバーとクライアント間の通信は、デフォルトでは暗号化されていません。このため、パケットキャプチャソフトなどを使えば、通信の中身を簡単に見ることができてしまいます。

```
postgres=# SELECT 'This is a secret message!';

# tcpdump -i lo port 5432 -X
     …… (省略) ……
0x0060:  1954 6869 7320 6973 2061 2073 6563 7265  .This.is.a.secre
0x0070:  7420 6d65 7373 6167 6521 4300 0000 0d53  t.message!C....
```

　OpenSSLがクライアントとサーバーの両方にインストールされていれば、設定パラメータ
sslをオン（on）にすることで、通信を暗号化することができます。

　また、pg_hba.confで通信の暗号化が必要かどうかを制御することができます。1行につき
1つのレコードという形式で記述します。レコードの種類は7つありますが、主なものとして
次の3つがあります。

- host ── hostレコードはSSL接続、非SSL接続いずれも許可する
- hostssl ── hostsslレコードはSSL接続のみ許可する
- hostnossl ── hostnosslレコードは非SSL接続のみ許可する

hostsslとhostnosslの設定例を次に示します。

```
# 192.168.10.0/24のネットワークはSSL接続のみ許可
hostssl all all 192.168.10.0/24 scram-sha-256
# 192.168.20.0/24のネットワークは非SSL接続のみ許可
hostnossl all all 192.168.20.0/24 scram-sha-256
```

　使用する暗号化／認証用のアルゴリズムは、パラメータssl_ciphersで設定できます。そ
の他SSL関連のパラメータの詳細は、PostgreSQLドキュメントの「18.9. SSLによる安全な
TCP/IP接続」を参照してください。

さらに

　PostgreSQLに格納するデータを暗号化する方法として、contribモジュールの
pgcryptoが利用できます。pgcryptoは、格納するデータを暗号化するものなの
で、pgcryptoとクライアントアプリケーションとの間でやり取りされるデータはす
べて平文となります。このため、安全とは言えないネットワークを利用する場合、本
節で述べたような対策が別途必要です。詳細については、PostgreSQLドキュメン
トの「F.25. pycrpto」を参照してください。

Chapter

10

PostgreSQLの動作状況を把握する

PostgreSQLの動作状況を把握する

この章では、PostgreSQLの動作状況を把握する方法として、ログ・統計情報などについて解説します。

10.1 ログの監視

データベースシステムでなんらかの不具合が生じた場合、ログ（あるいはログファイル）は、問題の有無の確認や問題発生時の原因調査などにおいて必ず確認すべき情報です。問題解決時にはなくてはならないもので、発生した問題に関して識者やサポートへ問い合わせをする際にも提示を求められます。

10.1.1 ログ出力先の設定

PostgreSQLは、ログの出力先もsyslogなどに設定可能ですが、PostgreSQL固有のログファイルに出力するにはpostgresql.confのパラメータを以下のように設定します（表10.1）。本章ではこの設定を前提として解説を進めます。

```
log_destination = 'stderr'
logging_collector = on
```

表10.1　ログ出力に関する設定パラメータ

パラメータ	説明
log_destination	ログの出力先（stderr、syslog、csvlogから選択）
logging_collector	loggerプロセスを起動してログをファイルに保存するか

このように設定すると、デフォルトではデータベースクラスタのlogディレクトリ配下のファイルにログが出力されます。ログ出力先のディレクトリはパラメータlog_directory、ログファイル名はパラメータlog_filenameで変更可能です。

log_destinationをsyslogに設定すると、ログをsyslogに出力させることが可能ですが、高負荷時にログを取りこぼす可能性があるので注意してください。

10.1.2 ログレベルとログ出力設定

■ログレベル

PostgreSQLのログには、ERRORやLOGなど発生した事象のログレベルが記録されています。ログレベルごとの影響度は表10.2のようになっています。

10.1 ログの監視

表10.2　各エラーのログレベルと影響度

ログレベル	影響度
PANIC	インスタンス単位で影響を及ぼす深刻なエラーが発生。PostgreSQLは再起動もしくは停止する
FATAL	セッション単位で影響を及ぼすエラーが発生。該当のセッションは切断される
ERROR	SQL単位で影響を及ぼすエラーが発生。該当のSQLを含んだトランザクションはロールバックされる

　表10.2に示したレベルのメッセージは重点的にチェックしてください。エラー以外については、表10.3に示すような扱いになっています。また、ログレベルとは別ですが、WARNINGやERRORなどに続けて出力されるHINTメッセージがあります。これは発生している事象の解決に関するヒントとなるメッセージであるため注意して見ておくとよいでしょう。

表10.3　エラー以外のログレベルと影響度

ログレベル	影響度
LOG	管理者向けの情報。メンテナンス処理や実施されたSQL文などが記録される
WARNING	エラーには至らないが、文法などに問題がある処理の情報。該当の処理をチェックすること
NOTICE	PostgreSQLが暗黙的に行った一部処理のスキップなどの情報。重要ではないが、チェックはしておくこと
INFO	VACUUMやCLUSTERのVERBOSE（冗長）メッセージなど。通常の処理では見かけることはない
DEBUG	1〜5までのレベルがある。主に開発者用のメッセージ。デフォルトの設定では出力されない

■ ログレベルに応じたログ出力設定

　どのログを出力するか、ログレベルに応じた調整ができます（表10.4）。
　クライアントに出力するレベルはパラメータclient_min_messagesで設定します。サーバーログに出力するレベルはパラメータlog_min_messagesで設定します。
　パラメータlog_min_error_statementを設定すれば、設定したログレベル以上のエラーが発生した場合、その原因となったSQL文そのものを出力できます。

表10.4　ログレベルに応じたログ出力設定用のパラメータ

パラメータ	説明
client_min_messages	クライアントへ送信するログレベル。設定値以上のログを送信
log_min_messages	サーバーログへ書き込むログレベル。設定値以上のログを保存
log_min_error_statement	メッセージ出力の原因となったSQL文そのものを出力するログレベル。設定したレベル以上の原因となったSQL文を保存

10.1.3 ログ出力内容の設定

パラメータ log_line_prefix は、ログの接頭情報としてタイムスタンプやユーザー名など、どのような情報をログに付加するかを設定するパラメータです。テキスト形式でのログ出力を行う場合には、次のものを log_line_prefix に指定しておくと安心です。

- %t（%m）――ログ出力時間。%m はミリ秒まで記録する
- %u ――処理を行ったデータベースユーザー名
- %d ――処理が行われたデータベース名
- %h（%r）――データベースへ接続している遠隔のホスト名や IP アドレス。%r はポート番号まで記録する
- %p ――処理を行ったデータベースサーバーのプロセス ID
- %e ――処理の SQL ステートコード（エラーコード）

log_line_prefix は、[] やスペースなどの文字や記号も指定できるので、可読性を高める工夫が可能です。たとえば、log_line_prefix を以下のように設定したとします。

```
log_line_prefix = '[%m][%u][%d][%h][%p][%e]'
```

この場合、実際のログメッセージは次のようになります。

```
[2018-12-16 23:09:32 JST][postgres][postgres][[local]][4473][00000]LOG:  statement: 
CREATE TABLE members (username TEXT PRIMARY KEY, delete_flag BOOLEAN);
```

10.1.4 有用なログ関連の設定

次に挙げるパラメータは、性能の確認や監査などにおいて有用です。ぜひ覚えておいてください。

■遅いSQL文（スロークエリ）をログに出力する

パラメータ log_min_duration_statement は、指定した時間（ミリ秒）以上かかった SQL 文の内容と処理時間を出力するパラメータです。デフォルトでは無効になっています。これを使うと、遅い SQL を効率良く判別できるようになります。性能問題の解析時や、その兆候をつかむ際に便利なので、積極的に使っていきましょう。設定方法は以下のようになります。

```
log_min_duration_statement = 1000
```

上記は1000ミリ秒以上かかったSQLをログに出力するようにする設定です。

実際に指定以上の時間がかかったSQL文（スロークエリ）は、以下のようにログに出力されます。

```
LOG:  duration: 10013.124 ms  statement: SELECT * FROM large_table;
```

■特定のユーザーが実行したSQL文をログに出力する

パラメータlog_statementは、どのSQL文をログに記録するかを制御します。このパラメータを'all'と設定すると、実行したSQL文をすべて出力します。強い権限を持つスーパーユーザーの処理だけはすべてログに出力させて監査に利用するといった使い方ができます。たとえば、スーパーユーザーであるpostgresユーザーの実行した処理だけをすべてログに出力するには、次のように設定します。

```
postgres=# ALTER ROLE postgres SET log_statement = 'all';
```

この設定以降は、以下のように実行したSQL文がログに保存されます。

```
LOG:  statement: SELECT COUNT(*) FROM pgbench_accounts ;
```

■処理を実施したアプリケーション名を出力する

前述のパラメータlog_line_prefixに'%a'を指定すると、処理を行ったアプリケーション名を出力できます。問題を起こした処理の絞り込みに便利な機能です。単一のユーザーで複数のアプリケーションを使っていたり、特定の処理部分だけに識別情報を付けたい場合に使ってみてください。アプリケーション名は、libpq（C言語のクライアントライブラリ）やJDBCでPostgreSQLへ接続するときのパラメータ（application_name=xxxx）として設定できるだけでなく、SETコマンドを使って一時的に切り替えることもできます。次に示すのは、SETコマンドを使って、アプリケーション名を「my_app」に動的に変更する例です。

```
postgres=# SET application_name = 'my_app';
```

たとえばlog_line_prefixに'(%a) 'を加えていれば、以下のように処理を実施したアプリケーション名がログから判別できるようになります。

```
(my_app) LOG:  statement: SELECT COUNT(*) FROM pgbench_accounts ;
```

■チェックポイントの情報を出力する

チェックポイントは、共有メモリバッファの内容をディスクへ永続化する処理[1]でしたが、パラメータlog_checkpointsをオン（on）に設定することで、チェックポイントに要した時間や書き込み量などの情報を出力できます。

このパラメータを使えば、特定の時間帯にレスポンスタイムが悪化するといった問題に対して、チェックポイントが影響しているのか否かの切り分けができるようになります。

以下のようにチェックポイントの詳細情報が出力されます。「total=」以降の数値がチェックポイントにかかった秒数です。

```
LOG:  checkpoint complete: wrote 2119 buffers (12.9%); 0 WAL file(s) added, 0 remov⮕
ed, 7 recycled; write=0.029 s, sync=0.007 s, total=0.050 s; sync files=42, longest=⮕
0.002 s, average=0.000 s; distance=126132 kB, estimate=126132 kB
```

[1] チェックポイントについては、第7章の「7.1.2 バックエンドプロセス」を参照してください。

■ロック獲得待ちの情報を出力する

パラメータlog_lock_waitsをオン（on）に設定すると、一定時間以上ロック獲得待ちをした場合にログを出力します。このパラメータを有効にしておけば、性能問題が発生した場合などにロックによるものかが判別しやすくなります。

「一定時間」の閾値はパラメータdeadlock_timeoutで指定した時間となりますが、デッドロックの発生有無にかかわらず、ロックの獲得に時間がかかった場合にログを出力します。

```
LOG:  process 18299 still waiting for AccessShareLock on relation 16536 of database⮕
13285 after 1000.093 ms
```

■一時ファイルの情報を出力する

PostgreSQL内部でソートやハッシュを利用した際にメモリだけで処理ができない場合、一時的にディスク上にファイルを作成して処理を行います。一時ファイルを利用した場合、ディスクI/Oが発生するため、性能の悪いクエリになりがちです。

パラメータlog_temp_filesを設定すると、指定したサイズ以上の一時ファイルを利用した場合[2]にログを出力できます。0に設定した場合、サイズに関係なく一時ファイルを利用した場合にログを出力します。なお、デフォルト値は-1です。

[2] 正確には、ログを出力するのは一時ファイルを削除したタイミングです。

```
LOG:  temporary file: path "base/pgsql_tmp/pgsql_tmp15106.0", size 48078848
```

10.1 ログの監視

10.1.5 ログローテーションの設定

ログの切り替えを制御するパラメータには、log_rotation_ageとlog_rotation_sizeの2つがあります（**表10.5**）。log_rotation_ageは、指定した時間を超えるとログを新しいログファイルに切り替えます。log_rotation_sizeは、指定したログサイズを超えると新しいログファイルに切り替えます。

パラメータlog_truncate_on_rotationは、ローテーション時に同じ名前のファイルがあった場合に追記（off。デフォルト）するか、上書き（on）するかを制御します。log_truncate_on_rotationを有効にして、ログファイル名が周期的に同じになるようにlog_filenameを設定することで、定期的に古いログを削除できます。

たとえば、log_rotation_ageを'1d'（1日）、log_filenameを'server_log.%a'としてログファイル名に曜日が出力されるよう設定し、log_truncate_on_rotationを上書き（on）にすれば日次でログローテーションし、一週間分のログが保存される環境になります。

```
$ ls ${PGDATA}/log
server_log.Mon
server_log.Tue
server_log.Wed
server_log.Thu
server_log.Fri
server_log.Sat
server_log.Sun
```

表10.5　ログ関連の主なパラメータ

パラメータ	説明
log_rotation_age	ログファイルの最大寿命。この時間を超えるとローテーションする
log_rotation_size	ログファイルの最大サイズ。このサイズを超えるとローテーションする
log_truncate_on_rotation	ローテーション時に同名のファイルがあった場合、追記するか上書きするか制御する
log_filename	ログファイル名。'postgresql-%Y-%m-%d_%H%M%S.log'など%を使った表記が可能

299

10.2 PostgreSQLから得られる情報

ここでは、稼働統計情報などのPostgreSQLの性能改善に役立つ情報について解説します。

10.2.1 稼働統計情報

PostgreSQLには、テーブルに対して参照や更新を行った回数など、さまざまなアクティビティを記録するための統計情報コレクタ（statistics collector）と呼ばれる仕組みが備えられています。このようなPostgreSQL独自の稼働に関する情報を「稼働統計情報」と呼びます。稼働統計情報には、多岐にわたる情報が含まれています。たとえば、各テーブルに実行されたSELECTやUPDATEの対象となったレコード数、ディスクアクセスが発生したブロック数、また現在実行されているSQL情報などです。これらを定期的に取得しておくことで、現在の負荷状況の把握や、問題が発生した際の切り分けに利用することができます。とても有用な情報なのでぜひ活用してください。

■稼働統計情報の注意点

稼働統計情報を利用する際は以下の点に注意するようにしてください。

- 稼働統計情報コレクタが収集した結果なので、最新の状態とは乖離している可能性がある
- immediateモードでのサーバー停止、サーバークラッシュなどリカバリが実施されると、すべての統計情報はクリアされる

10.2.2 重要な稼働統計情報

稼働統計情報にはさまざまなものがありますが、ここでは運用にあたって特に有用なものについて取り上げます。

■pg_stat_database

データベースごとに実行された処理の情報を収集できます。

10.2 PostgreSQLから得られる情報

```
postgres=# SELECT * FROM pg_stat_database;
-[ RECORD 2 ]--+------------------------------
datid          | 16509
datname        | testdb
numbackends    | 0
xact_commit    | 52195
xact_rollback  | 4
blks_read      | 402
blks_hit       | 1917615
tup_returned   | 27633736
tup_fetched    | 295161
tup_inserted   | 17
tup_updated    | 14
tup_deleted    | 0
conflicts      | 0
temp_files     | 0
temp_bytes     | 0
deadlocks      | 0
blk_read_time  | 0
blk_write_time | 0
stats_reset    | 2018-12-02 16:49:08.39138+09
```

xact_commitとxact_rollbackは、それぞれコミットされたトランザクション数とロールバックされたトランザクション数、blks_readはPostgreSQLの共有メモリバッファ外から読み取ったデータブロック数、blks_hitはPostgreSQLの共有メモリバッファから読み取ったデータブロック数、tup_returnedは順スキャンやインデックススキャンで読み取られた行数、tup_fetchedはインデックススキャンで読み取られた行数、tup_inserted、tup_updated、tup_deletedはそれぞれ挿入、更新、削除された行数です。

データベース単位での大まかな負荷状況が確認できます。どのような処理が支配的なのか、どれくらいのスループットが出ているのかをざっくりとつかむのにとても便利です。たとえば、データベース全体でのキャッシュヒット率は、以下のクエリで算出できます[3]。

```
postgres=# SELECT datname,
              round(blks_hit*100/(blks_hit+blks_read), 2) AS cache_hit_ratio
              FROM pg_stat_database WHERE blks_read > 0;
 datname  | cache_hit_ratio
----------+-----------------
 postgres |           99.00
```

[3]
blks_hitはあくまでPostgreSQLの共有メモリバッファにヒットした数で、OSのキャッシュにヒットした数は含まれません。そのため、このクエリで計算できるキャッシュヒット率もあくまでPostgreSQLの共有メモリバッファへのキャッシュヒット率になります。

10

■ pg_stat_user_tables

各ユーザーテーブル（ユーザーが作成したテーブル）のさまざまな情報を収集できます。

301

```
postgres=# SELECT * FROM pg_stat_user_tables WHERE relname = 'pgbench_tellers';
-[ RECORD 1 ]-------+-------------------------------
relid               | 16387
schemaname          | public
relname             | pgbench_tellers
seq_scan            | 6
seq_tup_read        | 60
idx_scan            | 0
idx_tup_fetch       | 0
n_tup_ins           | 10
n_tup_upd           | 0
n_tup_del           | 0
n_tup_hot_upd       | 0
n_live_tup          | 20
n_dead_tup          | 0
n_mod_since_analyze | 10
last_vacuum         | 2018-10-23 23:15:49.995633+09
last_autovacuum     |
last_analyze        | 2018-10-23 23:15:49.996441+09
last_autoanalyze    |
vacuum_count        | 1
autovacuum_count    | 0
analyze_count       | 1
autoanalyze_count   | 0
```

【4】
HOTは、インデックスの作
成されているテーブルの更
新を効率化する仕組みです。
インデックスのキーを対象
としない更新処理で、テー
ブルのみを更新してインデッ
クスの更新をスキップする
ことで、高速に更新処理が
できます。また、不要領域の
発生を抑止する効果もあり
ます。

　n_tup_ins、n_tup_upd、n_tup_delはそれぞれ、INSERT、UPDATE、DELETEを行った行
数、n_tup_hot_updは、UPDATEされた行数のうちHOT【4】が有効に機能した行数、n_live_
tupは現在有効な行数、n_dead_tupはUPDATEやDELETEにより不要領域となった行数を
表します。

　また、last_vacuum、last_analyzeは、それぞれVACUUM、ANALYZE【5】を直接実行し
て完了した時間を、last_autovacuum、last_autoanalyzeはVACUUM、ANALYZEがauto
vacuumによって自動実行されて完了した時間を表します。

　処理対象の行数や不要領域となっている行数など、テーブルの状態がすぐに把握できま
す。想定以上の処理が実行されていないか、不要領域が蓄積されすぎていないか、などを
チェックするといいでしょう。

【5】
VACUUMとANALYZEに
ついては、第11章「Postgr
eSQLをメンテナンスする」
で解説します。

■ pg_stat_user_indexes

各ユーザーインデックスのさまざまな情報を収集できます。

10.2　PostgreSQLから得られる情報

```
postgres=# SELECT * FROM pg_stat_user_indexes WHERE relname = 'pgbench_accounts';
-[ RECORD 1 ]-+----------------------
relid         | 16390
indexrelid    | 16401
schemaname    | public
relname       | pgbench_accounts
indexrelname  | pgbench_accounts_pkey
idx_scan      | 40
idx_tup_read  | 40
idx_tup_fetch | 40
```

　idx_scanはこのインデックスを使用したスキャン回数です[6]。インデックスが効率的に使われているか、作っただけでまったく使用されていないインデックスはないか、などをチェックするとよいでしょう。

■ pg_stat_activity

　現在実行中のバックエンドプロセスの詳細情報を取得できます。なお、スーパーユーザーでないと他のユーザーの処理内容が見えないので、スーパーユーザーで実行するとよいでしょう。

```
postgres=# SELECT * FROM pg_stat_activity;
-[ RECORD 1 ]----+--------------------------------
datid            | 13285
datname          | postgres
pid              | 29875
usesysid         | 10
usename          | postgres
application_name | psql
client_addr      | 127.0.0.1
client_hostname  |
client_port      | 43336
backend_start    | 2018-12-20 19:51:18.2953+09
xact_start       | 2018-12-20 19:51:22.319148+09
query_start      | 2018-12-20 19:51:23.783342+09
state_change     | 2018-12-20 19:51:23.784567+09
wait_event_type  | Client
wait_event       | ClientRead
state            | idle in transaction
backend_xid      |
backend_xmin     |
query            | SELECT * FROM t1;
backend_type     | client backend
```

【6】
idx_scanはこのインデックスを使用したスキャン回数、idx_tup_readはインデックススキャンで読み取られたレコード数、idx_tup_fetchは単純なインデックススキャンで読み取られた有効な（削除済みではなく可視な）レコード数を表します。インデックスによって一時的に作られるビットマップによるスキャン（BitMapScan）は単純なインデックススキャンには分類されないため、BitMapScanではidx_tup_readは加算されますがidx_tup_fetchは加算されません。

10

303

CHAPTER 10　PostgreSQLの動作状況を把握する

　　client_addr、client_portは接続元のIPアドレスとポート番号、backend_startは接続を受け付けてバックエンドプロセスが開始された日時、xact_startは現在のトランザクションが開始された日時、query_startは現在のSQLが開始された日時です。wait_event_typeとwait_eventは、このプロセスが待機中である場合、それぞれ待機イベントの概要と詳細を示します。application_nameは、接続パラメータやSETコマンドなどで設定されたアプリケーション名です。

　　現在の処理状況の把握や、長時間実行しているSQL（ロングトランザクション）がないか、などをチェックするとよいでしょう。たとえば、次に示すようなSQLを使うことで、10分以上継続しているトランザクションの存在をチェックできます。

```
postgres=# SELECT datname, pid, usename, application_name, xact_start,
(now() - xact_start)::interval(3)  AS duration, query
FROM pg_stat_activity
WHERE (now() - xact_start)::interval > '600 sec'::interval;
-[ RECORD 1 ]----+------------------------------
datname          | postgres
pid              | 29875
usename          | postgres
application_name | psql
xact_start       | 2018-12-22 20:01:02.078573+09
duration         | 00:10:19.768
query            | SELECT pg_sleep(1000);
```

10.2.3　オブジェクトサイズの確認

　　PostgreSQLにはデータベース内のテーブルやインデックスなどの各種オブジェクトの情報を取得できる関数が用意されています。ディスク容量が想定以上に増加している場合に、原因箇所を切り分ける際などに利用できます。

　　データベースのサイズを得るにはpg_database_size関数を、テーブルやインデックスのサイズを得るにはpg_relation_size関数を使います。返される値の単位はバイトです。

```
postgres=# SELECT pg_database_size('testdb');
 pg_database_size
------------------
         24554495

postgres=# SELECT pg_relation_size('pgbench_accounts');
 pg_relation_size
------------------
         13434880
```

pg_size_pretty 関数を使うとより読みやすい形式で表示してくれます。

```
postgres=# SELECT pg_size_pretty(pg_database_size('testdb'));
 pg_size_pretty
----------------
 23 MB
```

テーブルとそれに付随するインデックスのトータルサイズは、pg_total_relation_size 関数で取得できます。テーブル名か OID (オブジェクト識別子) を指定します。

```
postgres=# SELECT pg_total_relation_size('pgbench_accounts');
 pg_total_relation_size
------------------------
               15728640
```

10.3 OSの情報

最後に、PostgreSQL データベース以外の情報の取得について解説します。

データベースサーバーで問題が発生すると、たいていは DBMS つまり PostgreSQL が原因と疑われますが、別のプロダクトや OS、ハードウェアが原因だったということもよくあります。そのため、PostgreSQL だけではなく、OS、ハードウェアの状態も把握しておくとよいでしょう。

次のコマンドの出力結果を定期的に取得しておくと、問題発生時に役立ちます。

- ps
  プロセスの実行状況を確認するコマンドです。長期間実行されているプロセスや不審なプロセスがないかをチェックします。

- top
  CPU やメモリを消費しているプロセスを確認するコマンドです。問題発生時に、リソースを占有しているプロセスをチェックします。

- vmstat、iostat
  vmstat は CPU やメモリなど、iostat はディスク I/O の状況を確認するコマンドです。どのリソースが消費されがちなのかをチェックします。

/var/log/messages などに保存される syslog も併せて確認してください。ハードウェアの不調もここからある程度推測できます。より正確にハードウェアの状態を把握するためには、

CHAPTER 10　PostgreSQLの動作状況を把握する

ハードウェアベンダーの提供する監視ツールを利用します。

　よくあるのは、ディスクの不調によるI/O関連のエラーメッセージです。DBMSはディスクI/Oの影響を受けやすいため、ディスクの問題とDBMSの問題がよく混同されます。OSやハードウェアの状態も確認し、被疑箇所を切り分けましょう。

Chapter

11

PostgreSQLをメンテナンスする

CHAPTER 11 PostgreSQLをメンテナンスする

　この章では、PostgreSQLを運用する際に必要となる作業のうち、重要な項目について解説します。DBMSの運用は煩雑に思えますが、基本を押さえておけば問題はありません。逆に、基本をおろそかにしてしまうと、どんなデータベースであっても大きな問題を引き起こしてしまう可能性があります。

11.1　VACUUM

　PostgreSQLの運用ではVACUUMは必須のメンテナンスです。以前と異なり、近年ではPostgreSQLも進化しており、PostgreSQLが自動で実行するVACUUMに任せておけばほぼ問題ありません。

11.1.1　追記型アーキテクチャ

　PostgreSQLは、追記型のデータの記憶方法を採用しています。この記憶方法では、レコードを更新および削除する際に、現在のレコードに削除マークのようなものを付けてから新たなレコードをファイルに追加します。つまり、レコードを削除しても、その時点ではレコードに削除マークを付けるだけで、実際にはファイルからデータを削除しません。このように古いレコードをすぐには削除しないようにすることで、並行して動く他のトランザクションがロックされるのを防ぐことができます（図11.1）。

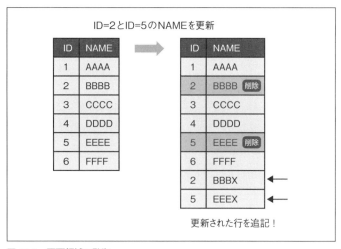

図 11.1　不要領域の発生

一方、この追記型の記憶方法にはデメリットもあります。レコードの削除操作を実行しても実際にはレコードが削除されないため、レコードの更新や削除を繰り返すとデータファイルのサイズがどんどん大きくなってしまいます。WHERE句を指定しないUPDATE文のようにすべてのレコードを更新すると、データファイルのサイズは倍になります。ファイルサイズが大きくなると、ハードディスクの容量が圧迫されるだけでなく、スキャンにかかる時間も大きくなり性能が劣化します。この問題を解決する仕組みがVACUUMです[1]。

11.1.2 VACUUMによる不要領域の回収

標準のVACUUMは、削除や更新によって発生した不要領域を再利用できるようにしてくれます。ただし、VACUUMは不要領域を再利用可能にするだけで、特別な場合を除いてテーブルのファイルサイズは小さくなりません（図11.2）。

[1]
VACUUMにはこれ以外にも、(1)トランザクションIDの周回予防、(2)統計情報の更新、(3)可視性マップ(Visibility Map)、空き領域マップ(Free Space Map)の更新という役割もあります。詳細については、PostgreSQLドキュメントの「24.1. 定常的なバキューム作業」を参照してください。

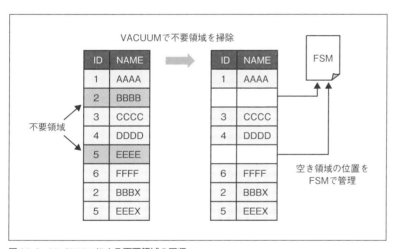

図11.2　VACUUMによる不要領域の回収

サイズを縮小しなくてよいのか懸念されるかもしれませんが、自動VACUUMなどの機能を使って定期的にVACUUMを実行すれば、不要領域を再利用可能にするだけでテーブルの肥大化を防ぐためには十分です。後述のVACUUM FULLなどを使えば不要領域を削除してテーブルサイズを縮小できますが、関係するテーブルにも排他ロックをかけるため他の操作が制限される、VACUUMに比べ時間がかかるなどコストがかかります。

もし一時的にサイズを縮小できたとしても、そのあとにUPDATE、DELETEなどが発行されれば、結局テーブルサイズは大きくなってしまいます。このため、VACUUM FULLなどは通常使わず、標準のVACUUMでそこそこのテーブルサイズに保つほうが好ましいでしょう。

なお、標準のVACUUMを実行していても、並行してSELECT/UPDATE/DELETE/INSERTは実行できます。ただし、CREATE INDEXやALTER TABLEは同時に実行できません。

11.1.3 自動VACUUM

PostgreSQLを安定的に運用するには、適切なタイミングでVACUUMを実行する必要があります。自動VACUUMは、稼働統計情報[2]を定期的に参照し、不要領域の割合が高くなったテーブルや、最後にANALYZEをしてからの累積変更行数が多くなったテーブルに対して自動的にVACUUM、ANALYZEを実行します。

【2】
詳細については、第10章の「10.2.1 稼働統計情報」を参照してください。

■ VACUUM実行の判断

どの程度の不要領域が存在した場合にVACUUMを実行するかは、postgresql.confのパラメータautovacuum_vacuum_thresholdとautovacuum_vacuum_scale_factorの値で決まります。前者は不要領域の固定の下限値、後者はテーブルの全有効行数に対する不要領域の割合を指定します。以下の式が真（true）となるテーブルにVACUUMを実行します。

$$\text{稼働統計情報上の不要行数} > \text{autovacuum\_vacuum\_threshold} + (\text{テーブルの有効行数} \times \text{autovacuum\_vacuum\_scale\_factor})$$

なお、「稼働統計情報上の不要行数」はpg_stat_all_tablesのn_dead_tup、「テーブルの有効行数」はpg_classのreltuplesを参照します。

autovacuum_vacuum_thresholdの初期値は50、autovacuum_vacuum_scale_factorの初期値は0.2なので、仮に1万行のテーブルがあったとすると、次のような計算結果となり、不要領域の行数が2050行を上回ったときに自動的にVACUUMが実行されます。

$$50 + 10000 \times 0.2 = 2050$$

ANALYZEについても同様のパラメータとして、autovacuum_analyze_threshold, autovacuum_analyze_scale_factorがあります。また、トランザクションIDの周回予防用のVACUUMの動作を制御するパラメータとして、autovacuum_freeze_max_ageがあります。

なお、自動VACUUMの実施タイミングはテーブルごとに設定できます。たとえば、自動VACUUMを特定のテーブルのみ実行させないようにする設定は、次のようになります。

```
postgres=# ALTER TABLE pgbench_accounts SET (autovacuum_enabled=false, toast.autovacuum_enabled=false);
```

11.1　VACUUM

11.1.4　手動VACUUM

手動でVACUUMを実行するには、以下のようにコマンドを実行します。

```
postgres=# VACUUM [テーブル名];
```

テーブル名は省略できます。省略した場合は、対象のデータベースのすべてのテーブルで
VACUUMが実行されます。VERBOSEオプションを付けると削除できた行数や利用したリ
ソースなど詳細な情報が出力されます。

```
postgres=# VACUUM VERBOSE pgbench_accounts;
INFO:   vacuuming "public.pgbench_accounts"
INFO:   index "pgbench_accounts_pkey" now contains 5000000 row versions in 13713 pages
DETAIL:  0 index row versions were removed.
0 index pages have been deleted, 0 are currently reusable.
CPU: user: 0.01 s, system: 0.06 s, elapsed: 0.10 s.
INFO:   "pgbench_accounts": found 0 removable, 5000000 nonremovable row versions in
81968 out of 81968 pages
DETAIL:  0 dead row versions cannot be removed yet, oldest xmin: 43338
There were 0 unused item pointers.
Skipped 0 pages due to buffer pins, 0 frozen pages.
0 pages are entirely empty.
CPU: user: 1.24 s, system: 0.98 s, elapsed: 2.28 s
```

　手動VACUUMの利用を検討するケースとして、システムリソースに余裕がある夜間帯
などに実施するVACUUMがあります。この理由は、前節の解説からもわかるように、自動
VACUUMの実行契機には不要行数などは含まれているものの、システムのリソース利用状
況は含まれていないためです。

　なお、デフォルトでは手動VACUUMは自動VACUUMより短時間で終わるものの、シ
ステムへの負荷が高まります。これは、自動VACUUMではディスクI/O負荷などにより業
務へ影響を与えないよう定期的に処理を一時停止させているため、ゆるやかにVACUUM
を進めている一方、手動VACUUMの場合、この設定が無効化されているためです。自動
VACUUM同様に、定期的に処理を停止させるには、パラメータvacuum_cost_delayを0以外
に設定してください。

　これから実行する手動VACUUMに対してvacuum_cost_delayを10ミリ秒に設定する例を
次に示します。

```
postgres=# SET vacuum_cost_delay TO 10;
postgres=# VACUUM;
```

11.1.5 VACUUMの状況確認

■自動VACUUMのログ

パラメータlog_autovacuum_min_durationを設定すると、指定した時間以上かかった自動VACUUMの詳細情報がログに出力されます。以下の例では、このVACUUMでpgbench_accountsテーブルが49900行が再利用可能になったことがわかります。

```
2019-01-04 10:57:46.245 JST [25179] LOG:  automatic vacuum of table "postgres.public.pgbench_accounts": index scans: 1
    pages: 0 removed, 1640 remain, 0 skipped due to pins, 0 skipped frozen
    tuples: 49900 removed, 49980 remain, 0 are dead but not yet removable, oldest xmin: 43214
    buffer usage: 3328 hits, 136 misses, 156 dirtied
    avg read rate: 1.333 MB/s, avg write rate: 1.529 MB/s
    system usage: CPU: user: 0.04 s, system: 0.00 s, elapsed: 0.79 s
```

■pg_stat_all_tablesビュー

PostgreSQLのテーブルには、最後にVACUUMが実行された日時などが記録されています。特定のテーブルが肥大化している場合、last_autovacuumから最後に自動VACUUMが実行された時刻を確認するとよいでしょう。

```
postgres=# SELECT * FROM pg_stat_all_tables WHERE relname = 'pgbench_accounts';
-[ RECORD 1 ]-------+------------------------------
relid               | 16737
schemaname          | public
relname             | pgbench_accounts
seq_scan            | 3
seq_tup_read        | 4000000
idx_scan            | 0
idx_tup_fetch       | 0
n_tup_ins           | 2000000
n_tup_upd           | 0
n_tup_del           | 2000000
n_tup_hot_upd       | 0
n_live_tup          | 0
n_dead_tup          | 0
n_mod_since_analyze | 0
last_vacuum         | 2019-01-04 13:02:38.43518+09    ──── 最後にVACUUMが実行された時刻
last_autovacuum     | 2019-01-04 12:21:01.207914+09   ──── 最後に自動VACUUMが実行された時刻
last_analyze        | 2019-01-04 12:17:26.140948+09   ──── 最後にANALYZEが実行された時刻
```

```
last_autoanalyze   | 2019-01-04 12:21:01.248612+09 ──  最後に自動VACUUMにより
                                                        ANALYZEが実行された時刻
vacuum_count       | 2 ──  手動VACUUMが実行された回数
autovacuum_count   | 1 ──  自動VACUUMが実行された回数
analyze_count      | 1 ──  手動ANALYZEが実行された回数
autoanalyze_count  | 1 ──  自動VACUUMによるANALYZEが実行された回数
```

■ pg_stat_progress_vacuumビュー

現在実行中のVACUUMの状況を確認することができます。すでに終了したVACUUMについては表示されません。実行中のVACUUMがなかなか終わらない場合などに進捗を把握するために使うとよいでしょう。

```
postgres=# SELECT * FROM pg_stat_progress_vacuum;
-[ RECORD 1 ]------+----------------
pid                | 4546
datid              | 13285
datname            | postgres ──  データベース名
relid              | 16737 ──  テーブルのOID
phase              | vacuuming heap ──  VACUUMのフェーズ
heap_blks_total    | 32787 ──  テーブルのブロック数
heap_blks_scanned  | 32787 ──  スキャンしたブロック数
heap_blks_vacuumed | 18988 ──  VACUUMしたブロック数
index_vacuum_count | 1 ──  インデックスへ実施したVACUUMの件数
max_dead_tuples    | 9541017 ──  一度のインデックスへのVACUUMで削除できる行数。
                                 maintenance_work_memによって決まる
num_dead_tuples    | 2000000 ──  削除すべき行数
```

11.2 統計情報の解析

PostgreSQLに限らずDBMSでは一般に、SQLを処理する際に実行計画というものを内部で作成します。SQLではユーザーはほしい結果のみ記述し、その手順を考えるのはDBMS側の仕事になります。「実行計画」とは、SQLを実行するために最も効率が良いとDBMSが判断した手順です。

たとえば、テーブルからデータを取得する際に、直接テーブルにアクセスするか、それともインデックスを利用するのか、あるいはテーブルを結合する際の方式などはこの実行計画によって決まります。この実行計画の良し悪しでSQLの実行時間が決まるといってもよいでしょう。実行計画を立てる際には、DBMSはテーブルの各列の数値分布や最頻値などの統計情報を使用します。これらを収集するPostgreSQLのコマンドがANALYZEです。

11.2.1 ANALYZEコマンド

ANALYZEコマンドは、各テーブルの統計情報を収集し、最新の情報に更新します。通常は自動VACUUMの中で自動的に収集されますが、手動でANALYZEを実行することも可能です。適切にANALYZEが実行されないと、実態と大きく乖離した統計情報に基づいて実行計画を作成することになり、SQLの実行時間が必要以上に長くなる可能性があります。バッチ処理などで大量の更新を行った際など統計情報に大きな変化を加える操作をしたあとは、明示的にANALYZEを実行するとよいでしょう。

ANALYZEコマンドの書式は次のとおりです。

```
ANALYZE [テーブル名 [(列名[, ...])] ]
```

ANALYZEは、特定のテーブルの特定の列だけに対して実行することもできます。列名を省略すると、テーブルのすべての列の統計情報を更新します。テーブル名も省略でき、その場合は接続しているデータベースのすべてのテーブルに対してANALYZEが実行されます。また、VACUUMと同様にVERBOSEオプションがあるため、ANALYZE処理の時間の詳細などを知ることができます。

```
postgres=# ANALYZE VERBOSE pgbench_accounts;
INFO: analyzing "public.pgbench_accounts"
INFO: "pgbench_accounts": scanned 16394 of 16394 pages, containing 1000000 live
rows and 0 dead rows; 30000 rows in sample, 1000000 estimated total rows
```

11.3 インデックス

インデックスとは、データを効率良く検索するためのデータです。PostgreSQLは、hashインデックス、全文検索で用いられるGIN (Generalized Inverted iNdex)、空間情報の探索に用いられるGiST (Generalized Search Tree) といった多様な形式のインデックスをサポートしていますが、本書では最もよく使われるB-treeインデックスを前提に説明します。

11.3.1 インデックスの断片化

インデックスの状態は検索性能を左右するので、適切な状態に保つことが重要です。たとえば、インデックスの各ページのほとんどのデータが削除されているものの、ごく一部のデータは残存しているような場合、インデックスは本来の性能が発揮できません[3]。あるい

---

[3] インデックスのページ内の全データが削除された場合は、テーブル同様にVACUUMによって当該ページは回収され、再利用可能になるため、肥大化は防止できます。

11.4 クラスタ化

は、更新処理によってインデックスの各ページがページサイズの上限を超えると、通常当該ページは2つのページに分割され、それぞれのページに半分ずつデータが格納されるため、ページあたりの格納効率は低下します。このような状況では、インデックスを再作成するコマンドであるREINDEXコマンドを利用すると性能の改善が見込めます。

11.3.2 REINDEX コマンド

REINDEX コマンドは、対象のインデックスを再作成します。REINDEXの実行中は、インデックスが張られているテーブルへの更新処理はブロックされ、参照処理もインデックスを利用できません[4]。つまり、該当のテーブルへの操作がほぼできなくなるため、REINDEXはメンテナンス時間に実施するようにします。

実行方法は以下のようになります。

```
postgres=# REINDEX INDEX インデックス名;
postgres=# REINDEX TABLE テーブル名;
postgres=# REINDEX DATABASE データベース名;
```

REINDEX TABLEは、指定したテーブルに作成されているすべてのインデックスを再作成します。REINDEX DATABASEは、指定したデータベース内のすべてのインデックスを再作成します。

可能な限り業務処理と競合しないようにインデックスの再作成をしたい場合は、CREATE INDEX コマンドにCONCURRENTLY オプションを付けて実行し、インデックスを新たに作成する方法があります。そして不要となった旧インデックスは削除します。このオプションを使うと、強いロックをとることなくインデックスを作成できます。ただし、この場合通常のREINDEXに比べて長時間必要になることに注意しましょう。

```
postgres=# CREATE INDEX CONCURRENTLY 新規インデックス名 ON テーブル名(列名);
postgres=# DROP INDEX 旧インデックス名;
```

11.4 クラスタ化

インデックスのデータとテーブルのデータは、物理的なデータ配置が似かよっているほうが効率的なデータアクセスが可能になります。しかしながら、運用を続けていくと、次第にそれぞれの物理的なデータ配置が乖離していくことがあります。インデックスのデータに合わせて、テーブルのデータを配置し直すコマンドがCLUSTERコマンドです。このような

【4】
PostgreSQLのバージョン12では、REINDEX CONCURRENTLYがサポートされるため、参照処理や更新処理との競合を回避できるようになります。

315

データの再編成のことを「クラスタ化」といいます。

現在のデータベースオブジェクトの物理的な配置を把握するには、pg_statsビューのcorrelationが参考になります。-1.0から1.0までの値をとりますが、0に近い場合はデータがばらばらに配置していることを意味するため、CLUSTERコマンドの実行による性能向上が期待できます。

11.4.1 CLUSTERコマンド

CLUSTERコマンドは、対象のテーブルを指定のインデックス順に物理的に再作成するコマンドです（図11.3）。その際、テーブル内の不要領域は破棄されます。また、テーブルに作成されたインデックスもすべて再作成されます。CLUSTERは排他的なロックが必要となるため、他のクライアントからSQL（SELECTも含む）を実行することはできません。また、CLUSTERは対象テーブルを新たに作成するため、実施中は対象テーブルと同容量の空きスペースがディスク上に必要となります。このため、CLUSTERは運用中には実行せず、性能要件上必要があるなどの場合に限り、メンテナンス期間を設けて実行するとよいでしょう。

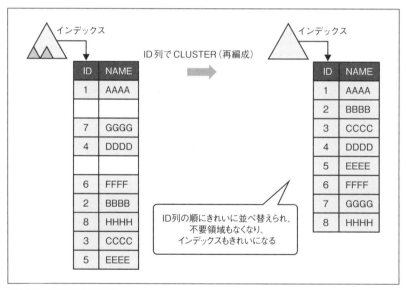

図11.3　CLUSTERの効果

CLUSTERコマンドの書式は次のとおりです。

CLUSTER テーブル名 [USING インデックス名]

もしくは

```
CLUSTER [テーブル名 [USING インデックス名]]
```

　一度CLUSTERが実行されたテーブルでは、どのキーでCLUSTERを実行したかがシステムカタログに登録されるため、以降はインデックスの指定をせずに実行できます。あるいはCLUSTERの実行前に、ALTER TABLEコマンドでCLUSTER用のキーを指定しておくことも可能です。それには、次のコマンドを実行します。

```
postgres=# ALTER TABLE テーブル名 CLUSTER ON インデックス名;
```

　なお、テーブル名も省略し、単にCLUSTERだけを実行した場合は、CLUSTER用のキーが指定されているテーブルすべてに対してCLUSTERが実行されます。CLUSTER後はテーブルのデータ分布などが変わっているため、ANALYZEコマンドを実行しておきましょう。

11.5　テーブル／インデックスの肥大化対策

　定期的にVACUUMを行っていれば、通常テーブルやインデックスは肥大化しません。ただし、自動VACUUMではなく手動VACUUMによる運用を行っていた場合、VACUUMの実施を忘れてしまったり、ロングトランザクション（長時間実行しているSQL）の影響により、テーブルのサイズが非常に大きくなることがあります[5]。この場合、VACUUMを実行しても大量の再利用可能な空き領域が生成されますが、サイズは元に戻りません。

　このように肥大化したテーブルを適切なサイズにしたい場合、VACUUM FULLコマンドを使うことになります[6]。VACUUM FULLは不慮の事態のためのメンテナンスコマンドです。頻繁に利用しなければならない場合、多くは運用に問題があります。定期的にVACUUMを実施し、ロングトランザクションがいないかをしっかりチェックしておきましょう。

11.5.1　VACUUM FULLコマンド

　VACUUM FULLコマンドは、CLUSTERコマンドと同様に、対象のテーブルを新たに作成します。このため、実施中は対象テーブルと同容量の空きスペースがディスクに必要になる点もCLUSTERコマンドと同じです。また、テーブルに作成されたインデックスもすべて再作成されます（図11.4）。VACUUM FULLの実行中は、排他ロックが必要になるため、他のクライアントからSQL（SELECTも含む）を実行することはできません。

【5】
長時間COMMITもABORTもされないトランザクションが存在する場合、そのトランザクション開始以降に削除した領域は不要領域にはならず、VACUUMはその領域を回収しません。このためテーブルサイズは肥大化していきます。pg_stat_activityのxact_startでトランザクションの開始時刻をチェックすることで、ロングトランザクションの有無を確認できます。

【6】
CLUSTERコマンドもテーブルの再作成を行うため、肥大化したテーブルを圧縮するために利用できます。

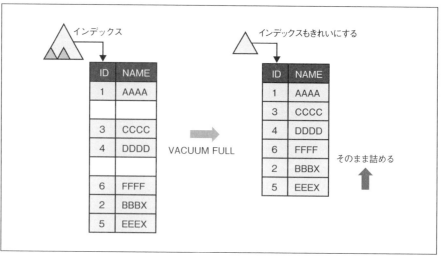

図11.4 VACUUM FULL の効果

11.6 実行計画

　本章の「11.2 統計情報の解析」で述べたように、実行計画はDBMSが内部的に作成するものでユーザーは通常意識する必要はありません。しかしながら、統計情報が更新されていない、実行計画を作成するためのパラメータが適切にチューニングされていないなどさまざまな理由から、DBMSが適切な実行計画を作成できない場合があります。思ったような性能が出ない場合、実行計画をEXPLAINコマンドを使って確認してみるとよいでしょう。

11.6.1 EXPLAINコマンド

EXPLAINコマンドを使うと実行計画を確認できます。

使い方は簡単で、実行計画を確認したいSQLの前にEXPLAINを付加します。

```
postgres=# EXPLAIN SELECT * FROM pgbench_accounts;
                     QUERY PLAN
-------------------------------------------------------------------------
 Seq Scan on pgbench_accounts  (cost=0.00..131968.00 rows=5000000 width=97)
```
❶　　　　　　　　　　　　　❸　　❹　　　　　❺　　　　　❻
　　　　　　　　　　　　　　　　❷

❶ シーケンシャルスキャンを選択
❷ この処理を実行するのにかかったコスト。PostgreSQL内部ではこのコストという値を比較することで、実行計画を選択している
❸ この処理で1行目を取得するまでにかかるコスト
❹ この処理ですべての行を受け取るのにかかるコスト
❺ この処理が出力する推定行数
❻ この処理が出力する行の平均幅（バイト）

この例では、テーブルのアクセスにテーブルを先頭から順次読み込む「シーケンシャルスキャン」と呼ばれる方法が選択されていることがわかります（図11.5）。クエリはpgbench_accountsテーブルを全件取得するものなので、シーケンシャルスキャンは妥当な実行計画といえそうです。

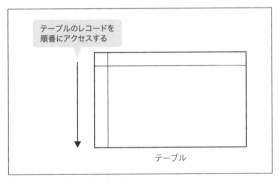

図 11.5　シーケンシャルスキャン

では全件取得ではなく、WHERE句で1件だけ取得するクエリの実行計画はどうなるでしょうか？

```
postgres=# EXPLAIN SELECT * FROM pgbench_accounts WHERE aid = 3;
                               QUERY PLAN
--------------------------------------------------------------------------
 Index Scan using pgbench_accounts_pkey on pgbench_accounts  (cost=0.43..8.45 rows=1 ❷
width=97)
   Index Cond: (aid = 3)
```

インデックスpgbench_accounts_pkeyを利用したテーブルpgbench_accountsへのインデックススキャン

今回はインデックススキャンが選択されました。「インデックススキャン」は、インデックスを利用して、取得対象のデータのテーブル上の位置を確認してから、テーブルへアクセスします（図11.6）。このSQL文のように一部のデータだけ取り出すのであれば、シーケンシャ

ルスキャンより効率的に必要なデータにアクセスができます。

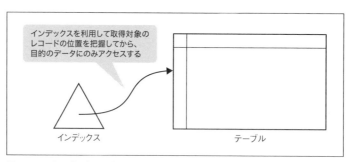

図11.6　インデックススキャン

このように、実行計画を確認することでテーブルへのアクセス方式が確認できます。インデックスを利用することを期待するクエリでシーケンシャルスキャンになっていないかなど確認してみるとよいでしょう。

もう少し複雑なSQL文も見てみましょう。クエリにORDER BY句、LIMIT句を付けてみます。

```
postgres=# EXPLAIN SELECT * FROM pgbench_accounts ORDER BY bid LIMIT 10;
                                    QUERY PLAN
-------------------------------------------------------------------------------------
 Limit  (cost=240016.20..240016.23 rows=10 width=97)
   ->  Sort  (cost=240016.20..252516.20 rows=5000000 width=97)
         Sort Key: bid
         ->  Seq Scan on pgbench_accounts  (cost=0.00..131968.00 rows=5000000 width=97)
```

LIMIT句、ORDER BY句に対応して、Limit、Sortが行われていることがわかります。Seq Scan、Limit、Sortなどは実行計画の「ノード」と呼ばれます。ノードが->で入れ子になっている場合、入れ子の深いノードから順に処理されます。今回の出力例では、テーブルpgbench_accountsをシーケンシャルスキャンし、その結果をbidをキーにSortして、Limitで10件だけ取り出していることがわかります。

■ANALYZEオプション

これまで見てきたように、EXPLAINコマンドをオプションを付けずに利用すると、実際にはクエリは実行されず、実行計画のみが得られます。このとき、ANALYZEオプションを付与すると、実際にクエリが実行され、それぞれの処理に要した時間など実行して初めてわかる情報も確認できるようになります。

たとえば以下のパラレルクエリ[7]の実行計画では、「Workers Planned」が16となってお

---

[7]
パラレルクエリについては、第4章の「4.8 パラレルクエリ」を参照してください。

り、16個のパラレルワーカが動作しそうに見えます。

```
postgres=# EXPLAIN SELECT * FROM pgbench_accounts;
                            QUERY PLAN
--------------------------------------------------------------------------------
 Gather  (cost=0.00..85093.00 rows=5000000 width=97)
   Workers Planned: 16
   -> Parallel Seq Scan on pgbench_accounts  (cost=0.00..85093.00 rows=312500➡
 width=97)
```

ところが、ANALYZEオプションを付加すると、「Workers Launched」が7となっており、実際には7個しかパラレルワーカが動作しなかったことがわかります。

```
postgres=# EXPLAIN ANALYZE SELECT * FROM pgbench_accounts;
                            QUERY PLAN
--------------------------------------------------------------------------------
 Gather  (cost=0.00..85093.00 rows=5000000 width=97) (actual time=4.911..2490.360➡
 rows=5000000 loops=1)
   Workers Planned: 16
   Workers Launched: 7
   -> Parallel Seq Scan on pgbench_accounts  (cost=0.00..85093.00 rows=312500 ➡
 width=97) (actual time=2.411..402.605 rows=625000 loops=8)
 Planning Time: 0.075 ms
 Execution Time: 2860.513 ms
```

■ BUFFERSオプション

ANALYZEオプションを付加している場合、さらにBUFFERSオプションを指定するとバッファの利用状況も確認できます。以下の例では、pgbench_accountsをスキャンする際に、3169ページは共有メモリバッファにヒットしたことがわかります。なお、ここに出力されるのはあくまでPostgreSQLの共有メモリバッファへのヒット状況です。OSのキャッシュなどにヒットしていてもEXPLAINコマンドからはわからない点に注意してください。

```
postgres=# EXPLAIN (ANALYZE, BUFFERS) SELECT * FROM pgbench_accounts ;
                            QUERY PLAN
--------------------------------------------------------------------------------
 Seq Scan on pgbench_accounts  (cost=0.00..131968.00 rows=5000000 width=97) (act➡
 ual time=0.030..1299.962 rows=5000000 loops=1)
   Buffers: shared hit=3169 read=78799
 Planning Time: 0.155 ms
 Execution Time: 1748.617 ms
```

11.6.2 実行計画の確認ポイントと対処

EXPLAINを読み解くには知識と経験が必要になりますが、EXPLAIN ANALYZEの出力からactual time（ノードで実際に処理にかかった時間）を確認し、特に時間がかかっているノードがないか確認するとよいでしょう。時間がかかっているノードがあれば、なぜそのノードの処理に時間がかかっているか考えます。

たとえば、時間のかかっているノードでは、以下のように見積件数と実際の件数に大きな乖離があったとします。

このように見積もりが大きく乖離するケースの原因としてよくあるのは、大量の更新処理実

> **さらに**
>
> EXPLAINの読み方を学びたい方は、以下の資料を参照するとよいでしょう。
>
> - 「Explaining Explain：PostgreSQLの実行計画を読む」Robert Treat著、日本PostgreSQLユーザ会 訳　https://lets.postgresql.jp/sites/default/files/2016-11/Explaining_Explain_ja.pdf
> - PostgreSQLドキュメントの第14章「性能に関するヒント」
>
> 本書では実行に時間がかかるクエリについて、EXPLAINコマンドを手動で実行することを想定して説明してきましたが、「auto_explain」というツールを使えば、実行時間が設定した閾値を超えたクエリの実行計画を自動的にログに出力させることも可能です。auto_explainは、contribモジュールと呼ばれるPostgreSQLに追加で提供されるモジュールの1つです。rpmからインストールするのであれば、postgresql11-contribなどcontribモジュールのパッケージが提供されています。次のようにインストールしてください。
>
> ```
> # yum install postgresql11-contrib
> ```
>
> 設定方法の詳細については、PostgreSQLドキュメントの付録F「追加で提供されるモジュール」などを参照してください。

行後に統計情報が更新されていないパターンです。このケースであれば、大量の更新処理
実行後にANALYZEも実行することで適切な実行計画が立てられるようになり、性能が改
善するはずです。

11.7 PostgreSQLのバージョンアップ

PostgreSQLの運用を続けていると、セキュリティ修正への対応や新機能を利用するため
に、PostgreSQLのバージョンアップが必要になることがあります。

機能追加を伴うようなバージョンアップは「メジャーバージョンアップ」と呼ばれ、通常年
に1回リリースされます。PostgreSQLコミュニティによるサポートは、最初のメジャーバー
ジョンをリリースした後5年間続きます。特別なケースを除き、メジャーバージョンのサポー
ト期限が過ぎる前にバージョンアップをしたほうがよいでしょう[8]。

一方、バグ修正やセキュリティ修正のみ実施したバージョンは「マイナーバージョン」と
呼ばれ、こちらは通常3か月に1回リリースされます。同じメジャーバージョン間では互換性
が保たれるため、メジャーバージョンアップに比べると簡単に対応できます。

【8】
各メジャーバージョンのサ
ポート期限は以下に記載さ
れています。https://www.
postgresql.org/support/
versioning/

11.7.1 PostgreSQLのバージョニングルール

PostgreSQLのバージョニングルールは、バージョン9.6以前とバージョン10以降で異なり
ます。

具体的には、バージョン9.6以前は「.」を2つ使って、9.6.1、8.3.23のようなバージョニン
グをしていました。一方バージョン10以降は「.」は1つだけ使い、10.5、11.0のようなバー
ジョニングとなりました。

いずれも、最後の「.」より後ろの数字がマイナーバージョン、それ以外がメジャーバージョ
ンと呼ばれます。

11.7.2 マイナーバージョンアップ

メジャーバージョンは変更せず、マイナーバージョンのみ変更するバージョンアップをマ
イナーバージョンアップと呼びます。

PostgreSQLは同じメジャーバージョンであれば、データの互換性が保たれるため、通常
データベースクラスタはそのまま利用できます。PostgreSQLの起動バイナリやライブラリな
どを新しいバージョンに差し替えるだけでバージョンアップが実現できます。rpmパッケー
ジを利用している場合、rpmパッケージをアップデートし、PostgreSQLを再起動すればバー

ジョンアップが完了します。

11.7.3 メジャーバージョンアップ

マイナーバージョンアップと違い、異なるメジャーバージョン間ではデータの互換性が保証されません。このため、データベースクラスタの内容を新しいバージョンに合わせて変換する必要があります。具体的には、pg_dumpやpg_dumpall、pg_upgradeなどを使う必要があります。

メジャーバージョンアップの手順の概要は以下になります。机上ですべての影響を見極めることは難しいため、開発環境などで実機確認やリハーサルを行うことをおすすめします。

1. **互換性のない変更の確認**

   メジャーバージョンアップ時は、コマンドや関数の動作や引数が変わる、システムカタログや稼働統計情報の名称・カラムが変更になる、新機能が追加になるなど、ユーザーにも影響がある変更が加わります。このような変更の影響を受けるか確認するために、メジャーバージョンのリリースノートの「バージョンxxへの移行」を確認してください。複数のメジャーバージョンにまたがってアップグレードする場合は、すべてのメジャーバージョンのリリースノートを確認する必要があります。

2. **パラメータの見直し**

   メジャーバージョンアップの際は、パラメータの追加・削除、デフォルト値の変更などがあるため、postgresql.confなどを見直します。

3. **データベースクラスタの移行**

   既存のデータベースクラスタのデータをpg_dumpallを使って論理バックアップを取得し、新バージョンのクラスタでリストアする方法と、メジャーバージョンアップ用のツールであるpg_upgradeを使う方法が主流です。以下それぞれの方法のポイントを列挙します。手順の詳細については、PostgreSQLドキュメントを参照してください。

■論理バックアップを利用する方法

pg_dumpallを利用します。バックアップを取得している間、データベースへ更新がないようアプリケーションまたはpg_hba.confを利用して制御します。

pg_dumpallを開始してからリストアが完了するまでの時間は、データベースを利用できなくなります。この時間はデータ量が多いほど長くなるため、大規模なデータベースのバージョンアップをする場合は特に長時間化しやすいです。

■pg_upgradeを利用する方法

pg_upgradeを使えば、論理バックアップに比べ高速に移行できます。pg_upgradeには大きく2つのモードがあります。

1つは、旧バージョンのデータファイルをコピーしてそれを新バージョンが使うモードです。もう1つは、コピーをせずに新バージョンが旧バージョンのデータを直接使うモードです。後者のモードを特に「リンクモード」と呼びます。この名前はLinuxのハードリンクの機能を使うことに由来しています。

リンクモードではデータのコピーを行わず、システム上の最低限のデータ変換しか行われないため、高速な移行が可能になります。ただし、リンクモードで移行したあとにPostgreSQLを起動すると、旧バージョンのデータを新バージョンで更新し始めることになります。したがって旧バージョンは移行前の状態とは変わってしまう点には注意が必要です。

Chapter 12

PostgreSQLの
バックアップとリストア

CHAPTER 12 PostgreSQLのバックアップとリストア

　バックアップは、ディスクの故障や操作ミスによるデータの破壊からシステムを守るために必要です。データベースに限らず、大切なデータは定期的にバックアップを取得しておき、データの破壊や損失を回避しなければなりません。

　バックアップについて考えるときには、その方法やスケジュールを決める前に、どのような状態に回復させる必要があるのか見定める必要があります。それによって、適切なバックアップの方法が決まります。適切なバックアップを行い、いざというときに必要な状態に戻せるようにしておきましょう。

12.1　論理バックアップと物理バックアップ

　PostgreSQLのバックアップを分類すると、大まかに論理バックアップと物理バックアップの2つに分かれます。

　論理バックアップは、pg_dumpあるいはpg_dumpallコマンドを利用してデータベースの中身をバックアップする方法です。

　物理バックアップには、2つの方法があります。PostgreSQLを停止してデータベースクラスタディレクトリをcpやrsyncコマンドなどでバックアップする方法（オフライン物理バックアップ）と、PostgreSQLを稼働させたままバックアップする方法（オンライン物理バックアップ）の2つです。

　バックアップ方法ごとの特徴を**表12.1**に示します。

表12.1　PostgreSQLのバックアップ方法と特徴

バックアップ方法	論理バックアップ	オフライン 物理バックアップ	オンライン 物理バックアップ
PostgreSQLの稼働／停止が必要か？	稼働が必要	停止が必要	稼働が必要
どこまでリカバリできるか？	バックアップの開始時点まで	バックアップの実施時点まで	ベースバックアップ取得後から障害発生直前の任意の時点まで
実施は簡単か？	簡単	簡単	やや難しい

　次節以降では、3種類のバックアップ方法（論理バックアップ、オフライン物理バックアップ、オンライン物理バックアップ）について解説していきます。

12.2　論理バックアップ

ここでは、PostgreSQLで論理バックアップを行うpg_dump/pg_dumpallと、リストアの方法について解説します。

12.2.1　pg_dump

pg_dumpコマンドは、データベースの内容をファイルなどに保存するプログラムです。テーブルに格納されているデータや、テーブル／インデックスの定義情報など、さまざまなデータベースオブジェクトの情報を論理的にバックアップできます。論理バックアップであるため、pg_dumpで作成したダンプファイルは、OSやアーキテクチャが異なるマシンでもリストアできます。また、バージョンの異なるPostgreSQLにもリストアできるため、PostgreSQLのメジャーバージョンアップを行うときのデータ移行にも使用できます[1]。

pg_dumpは、psqlなどのプログラムと同じように、PostgreSQLに接続するクライアントプログラムの1つです。そのため、ネットワーク上の他のホストからPostgreSQLに接続して、データベースのバックアップをとることもできます。pg_dumpは、バックアップを開始した時点での整合性のとれたダンプを出力します。他の接続からのデータの参照や更新を待たせることもないので、稼働中のデータベースに対しても問題なく実行できます。

■pg_dumpの使い方

pg_dumpコマンドは、データベース単位でバックアップデータを出力します[2]。pg_dumpコマンドの最も基本的な書式は、次のとおりです。

```
pg_dump -f ダンプファイル名 データベース名
pg_dump データベース名 > ダンプファイル名
```

リストアはpsqlコマンドを利用します。次のような書式で指定します。

```
psql -f ダンプファイル名 データベース名
psql データベース名 < ダンプファイル名
```

pg_dumpコマンドには数多くのオプションがありますが、ここでは主なオプションについて説明します。その他のオプションについては、PostgreSQLドキュメントの「PostgreSQLクライアントアプリケーション pg_dump」を参照してください[3]。

【1】
メジャーバージョンアップについては、第11章の「11.7 PostgreSQLのバージョンアップ」を参照してください。

【2】
pg_dumpで出力されるのはデータベース内のオブジェクトだけです。ユーザーの情報など、データベースクラスタに定義される情報が必要な場合はpg_dumpallを、postgresql.confやpg_hba.confも必要な場合は物理バックアップを利用しましょう。

【3】
https://www.postgresql.jp/document/11/html/app-pgdump.html

■ バックアップファイルの形式

「-F [ファイル形式]」または「--format=[ファイル形式]」で、バックアップの出力形式を指定できます。指定できるファイル形式は、p (プレーンテキスト形式)、t (tar形式)、c (カスタム形式)、d (ディレクトリ形式) のいずれかです。指定を省略した場合はプレーンテキスト形式になります。カスタム形式は、後述するようにリストアするオブジェクトを柔軟に選択できます。パラレルバックアップを指定した場合、出力形式はディレクトリにする必要があります。

■ バックアップ対象

「-t [テーブル名]」または「--table=テーブル名」オプションを指定すると、特定のテーブルのみをバックアップします。このとき、インデックスやシーケンスなど依存関係のあるオブジェクトがあれば、それも併せてダンプします。tar形式、カスタム形式、ディレクトリ形式では、pg_restoreのオプションとして指定できます。

「-a」または「--data-only」オプションを指定すると、データのみバックアップします。CREATE TABLE文などのスキーマ定義はバックアップしません。tar形式、カスタム形式、ディレクトリ形式では、pg_restoreのオプションとして指定することもできます。

「-s」または「--schema-only」オプションを指定すると、--aオプションとは逆に、スキーマのみバックアップします。データはバックアップしません。tar形式とカスタム形式では、こちらもpg_restoreのオプションとして指定できます。

■ パラレルバックアップ

「-j バックアップジョブ数」または「--jobs バックアップジョブ数」オプションでジョブ数を指定すると、複数プロセスによるパラレルなバックアップを実行します。データベースへのコネクション数は、「オプションで指定したジョブ数 + 1」になるため、パラメータmax_connectionsの設定などには注意してください。また当然ですが、指定数を増やすとバックアップの取得にかかる時間は減りますが、負荷は増加します。

出力フォーマットはディレクトリ形式のみサポートします。

パラレルバックアップ時には、バックアップ中に対象のテーブルが削除されないよう共有ロックをとります。このため、ダンプ中に排他ロックを取得する他のクエリがあると、バックアップが失敗することがあります。

次のコマンド例は、testデータベースに含まれるすべてのテーブルを対象に、データのみをパラレルバックアップ (ジョブ数は4) で取得しています。ダンプファイルはディレクトリ形式で/backup/sampleディレクトリへ出力しています。

```
$ pg_dump -d test -a -j 4 -Fd -f /backup/sample
```

12.2 論理バックアップ

12.2.2 pg_restore

pg_dumpで取得したtar形式やカスタム形式、ディレクトリ形式のダンプファイルから
データベースをリストアするには、pg_restoreコマンドを使います。pg_restoreコマンドの
基本的な書式は、次のとおりです。

```
pg_restore -d データベース名 ダンプファイル名
```

–dオプションで引数にデータベース名を指定した場合は、実際にダンプファイルの内容を
データベースにリストアします。データベース名の指定を省略した場合は、プレーンテキス
ト形式のダンプファイルと同様の、psqlで実行可能なSQLスクリプトを標準出力に出力しま
す。

また、プレーンテキスト形式のダンプの場合、--createや--no-ownerといったダンプファ
イルに含める情報を指定するオプションはpg_dumpの実行時に指定しますが、tar形式やカ
スタム形式、ディレクトリ形式では、これらのオプションをpg_restoreを実行するときに指
定できます。

■特定のオブジェクトのみを取り出す方法

pg_restoreコマンドに「-l」オプションを指定すると、ダンプファイルに含まれる内容のリ
ストを標準出力に出力します。このリストファイルを編集することによって、特定のオブジェ
クトだけをダンプファイルから取り出してリストアすることができます。

```
pg_restore -l ダンプファイル名 > リストファイル名
```

このコマンドによって、次のような内容のファイルが出力されます。

```
; Archive created at 2019-01-29 21:03:14 JST
;     dbname: postgres
;     TOC Entries: 82
;     Compression: -1
;     Dump Version: 1.13-0
;     Format: CUSTOM
;     Integer: 4 bytes
;     Offset: 8 bytes
;     Dumped from database version: 11.0
;     Dumped by pg_dump version: 11.0
;
;
```

12

331

PostgreSQLのバックアップとリストア

```
; Selected TOC Entries:
;
1798; 1262 16922 DATABASE - bench postgres
5; 2615 2200 SCHEMA - public postgres
1799; 0 0 COMMENT - SCHEMA public postgres
1800; 0 0 ACL - public postgres
313; 2612 11574 PROCEDURAL LANGUAGE - plpgsql postgres
1507; 1259 16929 TABLE public pgbench_accounts postgres
1505; 1259 16923 TABLE public pgbench_branches postgres
1508; 1259 16932 TABLE public pgbench_history postgres
1506; 1259 16926 TABLE public pgbench_tellers postgres
1794; 0 16929 TABLE DATA public pgbench_accounts postgres
1792; 0 16923 TABLE DATA public pgbench_branches postgres
1795; 0 16932 TABLE DATA public pgbench_history postgres
1793; 0 16926 TABLE DATA public pgbench_tellers postgres
1791; 2606 16941 CONSTRAINT public pgbench_accounts_pkey postgres
1787; 2606 16937 CONSTRAINT public pgbench_branches_pkey postgres
1789; 2606 16939 CONSTRAINT public pgbench_tellers_pkey postgres
```

セミコロン（;）で始まる行はコメントです。それ以外の各行は、それぞれダンプファイルに格納されているオブジェクトの種類を表しています。「TABLE」と記述された行はテーブルの定義、「TABLE DATA」はテーブル内の実データ、「CONSTRAINT」は主キー制約などの制約を表しています。たとえば、このファイルからpgbench_accountsテーブルのテーブル定義だけを取り出したい場合、「TABLE public pgbench_accounts」と書かれた行以外をすべてコメントにします。

```
;1798; 1262 16922 DATABASE - bench postgres
;5; 2615 2200 SCHEMA - public postgres
;1799; 0 0 COMMENT - SCHEMA public postgres
;1800; 0 0 ACL - public postgres
;313; 2612 11574 PROCEDURAL LANGUAGE - plpgsql postgres
1507; 1259 16929 TABLE public pgbench_accounts postgres
;1505; 1259 16923 TABLE public pgbench_branches postgres
;1508; 1259 16932 TABLE public pgbench_history postgres
;1506; 1259 16926 TABLE public pgbench_tellers postgres
;1794; 0 16929 TABLE DATA public pgbench_accounts postgres
;1792; 0 16923 TABLE DATA public pgbench_branches postgres
;1795; 0 16932 TABLE DATA public pgbench_history postgres
;1793; 0 16926 TABLE DATA public pgbench_tellers postgres
;1791; 2606 16941 CONSTRAINT public pgbench_accounts_pkey postgres
;1787; 2606 16937 CONSTRAINT public pgbench_branches_pkey postgres
;1789; 2606 16939 CONSTRAINT public pgbench_tellers_pkey postgres
```

編集したリストファイルを使ってダンプファイルからデータを取り出しリストアするには、「-L」または「--use-list=」オプションでリストファイル名を指定します。-dオプションでデータベース名を指定した場合は、そのデータベースにpgbench_accountsテーブルの定義をリストアします。指定しなかった場合は、標準出力にSQLスクリプトを出力します。書式は次のようになります。

```
pg_restore -L リストファイル名 -d データベース名 ダンプファイル名
pg_restore -L リストファイル名 ダンプファイル名
```

12.2.3 pg_dumpall

pg_dumpコマンドが1つのデータベースのバックアップを作成するのに対して、pg_dumpallコマンドは、データベースクラスタ内のすべてのデータベースのバックアップを作成します。また、PostgreSQLのデータベースクラスタ内には、ユーザー／ロールの情報、テーブルスペースの情報のように、すべてのデータベースで共通の情報があります。これらの情報の論理バックアップを取得するには、pg_dumpallコマンドを利用する必要があります。

pg_dumpallコマンドに「-g」または「--globals-only」オプションを指定すると、データベースクラスタ共通の情報のみが出力され、それぞれのデータベースの情報は出力されません。また、pg_dumpallコマンドは、プレーンテキスト形式のみ出力することができます。

なお、pg_dumpallコマンドは、データベースクラスタ全体の一貫性あるバックアップは取得できないことに注意してください。pg_dumpallで取得できるのは、データベース個別に一貫性を保ったダンプファイルです。これは1つの業務でデータベースクラスタ内の複数のデータベースを利用している場合問題になります。そのため、このような業務のバックアップを取得する場合は、pg_dumpallの実行中にデータベースへの処理を停止できる場合を除き、次節で解説するオンライン物理バックアップを用いる必要があります。

次のコマンド例は、全データベースからスキーマ情報のみを取得しています。ダンプファイルはテキスト形式で/backup/sampleディレクトリへ「schema.dump」というファイル名で出力しています。

```
$ pg_dump -s -f /backup/sample/schema.dump
```

12.3 オフライン物理バックアップ

オフライン物理バックアップとは、PostgreSQLを停止してからcp、rsyncなどのコマンドでデータベースクラスタをバックアップする方法です。

```
$ pg_ctl stop -D data
waiting for server to shut down.... done
server stopped

$ cp -ar data /tmp/data_bak
```

テーブルスペースを利用している場合はテーブルスペースのデータも忘れずにバックアップします。

リストアは、データベースクラスタおよびテーブルスペースのバックアップを元の場所に戻したあとでPostgreSQLを起動するだけです。リストアはバックアップの逆の手順となります。すなわち、一般的な圧縮ファイルの展開や、ファイルの移動、コピーなどを行うことになります。特にPostgreSQLとして特別なコマンドを使う必要はありません。

PostgreSQLを停止するため、とても簡単な手順でバックアップが取得できます。

12.4 オンライン物理バックアップ

ここまで紹介したバックアップは、バックアップ取得を開始した時点にしかリストアできません。オンライン物理バックアップは、手順が複雑になるものの、ベースとなるバックアップ取得後から障害発生直前の任意の時点までリストアできます。まずオンライン物理バックアップに不可欠なWALについて説明します。

12.4.1 WAL

一般に、ディスクはメモリに比べて非常に低速です。このため、たとえばデータベースに更新系のクエリが実行されるたびに、テーブルやインデックスを格納したディスク上の領域の更新が完了するまで待っていては、クエリの応答にとても長い時間がかかってしまいます。

そこでPostgreSQLでは、原則として、ユーザーからのクエリに対してはメモリ上のテーブルやインデックスのみを更新し、ディスク上のテーブルやインデックスの更新は後ほどまとめて実行（この処理をチェックポイントと呼びます）することで、応答性能の悪化を防いでいます。

このようにメモリのみ更新すれば応答性能は改善できますが、通常、メモリは揮発性の記憶装置です。サーバーの電源が落ちるなどしてしまえば、直近のチェックポイントよりあとのデータは消えてしまいます。このような障害時にもデータを復旧できるように考えられた仕組みがWAL (Write Ahead Log：ログ先行書き込み) です。

WALでは、テーブルやインデックスのデータの更新とは別に、クエリによる変更内容をディスクなどの永続化可能な記憶装置に記録します。この記録のことを「WALログ」あるいは「トランザクションログ」と呼びます（詳細についてはコラム「ログの意味」を参照）。WALログへの保存はメモリ上のテーブルやインデックスの更新に先行して行うため、「ログ"先行"書き込み」と呼ばれます。

さらに、WALログに加えて物理バックアップを取得すれば、テーブルやインデックスのデータが保存されたディスクの故障時にもデータを復旧することができます[4]。

WALログの実体は、データディレクトリ内のpg_walディレクトリに保存されている16MB（デフォルトのサイズ）のファイルです。

```
$ ls data/pg_wal/
000000010000000000000001  000000010000000000000002  archive_status/
```

クラッシュリカバリには、チェックポイント実行以前のWALログは必要ありません。また、

[4] この障害に対応するには、テーブルやインデックスを格納するディスクと、WALの出力先のディスクは別である必要があります。性能の観点からも可能であればこれらは分けたほうがよいでしょう。

ログの意味

「WALログ」あるいは「トランザクションログ」には、「ログ」という言葉が使われていますが、ユーザーが直接読むことのできるメッセージが書かれているわけではありません。このファイルは、データファイルに対する低レベルの操作が記録されるバイナリファイルです。WALログが永続化可能な記憶装置、典型的にはハードディスクに書き込まれるのを待っていたら、ディスク性能が問題になり、性能が落ちてしまうのではないかと思われるかもしれませんが、データへのアクセスの種類が違うため問題になることは滅多にありません。テーブルやインデックスの更新はディスク上のさまざまな箇所へのアクセスが必要になるため、ランダムアクセスになります。一方、WALログの書き込みは時系列に行われるため、ディスク上の連続した領域への書き込み、つまりシーケンシャルアクセスになります。ディスクは構造上、ランダムアクセスに比べてシーケンシャルアクセスが得意なため、WALの書き込みであれば、応答性能を大きく劣化させません。

PostgreSQLは、サーバーの電源停止やPostgreSQLのプロセスが異常停止しても、最後にチェックポイントが行われた位置以降のWALログを使ってデータの更新操作を再実行し、障害発生の直前の状態まで自動的に復旧を行います。この動作を「クラッシュリカバリ」と呼びます。

PostgreSQLはWALログが無限に増えてしまわないように、自動的に古いWALログファイルを削除したり再利用します。このため運用者はpg_walディレクトリ配下のWALログを操作することはありません。

WALログにはデータベースへの変更が時系列に保存されているので、以下2種類のデータがあれば、物理バックアップ取得以降最も新しいWALまでの任意の時点にリカバリすることができます。

1. データベースクラスタの物理バックアップ
2. 物理バックアップ取得以降のWALログ

任意の時点までリカバリする仕組みをPITR (Point In Time Recovery) と呼びます。PITRは、障害発生時までの最新の状態までリカバリする用途のほか、オペレーションミスなどで重要なデータを削除してしまった直前の状態まで戻るなどの用途に使われます。

PITRで指定するリカバリポイントですが、普及可能な最新の状態まで戻す、時間（復旧対象となるタイムスタンプ）を指定する、タグ[5]を指定するなどいくつかの指定方法が使えます。

なお、PITRにはいくつか制約があります。個別のテーブルやデータベースに限定して復旧することはできません。データベースクラスタ単位での復旧となります。また、物理バックアップの取得期間内への復旧はできません。PITRで復旧可能なポイントは物理バックアップ取得完了以降となります。

12.4.2 オンライン物理バックアップの設定

前項で説明したように、PostgreSQLはデフォルトではクラッシュリカバリに必要ないWALログを自動的に削除します。クラッシュリカバリをするには十分ですが、オンライン物理バックアップでは、「物理バックアップ取得以降のWALログ」が必要になります。このため、古くなったWALログをpg_walディレクトリとは別の領域に移動させます。この操作を「WALログをアーカイブする」といいます。

WALログをアーカイブするには、postgresql.confファイルのパラメータarchive_modeを有効[6]にするとともに、パラメータarchive_commandにWALログを移動するコマンドを記述します。以下のように設定すると、WALアーカイブログは/var/lib/pgsql/arcディレクトリ以下に保存されます。

```
archive_mode = on
archive_command = 'cp %p /var/lib/pgsql/arc/%f' [7]
```

---

[5] PostgreSQLの運用中にpg_create_restore_point関数を使うことで、復旧ポイントに任意の名前をつけることができます。

[6] onで有効にする以外にもalwaysにすることも可能です。onとalwaysの違いはストリーミングレプリケーションを実行した場合に現れます。onではプライマリ側でのみWALログをアーカイブしますが、alwaysではスタンバイ側でもWALログをアーカイブします。

[7] %pはWALログが出力されるディレクトリ、%fはWALアーカイブログ名に置換されます。archive_commandの戻り値は正常に動作した場合にだけ0になる必要があります。0以外が返されると、PostgreSQLはアーカイブに失敗したと判断し、再度同じWALログをアーカイブしようとします。

WALログへ出力するログのレベルを定義するパラメータ wal_level を replica または logical に設定します。minimal だとクラッシュリカバリに必要なだけの情報しか出力されないため、オンライン物理バックアップに必要なログは出力されません。ロジカルレプリケーションを使用しないのであればデフォルトの replica で十分です。

```
wal_level = replica
```

12.4.3 オンライン物理バックアップの手順

以下では非排他モードと呼ばれるバックアップ手順を説明します[8]。

なお、バックアップ実施中にデータベースへの更新があってもかまいません。pg_wal ディレクトリ配下の WAL ログがなくならない限り、その更新もリストアできます。

■ pg_start_backup()の実行

データベースクラスタの物理バックアップを取得する前に、pg_start_backup() を実行します。この接続はまた使うので切断しないようにしましょう。

```
postgres=# SELECT pg_start_backup('label', false, false);
                                      ❶        ❷      ❸
 pg_start_backup
-----------------
 0/2000028
```

第1引数は、このバックアップのラベル名です（❶）。バックアップが識別しやすい任意の名前を設定します。

pg_start_backup() 関数を実行すると、チェックポイントが実行されますが、第2引数はこのチェックポイントの負荷を調整します（❷）。true にすると全力でチェックポイントを実行するため IO 負荷が一時的に高まりますが、false にすればパラメータ checkpoint_completion_target の割合の間にわたって IO 負荷を分散できます。業務が停止しているメンテナンス時間にバックアップする場合などを除き、false にするのが安全でしょう。

第3引数を false にすることで、非排他モードでのバックアップになります（❸）。

■ 物理バックアップの取得

続いて cp、rsync コマンドなどによりデータベースクラスタの物理バックアップを取得します[9]。物理バックアップが必要になるため、pg_dump、pg_dumpall コマンドは利用できません。

以下のコマンドでは、rsync を利用してデータベースクラスタ data/ を data_bk にコピーし

【8】
バージョン9.5以前のPostgreSQLでは排他モードと呼ばれるバックアップのみ実行できました。この方式は複数のバックアップが同時に実行できない、ストリーミングレプリケーション環境ではスタンバイ側からバックアップを取得できないという制約がありました。現在は非排他モードの利用が推奨されています。

【9】
cpコマンドなどで物理バックアップを取得している間に業務からデータが更新されて問題ないのか気になるかもしれませんが、リストア時にWALログにより上書きされ、一貫性のある状態になるため問題ありません。

ています。

```
$ rsync -av --delete --exclude=pg_wal --exclude=postmaster.pid data/ data_bk
```

テーブルスペースを利用している場合はテーブルスペースのデータも忘れずにバックアップします。

■pg_stop_backup()の実行

バックアップの取得が完了したら、pg_start_backup()を実行した接続で、pg_stop_backup()を実行します。

```
postgres=# SELECT * FROM pg_stop_backup(false, true);
NOTICE:  pg_stop_backup complete, all required WAL segments have been archived
    lsn    |                          labelfile                           |
spcmapfile
-----------+--------------------------------------------------------------+----------
 0/2000428 | START WAL LOCATION: 0/2000028 (file 000000010000000000000002)+|
           | CHECKPOINT LOCATION: 0/2000060                               +|
           | BACKUP METHOD: streamed                                      +|
           | BACKUP FROM: master                                          +|
           | START TIME: 2019-01-21 21:46:06 JST                          +|
           | LABEL: label                                                 +|
           | START TIMELINE: 1                                            +|
           |                                                               |
```

バックアップしたデータベースクラスタ内にbackup_labelという名前のファイルを作成し、pg_stop_backup()の結果のうち、labelfile列の内容を保存します。

```
$ cat data_bk/backup_label
START WAL LOCATION: 0/2000028 (file 000000010000000000000002)
CHECKPOINT LOCATION: 0/2000060
BACKUP METHOD: streamed
BACKUP FROM: master
START TIME: 2019-01-21 21:46:06 JST
LABEL: label
START TIMELINE: 1
```

12.4 オンライン物理バックアップ

12.4.4 オンライン物理バックアップのリストア

リストアの基本的な手順は、次のようになります。

1. 物理バックアップをdataディレクトリに戻す
2. 最新のWALログをdataディレクトリに戻す
3. recovery.confファイル[10]を設定する
4. PostgreSQLを起動する

【10】
PostgreSQLバージョン12
からは、recovery.confファ
イルはpostgresql.conf
ファイルに統合されます。

これらの手順について具体的に見ていきましょう。最もよくあるユースケースである、可能な限り最新の状態に戻す手順を行ってみます。

■ 物理バックアップをdataディレクトリに戻す

まず、物理バックアップのファイルをdataディレクトリに戻します。PostgreSQLが起動している場合はまず停止します。現在のdataディレクトリは待避しておきましょう。特に現在のdataディレクトリ内にあるpg_walディレクトリのファイルは2番目の手順で利用するため削除してはいけません。

テーブルスペースを利用している場合は、テーブルスペースについても現在のデータの退避とバックアップからの復旧を行います。

```
$ pg_ctl stop
$ mv data data.old
$ mv data_bk/ data
```

データを復元する場合には、ファイルの権限に注意する必要があります。データベースクラスタ内のファイルの所有者がOSの管理者権限である場合、PostgreSQLは起動しません。

■ 最新のWALログをdataディレクトリに戻す

最新のWALログ（pg_wal）をdataディレクトリに戻します。これがない場合は、最後にWALログがアーカイブされたタイミングまでしかデータを復旧することができません。

```
$ cp -r data.old/pg_wal data/
```

■ recovery.confファイルを設定する

リカバリ時の挙動を制御するrecovery.confファイルの設定を行います。recovery.confファイルのサンプルがPostgreSQLのインストールディレクトリのshare/recovery.conf.sample

12

339

にあるので、これをdataディレクトリにコピーして使います。RPMからインストールした場合は、/usr/pgsql-11/share/recovery.conf.sampleに存在します。

```
$ cp /usr/pgsql-11/share/recovery.conf.sample data/recovery.conf
```

最新の状態に戻すために必要な設定はrestore_commandだけです。これは、postgresql.confのarchive_commandの逆で、アーカイブディレクトリに保存したアーカイブログファイルを戻すためのコマンドを設定します。

```
$ cat data/recovery.conf
restore_command = 'cp /var/lib/pgsql/arc/%f %p'
```

■ PostgreSQLを起動する

普段と同じように、pg_ctlやpostmasterコマンドなどでPostgreSQLを起動します。

```
$ pg_ctl start
```

PostgreSQLは、dataディレクトリ内にrecovery.confを見つけるとリカバリ処理を開始します。また、誤って再度リカバリを実行してしまわないように、リカバリが終了するとPostgreSQLはrecovery.confファイルをrecovery.doneというファイル名に変更します。

> **さらに**
>
> recovery.confにrecovery_target_time、recovery_target_xidなどを指定すると、指定の時刻や指定のトランザクションまでだけリストアすることもできます。詳細は、PostgreSQLドキュメントの第27章「リカバリの設定」を参照してください。

12.4.5 pg_basebackup

pg_basebackupコマンドを利用すると、pg_start_backup()、pg_stop_backup()を実行することなく、簡単に物理バックアップを取得できます。pg_basebackupは、次章で紹介するレプリケーションを利用してバックアップを取得します。

このため、pg_basebackupを実行するユーザーは、レプリケーションを実行する権限を持っている必要があります。また、max_wal_sendersもこのバックアップを実行するために少なくとも1つ確保する必要があります[11]。

【11】
今回の例ではpg_basebackupではWALログは取得していません(-X none)が、-Xオプションにfetchまたはstreamを指定するとpg_basebackup実行中に生成されたWALログもバックアップできます。streamを使う場合は、このWALログのバックアップのために、レプリケーションの接続をもう1つ必要とします。このため、合計2つのレプリケーションの接続が必要になります。

12.4 オンライン物理バックアップ

　pg_start_backup()、pg_stop_backup()を実行する場合、物理バックアップを取得する方法はユーザーが自由に選択できましたが、pg_basebackupを利用するとレプリケーションを利用した方式に固定されます。

　以下のコマンドを実行することで、物理バックアップを取得できます。

```
$ pg_basebackup -D data_bk -X none
```

　取得したバックアップdata_bkは、pg_start_backup()、pg_stop_backup()を利用して取得したバックアップと同じ手順でリカバリできます。

Chapter

13

レプリケーションを使う

レプリケーションを使う

13.1 レプリケーションとは

レプリケーションとは、データベースの複製を自動的に作成することです。レプリケーションの目的は大きく2つあります。1つ目はデータベースの可用性を高めること、2つ目は負荷分散を実現することです。

データベースの可用性を高めるということは、稼働率を上げるということです。たとえば、ハードウェアの故障などの原因でデータベースサーバーが停止してしまっても、レプリケーションを実施していれば、その複製を使うことでデータベースサーバーを即座に再開させることができ、稼働率を上げることができます。

負荷分散とは、ユーザーからのクエリを複数のデータベースサーバーに分散させることで、データベースサーバー群全体として処理性能を高めることです。レプリケーションによって作成した複製に対してクエリを振り分けることで、負荷分散を実現できます（図13.1）。

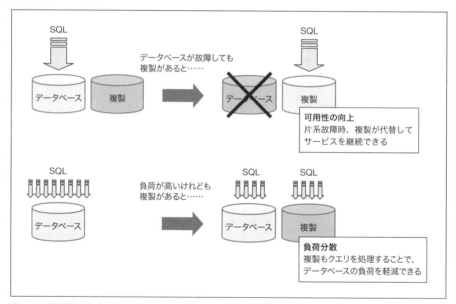

図13.1 可用性の向上と負荷分散

13.1.1 PostgreSQLのレプリケーション

PostgreSQLのレプリケーションは大きく分けると、ストリーミングレプリケーション、ロジカルレプリケーションの2種類があります。本書ではバージョン9.0で搭載され、10年近い実績があり、利用頻度の高いストリーミングレプリケーションを中心に解説します。

ストリーミングレプリケーションおよびロジカルレプリケーションのいずれも基本的な仕組みは、WALを利用したデータベースの複製です。第12章でも解説したとおり、WALにはデータベースへの変更内容がすべて記録されています。このWALを別のPostgreSQLサーバーへ転送・リカバリして複製を作ることで、レプリケーションを実現しています。

■ ストリーミングレプリケーションの特徴

ストリーミングレプリケーションでは、基本的にデータベースクラスタを丸ごと複製します。特定のテーブルだけを複製するような部分的なレプリケーションはできません。レプリケーション元となるサーバー（以下「プライマリ」と呼びます）は1台だけ設定できますが、レプリケーション先となるサーバー（以下「スタンバイ」と呼びます）は複数台設定できます。

データベースクラスタの完全な複製を作成しているため、スタンバイで更新系のクエリは実行できません。スタンバイで実行できるのは参照系のクエリのみです[1]。

[1] スタンバイで実行できる具体的な参照系のクエリは、PostgreSQLドキュメントの第26章の「26.5. ホットスタンバイ」を参照してください。

13.1.2 ストリーミングレプリケーションのアーキテクチャ

ストリーミングレプリケーションのアーキテクチャを図13.2に示します。

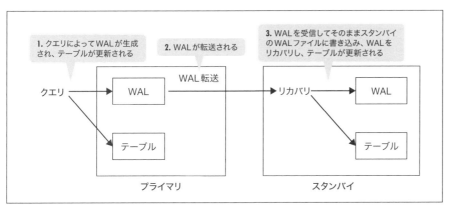

図13.2　ストリーミングレプリケーションのアーキテクチャ

プライマリはWALを生成するとともに、そのWALをスタンバイへ転送します。スタンバイは転送されたWALをリカバリすることで、レプリケーションを実現します。

ストリーミングレプリケーションでは、WALは特に変更を加えられることなく、そのままリカバリされます。したがって、スタンバイはプライマリから送られるWALをそのまま適用できる必要があります。このため、プライマリとスタンバイは、以下の条件を満たす必要があります。

CHAPTER 13 レプリケーションを使う

- PostgreSQLのメジャーバージョンが同じであること
- ハードウェアやOSのアーキテクチャが同じであること

13.1.3 ロジカルレプリケーション

次に、ロジカルレプリケーションについて概要を説明します[2]。

これまで解説してきたストリーミングレプリケーションには、以下の制約があります。

- 部分的なレプリケーション（一部のテーブルだけのレプリケーションなど）はできない
- 異なるメジャーバージョンのPostgreSQL間、異なるアーキテクチャのOS上で動作するPostgreSQL間ではレプリケーションできない
- スタンバイは更新処理を受け付けない

ロジカルレプリケーションでは、このような制約を受けず柔軟なレプリケーションが可能になります（図13.3）。これは、ストリーミングレプリケーションのようにそのままWALをリカバリするのではなく、レプリケーション元であるパブリッシャ（ストリーミングレプリケーションのプライマリ相当）がWALをデコード（解読）してからレプリケーション先のサブスクライバに転送するからです。

[2] 本章でロジカルレプリケーションについて扱うのはこの項のみです。

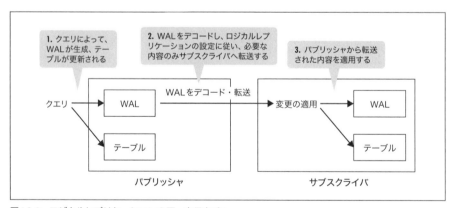

図13.3　ロジカルレプリケーションのアーキテクチャ

このように論理的なレベルでレプリケーションを行うことで、PostgreSQLのバージョンやOSのアーキテクチャに依存しないレプリケーションが可能になりました。また、特定の操作だけ抽出し、部分的なレプリケーションも実現できます。さらに、部分的なレプリケーションが可能になった以上、レプリケーション先であるサブスクライバ（ストリーミングレプリケーションでのスタンバイ相当）はプライマリの完全な複製ではなくなるため、サブスクライバで

の更新処理も可能になっています。

まとめると、ロジカルレプリケーションには以下の特徴があります。

- 部分的なレプリケーション（たとえば一部のテーブルだけレプリケーションする、または INSERTだけレプリケーションするなど）が可能
- 異なるメジャーバージョンのPostgreSQL間、異なるアーキテクチャのOS上で動作する PostgreSQL間でのレプリケーションが可能
- サブスクライバは更新処理も可能

ただし、ロジカルレプリケーションはストリーミングレプリケーションの上位互換ではありません。以下のような制約があるので注意してください。

- **レプリケーションできないものがある**
  CREATE TABLEなどのDDLはレプリケーションされません。また、ラージオブジェクトやシーケンスオブジェクトなど通常のテーブル以外のオブジェクトはレプリケーションされません[3]。

- **競合が発生する可能性がある**
  サブスクライバ側での更新とレプリケーションの内容が競合してしまった場合、たとえば主キーが重複した場合、レプリケーションは停止します。レプリケーションを再開するには、運用者が競合内容を修正する必要があります。

- **パブリッシャ側でコミットされた内容のみコミット完了後にレプリケーションされる**
  逐次変更内容が送信されるストリーミングレプリケーションと異なり、ロジカルレプリケーションではレプリケーション対象がコミットされるまでサブスクライバには何も送信されません。1トランザクション内で大量の更新をする場合、ストリーミングレプリケーションに比べサブスクライバ側での反映に時間がかかります。

13.2　ストリーミングレプリケーション環境の構築

本節では、ストリーミングレプリケーション環境を構築します。

【3】
ここで挙げた以外のレプリケーション対象外の操作およびオブジェクトについては、PostgreSQLドキュメントの第31章の「31.4. 制限事項」を参照してください。

13.2.1 プライマリ1台、スタンバイ1台のレプリケーション構成

まず最もシンプルなプライマリ1台、スタンバイ1台の2台のレプリケーション環境を構築してみましょう（図13.4）。

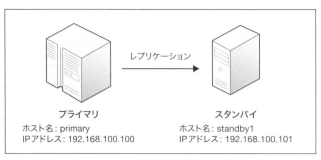

図13.4　プライマリ1台、スタンバイ1台のレプリケーション構成

■ プライマリの設定

プライマリでデータベースクラスタを作成します。

```
(primary)$ initdb -D data
```

スタンバイからレプリケーションによる接続を許可するために、data/pg_hba.confの末尾に次の1行を追加します。

```
(primary)$ vim data/pg_hba.conf
host    replication    all              192.168.100.0/24        trust    ←この行を追加
```

ここでは簡単にするためにすべてのインターフェイスからのTCP/IP接続を受け付けるよう設定します。

後述するpg_rewindを利用できるようにするため、wal_log_hintsもオン（on）に設定しておきます[4]。

```
(primary)$ vim data/postgresql.conf
listen_addresses = '*'
wal_log_hints = on
```

PostgreSQLを起動します。

---

[4] pg_rewindを利用しない場合、またはpg_rewindを利用してもデータベースクラスタのチェックサムを有効にしている場合は、wal_log_hintsを設定する必要はありません。

```
(primary)$ pg_ctl start -D data
```

■スタンバイの設定

プライマリで作成したデータベースクラスタを、pg_basebackupを利用してスタンバイに複製します。-Rを指定することで、pg_basebackupにレプリケーション用のrecovery.confを作成させることができます。

```
(standby1)$ pg_basebackup -h 192.168.100.100 -D data --progress -R
```

次のようにスタンバイのデータベースクラスタを起動すると、レプリケーションが開始します。

```
(standby1)$ pg_ctl start -D data
```

実際にレプリケーションされているか確認してみましょう。
プライマリ側でテーブルを作成します。

```
(primary)$ psql
(primary)$ =# CREATE TABLE rep_test(i int);
```

\dコマンドで中身を確認してみましょう。以下のように、スタンバイ側にもテーブルが作成されているのがわかります。

```
(standby1)$ psql
(standby1)=# \d rep_test
            Table "public.rep_test"
 Column |  Type   | Collation | Nullable | Default
--------+---------+-----------+----------+---------
 i      | integer |           |          |
```

作成したテーブルにプライマリ側からデータを挿入します。

```
(primary)=# INSERT INTO rep_test VALUES (1),(2),(3);
```

SELECT文で確認してみると、以下のように、スタンバイ側にも同じデータがレプリケーションされました。

```
(standby1)=# SELECT * FROM rep_test ;
 i
---
 1
 2
 3
```

レプリケーション状況はpg_stat_replicationビューから確認することができます。1つのレプリケーションにつき1行の情報が出力されます。

```
(primary)=# SELECT client_addr, application_name, sync_state FROM pg_stat_replication;
   client_addr    | application_name | sync_state
------------------+------------------+------------
 192.168.100.101  | walreceiver      | async
```

13.2.2 プライマリ1台、スタンバイ2台のレプリケーション構成

今度はスタンバイの台数を2台に増やしてみましょう（図13.5）。

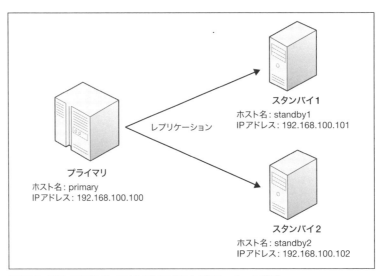

図13.5　プライマリ1台、スタンバイ2台のレプリケーション構成

手順は簡単で、単純にスタンバイをもう1台構築するだけです。

```
(standby2)$ pg_basebackup -h 192.168.100.100 -D data --progress -R
```

スタンバイのデータベースクラスタを起動すると、レプリケーションが開始されます。

```
(standby2)$ pg_ctl start -D data
```

2つレプリケーションを実行しているため、pg_stat_replicationビューを確認すると、2行出力されます。

```
(primary)=# SELECT client_addr, application_name, sync_state FROM pg_stat_replication;
   client_addr   | application_name | sync_state
-----------------+------------------+------------
 192.168.100.101 | walreceiver      | async
 192.168.100.102 | walreceiver      | async
```

■ パラメータ

ほとんどパラメータを変更することなくレプリケーション環境を構築できました。これはレプリケーションに必要な設定がデフォルトで有効になっているものが多いためですが、主要なパラメータについては押さえておきましょう（表13.1）。各パラメータの利用例は以降の節で紹介します。

表13.1　ストリーミングレプリケーションに関連する主要なパラメータ

パラメータ名	説明	設定対象	設定方針
wal_level	WALログの出力レベル	プライマリ	replicaかlogicalに設定
hot_standby	スタンバイへの参照クエリの可否	スタンバイ	参照負荷分散をする場合はonにする
max_wal_senders	walsender（プライマリ側でwalを送信するプロセス）の最大数	プライマリ	レプリケーションに必要な数を設定。pg_basebackupを利用する場合はその分も加算
max_replication_slots	レプリケーションスロットの最大数	プライマリ	レプリケーションスロットを利用する数を設定。pg_basebackupを利用する場合はその分も加算
synchronous_commit	トランザクションのコミットが成功した旨をクライアントへ通知するタイミング	プライマリ	業務要件に合わせて、onかremote_applyを選択する[5] on：同期スタンバイがWALをディスクへ書き込み後 remote_apply：同期スタンバイで当該のトランザクションによる変更結果が参照可能になったあと
wal_log_hints	ヒントビット[6]と呼ばれる情報をWALに出力するか	プライマリ	pg_rewindを実行する場合はonにする[7]

【5】
offに設定した場合、同期スタンバイの応答のみならず、プライマリでのWALのディスク書き込みも待つことなくクライアントへ応答を返します。このため、障害発生時にはコミット済みのトランザクションの内容も失われる可能性があるため、通常利用しません。

【6】
各レコードデータのヘッダーに記録される情報です。そのレコードを追記したトランザクションがコミットされたかアボートされたかを判別するために付与されます。

【7】
チェックサム（第8章の「8.2 チェックサム」参照）が有効である場合は、wal_log_hintがoffでもpg_rewindは利用可能です。

レプリケーションを使う

13.3 さまざまなレプリケーションの機能

ストリーミングレプリケーションの中にもさまざまな機能があります。本節では主要な機能を解説します。

13.3.1 同期/非同期レプリケーション

■ 同期と非同期の違い

レプリケーション構成を組んでいる場合、クライアントがプライマリへクエリを実行した場合、プライマリはクライアントへいつ応答を返すのが適切でしょうか？

WALを出力するそもそもの目的は、障害時にもデータがなくならないようにすることでした[8]。とすれば、通常少なくともプライマリのWALの書き込みが完了したあとでしょう。では、スタンバイのWALの書き込みについても待つべきでしょうか？

レプリケーションの目的の1つに可用性があることを挙げましたが、データのロストを許容するかどうかの信頼性の観点も重要です。信頼性を保ちつつ可用性の向上を目指すならば、スタンバイのWALも書き込んだあとにクライアントへ応答を返したほうが適切とも思えます。しかしながら、通常スタンバイとの通信はネットワークを経由する必要があり、スタンバイのWAL書き込みを待つのには相応の時間がかかります。このためレスポンスタイムの悪化という性能影響が発生します。

一方、スタンバイでのWAL書き込みを待たないとすると性能影響は小さくなります。ところが、プライマリが故障した場合に、スタンバイにWALが書き込まれていないケースが発生してしまうから、信頼性が犠牲になってしまいます。

このようにいつ応答を返すかという問題は、信頼性と性能どちらを選択するかという問題になります。

PostgreSQLでは、前者のようにスタンバイでWALが書き込まれたあとに（つまり同期をとってから）クライアントへ応答を返すタイプのレプリケーションを同期レプリケーションと呼んでいます（図13.6）。後者のようにプライマリでのWAL書き込みが完了したらクライアントへの応答を返し、スタンバイへのWAL書き込みは待たない（つまり同期をとらない）タイプのレプリケーションを非同期レプリケーションと呼んでいます。PostgreSQLはどちらの方式もサポートしています。どちらを選択するかは信頼性/性能それぞれの要件から決定しましょう。

---

[8]
詳細については、第12章の「12.4.1 WAL」を参照してください。

13.3 さまざまなレプリケーションの機能

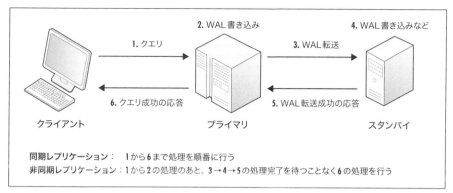

図13.6 同期レプリケーションと非同期レプリケーション

■ 同期レプリケーション環境の構築

デフォルトではPostgreSQLは非同期レプリケーションで動作します。これはpg_stat_replicationビューのsync_stateがasyncになっていることから確認できます。前節で構築したレプリケーション構成で確認してみましょう。

```
(primary)=# SELECT client_addr, sync_state FROM pg_stat_replication;
   client_addr   | application_name | sync_state
-----------------+------------------+------------
 192.168.100.101 | walreceiver      | async
```

それではこの非同期レプリケーションを、同期レプリケーションに変更してみましょう。

まずスタンバイのrecovery.confのprimary_conninfoにapplication_nameを追加します。この例では「sby1」としていますが、他の文字列でも問題ありません。

```
(standby1)$ vim data/recovery.conf
```

```
primary_conninfo = 'user=postgres passfile=''/home/postgres/.pgpass'' host=192.168.
100.100 port=5432 sslmode=prefer sslcompression=0 krbsrvname=postgres target_sessio
n_attrs=any application_name=sby1'
```

プライマリのpostgresql.confのsynchronous_standby_namesに、スタンバイで設定したapplication_nameを指定します。

```
(primary)$ vim data/postgresql.conf
synchronous_standby_names = 'sby1'
```

レプリケーションを使う

PostgreSQLの設定を再読み込みしてから再起動します。

```
(primary)$ pg_ctl reload -D data
(standby1)$ pg_ctl restart -D data
```

pg_stat_replicationビューのsync_stateがsyncになり、同期レプリケーションに変更できたことが確認できます。

```
(primary)=# SELECT client_addr, application_name, sync_state FROM pg_stat_replication;
   client_addr   | application_name | sync_state
-----------------+------------------+------------
 192.168.100.101 | sby1             | sync
```

■スタンバイの応答タイミング

同期レプリケーションでは、スタンバイがWALを書き込むまでクライアントは待たされます。ここで注意が必要なのは、スタンバイが待たされるのは、デフォルトではあくまでWALの〈書き込み〉までであって、WALの〈リカバリ〉までではない点です。つまり、クライアントが更新を行った直後にスタンバイを参照しても、その更新結果はまだ参照できない可能性があるということです。同期レプリケーションという名称からは、直観的に更新結果が反映されるまで待ちそうな印象を受けますが、デフォルトの動作はあくまでWALのディスクへの書き込みまでです。

更新結果がスタンバイで参照できるようになるまで待つよう設定することも可能です。このためには、パラメータsynchronous_commitをデフォルトのonから、remote_applyに変更します。remote_applyに設定した場合、その分クライアントへの応答時間は長くなります。

■スタンバイ故障の影響

非同期レプリケーションでは、スタンバイが故障してもプライマリは単独で動作します。一方、同期レプリケーションでは、応答が必要なスタンバイが故障すると、更新系の処理などがスタンバイが復旧するまで完了しなくなります。これは、同期レプリケーションの原則通り、プライマリはスタンバイの応答を待ち続けるためです。

以下にスタンバイのPostgreSQLを停止した場合の例を示します。

```
(standby1)$ pg_ctl stop -D data
(primary)$ psql
(primary)=# INSERT INTO rep_test VALUES (4);
                                              ──────応答が返ってこない
```

13.3 さまざまなレプリケーションの機能

　スタンバイ故障時にプライマリを単独で動作させるには、故障したsynchronous_standby_namesを修正し、設定を再読み込みします[9]。

```
(primary)$ vim data/postgresql.conf
synchronous_standby_names = ''

(primary)$ pg_ctl reload -D data
```

13.3.2 マルチ同期レプリケーション

　複数のスタンバイに対して同期レプリケーション構成をとることも可能です。
　先ほど、2台のスタンバイを構築した際には2台とも非同期レプリケーションでした。以下では、もう1台スタンバイサーバーを追加し、合計3台のスタンバイを立てます。そして3台のうち特定の2台を同期レプリケーション、残りの1台を非同期レプリケーションにする構成をとってみましょう。
　2台目のスタンバイを同期レプリケーションに変更します。前回と同様に、スタンバイのrecovery.confのprimary_conninfoにapplication_nameを追加します。ここでは「sby2」というapplication_nameを設定しました。

```
(standby2)$ vim data/recovery.conf
primary_conninfo = 'user=postgres passfile=''/home/postgres/.pgpass'' host=192.168.➡
100.100 port=5432 sslmode=prefer sslcompression=0 krbsrvname=postgres target_sessio➡
n_attrs=any application_name=sby2
```

　application_nameは「sby3」として、3台目も同様に作成してみましょう。手順は2台目と同様ですので省きます。
　さて、プライマリのpostgresql.confのsynchronous_standby_namesを変更します。

```
(primary)$ vim data/postgresql.conf
synchronous_standby_names = 'FIRST 2 (sby1, sby2, sby3)'
```

　synchronous_standby_namesの設定が複雑になっていますが、丸括弧内のサーバー群について、「FIRSTつまり先頭から2台を同期レプリケーションとする」という意味になります。
　プライマリサーバーの設定を再読み込みさせたら、pg_stat_replicationビューを確認してみましょう。sby1とsby2の2台が同期レプリケーション構成となっています。

【9】
今回は手動で変更を実施しましたが、PacemakerやPgpool-IIなどの高可用性ソフトウェアを利用すると、この操作をスタンバイ故障時に自動的に実行させることが可能です。

13

355

```
(primary)$ pg_ctl reload -D data

(primary)=# SELECT client_addr, application_name, sync_state FROM pg_stat_replicati⏎
on ORDER BY client_addr;
   client_addr   | application_name | sync_state
-----------------+------------------+------------
 192.168.100.101 | sby1             | sync           ──── sby1は同期レプリケーション
 192.168.100.102 | sby2             | sync           ──── sby2は同期レプリケーション
 192.168.100.103 | sby3             | potential
```

sby3のsync_stateがpotentialとなっていますが、これはsby1とsby2いずれかとレプリケーションができなくなった場合、sby3が同期レプリケーション対象に昇格するということです。たとえばsby2を停止させると、potentialとなっていたsby3が同期レプリケーション対象になります。

```
(standby2)$ pg_ctl stop -D data

postgres=# SELECT client_addr, application_name, sync_state FROM pg_stat_replicatio⏎
n ORDER BY client_addr;
   client_addr   | application_name | sync_state
-----------------+------------------+------------
 192.168.100.101 | sby1             | sync
 192.168.100.103 | sby3             | sync
```

■クォーラムコミット

同期レプリケーションを複数台構成できることはわかりましたが、紹介したレプリケーション構成だと、sby3が応答を即時に返していても、sby1とsby2の両方から応答が返ってこないとプライマリはクライアントに応答できません。つまり、同期レプリケーション対象のスタンバイのうち、1台でも応答が遅れたサーバーがあると、たとえ非同期レプリケーション対象のスタンバイが応答していても、クライアントへの応答性能は同期スタンバイの遅延の影響をそのまま受けてしまいます。特定のスタンバイへの同期が要件であれば仕方がないですが、「3台中とにかく2台から応答があればいい」という要件の場合、この動作は最適とはいえません。

そこでPostgreSQLは、特定のスタンバイではなく、指定したスタンバイサーバー群からあらかじめ定めた定足数（クォーラム）の応答があればクライアントへ応答を返す「クォーラムコミット」と呼ばれる機能を提供しています。

それではクォーラムコミットを有効にしてみましょう。前述のマルチ同期レプリケーションの設定例のsynchronous_standby_namesをFIRSTからANYに変更してください。これで、sby1、sby2、sby3のうちいずれか（ANY）2台からの応答を待つ設定になります。

13.3 さまざまなレプリケーションの機能

```
(primary)$ vim data/postgresql.conf
synchronous_standby_names = 'ANY 2 (sby1, sby2, sby3)'
```

　クォーラムコミットが有効になっている場合、pg_stat_replication ビューでは sync_state が quorum となります。

```
(primary)$ pg_ctl reload -D data
```

```
postgres=# SELECT client_addr, application_name, sync_state FROM pg_stat_replicati ➡
on ORDER BY client_addr;
   client_addr   | application_name | sync_state
-----------------+------------------+------------
 192.168.100.101 | sby1            | quorum
 192.168.100.102 | sby2            | quorum
 192.168.100.103 | sby3            | quorum
```

13.3.3 レプリケーションの遅延への対応

　レプリケーションは常に順調に進むとは限りません。ネットワークに遅延や障害が発生した場合や、一時的にスタンバイを停止した場合、非同期レプリケーションではスタンバイがプライマリから大きく遅延することがあります。pg_wal ディレクトリ配下の WAL ログは自動で削除されるため、レプリケーションが大きく遅延すると、スタンバイが必要とする WAL が削除されてしまい、レプリケーションが継続できなくなります。

　必要な WAL がないためレプリケーションが継続できなくなった場合、スタンバイに以下のようなログが出力されます。

```
could not receive data from WAL stream: ERROR:  requested WAL segment
000000010000000000000001C has already been removed
```

　本節ではレプリケーション遅延への対処方法について説明します。

■ アーカイブWAL

　WAL のアーカイブ[10]を有効にしている場合、ストリーミングレプリケーションは pg_wal ディレクトリ配下に加え、アーカイブされた WAL を使ってマスターに追いつくことができます。

　アーカイブ WAL を利用するには、プライマリで WAL のアーカイブを有効にするとともに、スタンバイの recovery.conf のパラメータ restore_command にプライマリのアーカイブを取得するコマンドを記載します。次に、primary の /var/lib/pgsql/arc ディレクトリへアーカイブログを出力し、スタンバイから scp でそのアーカイブログを取得する設定例を示します。

【10】
詳細については、第12章の「12.4.1 WAL」を参照してください。

13

357

CHAPTER 13 レプリケーションを使う

```
(primary)$ vim data/postgresql.conf
archive_mode=on
archive_command = 'cp %p /var/lib/pgsql/arc/%f'
(primary) $ pg_ctl restart -D data

(standby)$ vim data/recovery.conf
restore_command = 'scp 192.168.100.100:/var/lib/pgsql/arc/%f %p'
(standby)$ pg_ctl restart -D data
```

アーカイブログが蓄積してディスクフルとなるのを防ぐため、通常古いアーカイブログを定期的に削除する運用を行います。このためWALをアーカイブしていても、スタンバイが必要とするアーカイブログが削除されたためにレプリケーションが継続できなくなることはあります。

■ wal_keep_segments

パラメータwal_keep_segmentsを設定すると、スタンバイが必要になる場合に備え、指定した量のWALをpg_walディレクトリ内にとっておくことができます。このパラメータをスタンバイのために必要十分な量に設定すればよいのですが、その量を推測する必要があり、チューニングが難しいパラメータの1つです。

■ レプリケーションスロット

スタンバイが必要とするWALを削除してしまう原因は、プライマリは各スタンバイがどのWALまで受け取ったか把握していない点にあります。レプリケーションスロット[11]と呼ばれる機能を使うと、プライマリは各スタンバイの進捗を把握し、必要なWALはスタンバイが利用するまで削除しなくなります。

では、レプリケーションスロットを作成してみましょう。

```
(primary)=# SELECT * FROM pg_create_physical_replication_slot('slot_for_sby1');
   slot_name   | lsn
---------------+------
 slot_for_sby1 |

(primary)=# SELECT slot_name, active, restart_lsn FROM pg_replication_slots;
   slot_name   | active | restart_lsn
---------------+--------+--------------
 slot_for_sby1 | f      |
```

sby1とのレプリケーションにスロットを利用してみましょう。recovery.confのパラメータprimary_slot_nameに作成したスロット名を指定します。

[11] 後述のレプリケーションの衝突を防ぐ効果もあります。

```
(standby1)$ vim data/recovery.conf
primary_slot_name = 'slot_for_sby1'

(standby1)$ pg_ctl restart -D data
```

pg_replication_slotsビューを確認すると、スロットがアクティブになっていることが確認できます。restart_lsnによってsby1で必要になる可能性のあるWALの位置が管理されています。

```
(primary)=# SELECT slot_name, active, restart_lsn FROM pg_replication_slots;
   slot_name   | active | restart_lsn
---------------+--------+-------------
 slot_for_sby1 | t      | 0/5017A00
```

レプリケーションスロットを利用すると、スタンバイが必要とするWALが削除されることはなくなりますが、不要になったレプリケーションスロットの消し忘れには注意が必要です。スタンバイを削除したものの、レプリケーションスロットが残存していると、プライマリはディスクが一杯になるまでWALをため続けます[12]。PostgreSQLクラスタのスイッチオーバー／フェイルオーバー時は、特にレプリケーションスロットの消し忘れ／作り忘れに注意が必要です。

13.3.4 カスケードレプリケーション

ここまでスタンバイはプライマリからレプリケーションをしていましたが、スタンバイからさらに別のスタンバイへレプリケーションすることも可能です。これをカスケードレプリケーションと呼びます（図13.7）。カスケードレプリケーションを利用すると、プライマリに直接接続するレプリケーションの接続数が減るため、プライマリの負荷を軽減することができます。

カスケードレプリケーションでのスタンバイ－スタンバイ間のレプリケーションは非同期レプリケーションのみ可能です。

[12] レプリケーションスロットの一種である「テンポラリレプリケーションスロット」では、セッションが切断したりエラーが発生した場合、スロットが自動的に削除されます。この機能は、特定のセッション内でのみスロットが必要な場合に利用します。たとえばpg_basebackupで作成するレプリケーションスロットはテンポラリレプリケーションスロットです。

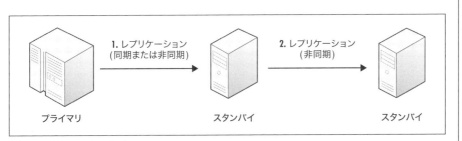

図13.7　カスケードレプリケーション

CHAPTER 13 レプリケーションを使う

sby3のレプリケーション元をsby1に変更して、カスケードレプリケーション環境を作ってみましょう。

```
(standby3)$ vim data/recovery.conf
primary_conninfo = 'user=postgres passfile=''/home/postgres/.pgpass'' host=192.168.⏎
100.101 port=5432 sslmode=prefer sslcompression=0 krbsrvname=postgres target_sessio⏎
n_attrs=any application_name=sby3'────────── hostのIPアドレスを
                                              standby1のものに変更
(standby3)$ pg_ctl restart -D data
```

sby1のpg_stat_replicationビューを確認してみましょう。

```
(standby1)=# SELECT client_addr, application_name, sync_state FROM pg_stat_replication
ORDER BY client_addr;
   client_addr   | application_name | sync_state
-----------------+------------------+------------
 192.168.100.103 | sby3             | async
```

13.4 レプリケーションの運用

本節ではレプリケーションの運用時に確認すべき内容や操作などについて紹介します。レプリケーションの構成は、プライマリ1台、同期スタンバイ1台とします[13]。

13.4.1 レプリケーション状況の確認

レプリケーションの状況は、ここまでもたびたび確認してきたpg_stat_replicationビューから確認できます[14]。

■レプリケーション実施状況

state列を確認します（**表13.2**）。'streaming'となっていれば正常にレプリケーションが動作しています。

表13.2 pg_stat_replication.state

値	意味
streaming	スタンバイがプライマリに追いつき、現在の更新をストリーミングで反映中
catchup	スタンバイがプライマリに追いつき中
startup	レプリケーション処理を開始中
stopping	レプリケーション処理を停止中
backup	backup処理中

[13]
この構成の構築については本章の「13.3.1 同期／非同期レプリケーション」の「同期レプリケーション環境の構築」を参照してください。

[14]
pg_stat_replicationビューはプライマリ側から確認しますが、スタンバイ側からはpg_stat_wal_receiverビューで確認できます。

13.4　レプリケーションの運用

■同期レプリケーションの実施状況

　同じくsync_state列を確認します（**表13.3**）。どういう状況下で各列の値をとるのか具体例は前節を確認してください。

表13.3　pg_stat_replication.sync_state

値	意味
async	非同期レプリケーション
sync	同期レプリケーション
potential	同期レプリケーション候補。現在は非同期レプリケーション
quorum	クォーラムのスタンバイ

■遅延状況

　前節の「13.3.3　レプリケーションの遅延への対応」でも説明したように、レプリケーションが遅延すると、レプリケーションが継続できなくなるなどの問題が発生します。

　現在のレプリケーションの遅延状況はpg_stat_replicationビューのwrite_lag、flush_lag、replay_lag列で確認できます[15]。スタンバイへのクエリで確認可能になるまでの遅延を把握するのであれば、replay_lagを見るとよいでしょう。

```
(primary)=# SELECT client_addr, application_name, sync_state, write_lag, flush_lag, ➡
replay_lag FROM pg_stat_replication WHERE application_name = 'sby1';
 client_addr    | applicat | sync_ |   write_lag    |    flush_lag    |   replay_lag
                | ion_name | state |                |                 |
----------------+----------+-------+----------------+-----------------+-----------------
 192.168.100.101 | sby1    | async | 00:00:00.003536 | 00:00:00.012762 | 00:00:00.029003
```

遅延がない場合、特に何も出力されません。

```
(primary)=# SELECT client_addr, application_name, sync_state, write_lag, flush_lag, ➡
replay_lag FROM pg_stat_replication WHERE application_name = 'sby1';
 client_addr    | application_name | sync_state | write_lag | flush_lag | replay_lag
----------------+------------------+------------+-----------+-----------+------------
 192.168.100.101 | sby1            | async      |           |           |
```

13.4.2　フェイルオーバーとフェイルバック

■フェイルオーバー

　プライマリが故障した場合に、スタンバイをプライマリに昇格させることをフェイルオーバーといいます（**図13.8**）。PostgreSQLでは、pg_ctlコマンドのpromoteモード、あるいは

【15】
それぞれ、プライマリでWALをディスクに書き込んだ時刻と、スタンバイでWALをwrite／ディスク書き込み／リカバリした旨のメッセージをプライマリが受け取った時刻の差を示します。

13

トリガーファイルを利用することで、スタンバイをプライマリへ昇格させることができます。

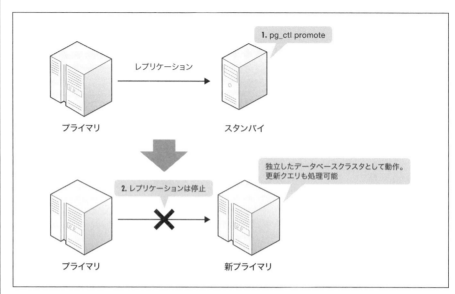

図13.8 フェイルオーバー

ここでは、プライマリ1台、スタンバイ1台の同期レプリケーション構成で、スタンバイにフェイルオーバーさせてみましょう。

まず障害を模してプライマリを停止します。

```
(primary)$ pg_ctl stop -D data -m immediate
```

スタンバイはこの時点では昇格前なので、更新系の処理はエラーとなります。

```
(standby)=# INSERT INTO rep_test VALUES (10);
ERROR:  cannot execute INSERT in a read-only transaction
```

スタンバイを昇格させます。

```
(standby)$ pg_ctl promote -D data
waiting for server to promote.... done
server promoted
```

昇格後は、更新系の処理も受け付け可能になります。

```
(standby)=# INSERT INTO rep_test VALUES (10);
INSERT 0 1
```

この例では、昇格したことを確認するために実際にデータを投入しましたが、リカバリを実施中かどうかを返す`pg_is_in_recovery()`という関数を使うこともできます。この関数は、スタンバイとして動作している場合はリカバリ実施中なので「t」(true)を返しますが、昇格後はリカバリはしないので「f」(false)を返します。この関数を使えば、上の例のようにデータを投入して確認する必要はありません。実際の運用では`pg_is_in_recovery()`を使うほうが便利でしょう。

このようにPostgreSQLはフェイルオーバーを行う仕組みは備えていますが、プライマリの障害を検知し自動的にスタンバイの昇格を行うこと（自動フェイルオーバー）はPostgreSQL単体ではできません。Pgpool-IIやPacemakerなどと組み合わせる必要があります。

さらに

プライマリ故障時のトランザクションは、クライアントがコミット後にレスポンスを受け取らなかった場合でも、スタンバイ昇格後はコミットされている可能性がある点に注意しましょう（図13.9）。

スタンバイが当該トランザクションの内容をWALに書き込み後、かつプライマリがクライアントへ応答を返す前にプライマリが故障した場合、クライアントには未コミットに見えていたものの、新プライマリではコミット済みとなります。

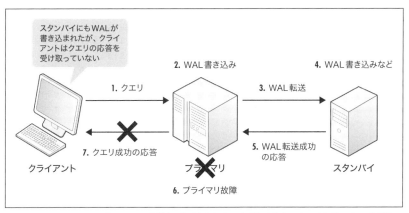

図13.9　クライアントがコミット応答を受け取らなかったが、新プライマリにはコミット済みであるケース

実際に新プライマリに反映済みかどうかは、障害発生後に運用者が確認する必要があります。

■フェイルバック（旧プライマリの再組み込み）

フェイルオーバー後は冗長性が低下するので、旧プライマリをスタンバイとして再度組み込んで冗長性を元の水準に戻してみましょう。

再組み込みをするには、故障時点で更新が止まっている新スタンバイの情報をアップデートする必要がありますが、大きく2つの方法があります。

1. pg_basebackupなどを使って、新プライマリのデータベースクラスタを新スタンバイへ複製する
2. pg_rewindを使って、新スタンバイがすでに持っているデータベースクラスタの内容を新プライマリへ追従させる

1つ目の方法は旧プライマリのデータベースクラスタは捨てて、ゼロからデータベースクラスタを作り直すことになります。シンプルな点がメリットですが、データベースのサイズが大きい場合、冗長性が低下した状態が長く続き、かつその間データの取得によって新プライマリに負荷もかかってしまいます。

ここでは、2つ目の方法について紹介します。

本章の「13.2 ストリーミングレプリケーション環境の構築」で述べたように、pg_rewindを動作させるためには、パラメータ wal_log_hints がオン (on) である必要があります。それでは、postgresql.conf を確認してみましょう。

```
(旧primary)$ vim data/postgresql.conf
wal_log_hints = on
```

プライマリはimmediateモードで停止しましたが、pg_rewindを利用する際は、データベースクラスタは正常にシャットダウンされている必要があります。このため、旧プライマリをいったん起動・停止します[16]。

```
(旧primary)$ pg_ctl start -D data
(旧primary)$ pg_ctl stop -D data
```

pg_rewindはreplication権限を持つデータベースユーザーでの実施が必要です。また、データベースサーバー上のファイルやディレクトリを参照するための、いくつかの関数実行権限も必要になります。そのため基本的にはスーパーユーザーによる実施を行うとよいでしょう。このために以下の定義を追加します。

```
(旧standby1)$ vim data/pg_hba.conf
host    postgres    postgres            192.168.100.0/24        trust

(旧standby1)$ pg_ctl reload -D data
```

[16]
正常にシャットダウンしていない状況でpg_rewindを実行すると、以下のようなメッセージが出力されます。

target server must be shut down cleanly
Failure, exiting

pg_rewindを実行します。

```
(旧primary)$ pg_rewind --source-server="host=192.168.100.101" -D data
servers diverged at WAL location 0/3019238 on timeline 1
rewinding from last common checkpoint at 0/3019190 on timeline 1
Done!
```

これで旧スタンバイに追従できました。あとは、旧プライマリをスタンバイとして組み込むための設定を加えます。

まず旧プライマリにrecovery.confを新規に作成します。旧プライマリのapplication_nameは「sby0」としました。

```
(旧primary)$ vim data/recovery.conf
standby_mode = 'on'
primary_conninfo = 'user=postgres passfile=''/home/postgres/.pgpass'' host=192.168.➡
100.101 port=5432 sslmode=prefer sslcompression=0 krbsrvname=postgres target_sessio➡
n_attrs=any application_name=sby0'
```

旧スタンバイにパラメータsynchronous_standby_namesを定義し、「sby0」を追加します。

```
(旧standby1)$ vim data/postgresql.conf
synchronous_standby_names = 'sby0'
(旧standby1)$ pg_ctl reload -D data
```

旧プライマリを起動します。

```
(旧primary)$ pg_ctl start -D data
```

SELECT文で確認してみると、スタンバイとして組み込まれたことがわかります。

```
(旧standby1)$ psql
(旧standby1)$ =# SELECT client_addr, application_name, sync_state FROM pg_stat_rep➡
lication;
-[ RECORD 1 ]----+----------------
client_addr      | 192.168.100.100
application_name | sby0
sync_state       | sync
```

13.4.3 レプリケーションの衝突

レプリケーションの衝突とは、スタンバイ側で参照しようとしたデータが、プライマリ側で削除されたり、ロックがとられているなどの理由で競合することです。

典型的なのは、スタンバイ側で参照しようとしたデータが、プライマリ側ではすでにUPDATEやDELETEで削除され、さらにそれがVACUUMで回収されているようなケースです（図13.10）。この場合、スタンバイにVACUUMの結果がレプリケーションされ該当の不要行を削除しようとしますが、参照している処理があるため結果として競合が発生します[17]。

[17] 競合するパターンの詳細については、PostgreSQLドキュメントの第26章の「26.5.2. 問い合わせコンフリクトの処理」を参照してください。

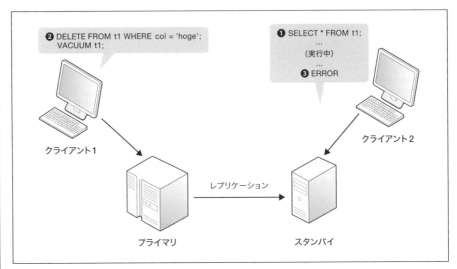

図13.10 プライマリのVACUUMとの競合

競合が発生しクエリがキャンセルされた場合、以下のようなメッセージが出力されます。

```
ERROR:  canceling statement due to conflict with recovery
DETAIL:  User query might have needed to see row versions that must be removed.
```

■レプリケーション衝突の対策

競合が発生する原因は、スタンバイが現在処理をしている問い合わせのことをプライマリが把握していない点にあります。

スタンバイ側でパラメータhot_standby_feedbackを有効にすると、スタンバイは現在処理中の問い合わせをプライマリにフィードバックします。こうすることで、プライマリはスタンバイの処理内容も加味してVACUUMなどを行うことができるようになるため、クエリがキャ

ンセルされにくくなります。ただし、その分プライマリで不要行の回収が遅延します。

その他にも競合や結果としてのクエリのキャンセルを防ぐことができるパラメータとして、ややチューニングが難しいですが以下のものがあります。

- vacuum_defer_cleanup_age パラメータ
プライマリのVACUUMで回収するトランザクションにどれだけの余裕を見込むかを指定します。この値を大きく設定すれば、競合は発生しにくくなりますが、VACUUMによる不要行の回収は遅れます。
- max_standby_streaming_delay パラメータ
競合が発生した場合にクエリをキャンセルする前に、レプリケーションの適用をどれだけ遅延させるかを指定します。デフォルトは30秒間ですが、より大きな値や-1に設定しクエリのキャンセルをしないよう設定すればクエリはキャンセルされにくくなります。一方でWALの適用は遅延します。

どのパラメータをチューニングするにせよ、スタンバイへの参照クエリとプライマリのVACUUM処理やレプリケーションの進行の間にはトレードオフの関係にあります。業務要件に照らして、どちらを優先するか決めてからチューニングするようにしてください。

索引

記号

; （SQL文の終わり）	75
" （二重引用符）	76
||	187
$ （正規表現）	159
$user	78
¥0	170
¥d （メタ文字）	159
¥w （メタ文字）	159
&amp;	143
&gt;	139, 143
&lt;	139, 143
.bash_profile	30
.pgpass ファイル	251
* （SQL）	85
_fsm	257
_vm	257
\ （エスケープ）	159
\copy	249
\d	75, 283
\di	75
\du	75
\dv	75
\ds	75
\dS	75
\dt	75
\df	75
\dp	286
\dn	75
\encoding	262
\h	75
\l	75
\password	278, 279
\q	75
\r	75
\timing	75
+ （改行）	286
^ （正規表現）	159
- （正規表現）	159
[ ] （正規表現）	159
{,} （正規表現）	159
~ （正規表現）	158

A

ABORT	105
abs関数	87
actual time	322
ALTER DEFAULT PRIVILEGES	284
ALTER ROLE	281
ALTER SYSTEM	268, 269
ANALYZEオプション	320, 321
ANALYZEコマンド	314
application_name	297, 304
ASC	193
auto_explain	322
autovacuum	302
autovacuum_analyze_scale_factor	310
autovacuum_analyze_threshold	310
autovacuum_freeze_max_age	310
autovacuum launcher	247
autovacuum_max_workers	254
autovacuum_vacuum_scale_factor	310
autovacuum_vacuum_threshold	310
autovacuum worker	247
avg関数	86

B

backend_start	304
background writer	247
baseディレクトリ	256
BEGINコマンド	102
BitMapScan	303
blks_hit	301
blks_read	301
BOMなしUTF-8	130
bool_and関数	86
bool_or関数	86
break;	149
BRIN	95
B-tree	95
BUFFERSオプション	321

C

CASCADEオプション	78, 101
char_length関数	87
CHECK制約	98, 158
checkpointer	246
client_addr	304
client_encoding	262, 268
client_min_messages	295
client_port	304
CLUSTER	315, 316
clusterdb	20
comments.parent_comment_id	160
COMMIT	104
contribモジュール	291, 322

COPYコマンド	115
COPY文	249
count関数	86
COUNT関数	191, 214
CP932	262
createdb	20, 39
−T	261
CREATE INDEX	94
CONCURRENTLY	315
CREATE ROLE	281
CREATE SCHEMA	77
CREATE SEQUENCE	81
CREATE TABLE	79, 80
CREATE TEMP TABLE構文	235
createuserコマンド	20, 39
CSRF攻撃	163
ctype_digit関数	147, 221
current_schema()	77

D

D修飾子	177
data_checksums	265
DBMS	2
DCL（Data Control Language）	72
DDL（Data Definition Language）	72, 77
deadlock_timeout	298
DECLARE CURSORコマンド	111
default_charset	263
DEFAULT（制約）	98
DELETE権限	287
DELETEコマンド	88
DELETE文	149
DESC	193
DML（Data Manipulation Language）	72, 82
dropdb	20
DROP INDEX	95
DROP SCHEMA	78
DROP SEQUENCE	81
DROP TABLE	81
dropuser	20

E

empty関数	134
encode関数	264
EPEL	28
EUC_JP	262
every関数	86
EXPLAIN	113, 318, 322
BUFFERSオプション	321

EXPLAIN ANALYZE	253, 320

F

FETCHコマンド	111
fetchAllメソッド	133, 134
filter_input関数	164
FOREIGN KEY	98

G

GIN	95, 314
GiST	95, 314
globalディレクトリ	257
GRANT	283, 284
GROUP BY句	90

H

HAVING句	91
hash_equals関数	164
hostnosslレコード	291
hostsslレコード	291
hostレコード	291
HOT	302
hot_standby	351
htmlspecialchars関数	135, 139, 142, 143, 145, 147, 162

I

idx_scan	303
idx_tup_fetch	303
idx_tup_read	303
if	133, 134
IN演算子	191
information_schemaスキーマ	77
initdbコマンド	20, 32
−D	32
−E	32, 261
−−encoding	32, 261
−k	265
−−no-locale	33, 260
−−pgdataまたは-D	32
−U	33
INSERTコマンド	82, 83
INSERT文	129, 149
iostatコマンド	305
ISOLATION LEVEL	102

J

Java	264
JOIN句	91, 191

369

L

last_analyze	302
last_autoanalyze	302
last_autovacuum	302
last_vacuum	302
libpq	250
～で使える環境変数	250
LIMIT	192
LIMIT...OFFSET	89
listen_addresses	34, 274, 275
LOCK TABLE	109
log_autovacuum_min_duration	312
log_checkpoints	298
log_destination	34, 294
log_filename	299
logger	246
logging_collector	246, 294
logical replication launcher	247
log_line_prefix	296, 297
log_lock_waits	298
log_min_duration_statement	296, 297
log_min_error_statement	295
log_min_messages	295
log_rotation_age	299
log_rotation_size	299
log_statement	297
log_temp_files	253, 298
log_truncate_on_rotation	299
lower関数	87, 159, 284, 285

M

maintenance_work_mem	254
max関数	86
max_connections	268
max_parallel_workers	113
max_parallel_workers_per_gather	113
max_replication_slots	351
max_standby_streaming_delay	367
max_wal_senders	351
max_wal_size	258
max_worker_processes	113
mb_check_encoding関数	170
md5	278
min関数	86
min_parallel_index_scan_size	113
min_parallel_table_scan_size	113
min_wal_size	258

N

net userコマンド	15
NO ACTION	101
NOT NULL制約	96
n_tup_del	302
n_tup_ins	302
n_tup_upd	302
NULLバイト	170
number_format関数	135

O

OFFSET	192
OID	256
ON DELETE CASCADE	160
ON DELETE SET NULL	160
OpenSSL	291
OR条件	187
ORDER BY句	192
OSの情報	305

P

parallel worker	248
password_hash関数	179, 187
password_verify関数	187
PDO	131
beginTransactionメソッド	240
commitメソッド	241
executeメソッド	138
fetchメソッド	147
fetchColumnメソッド	140
prepareメソッド	138, 140
エラーモード	133
PDOクラス	130, 133
PDOドライバー	127
PDO::ERRMODE_EXCEPTION	131
PDOStatementオブジェクト	133
permission deniedエラー	64
pgAdmin 4	42, 129
クエリツール	60
グループロールの作成	68
サーバーの追加	43
テーブルの作成	48
テーブルスペースの管理	63
バックアップ	69
メンテナンス	62
リストア	70
ログインロールの作成	65
pg_catalogスキーマ	77
PGCLIENTENCODING	251, 262

pg_controldata	20
pgcrypto	291
pg_ctl	20
-c	270
-D	266
register	35
reload	268
restart	268, 275
start	266
status	266
stop	267
stop -m	267
unregister	36
pg_current_logfile関数	87
PGDATA	266
pg_database	256
PGDATABASE	251
pg_database_size関数	304
pg_dump	20, 324
pg_dumpall	20, 324
pg_hba.conf	34, 274-277
PGHOST	250, 251
PGHOSTADDR	251
PGOPTIONS	251
PGPASSWORD	251
PGPORT	251
pg_postmaster_start_time関数	87
pg_relation_filepath関数	256
pg_relation_size関数	304
pg_restore	20
pg_settingsビュー	270
contextフィールド	270
sourceフィールド	270, 271
pg_size_pretty関数	305
pg_stat_activityビュー	303
pg_stat_all_tablesビュー	312
pg_stat_databaseビュー	300
pg_stat_progress_vacuumビュー	313
pg_stat_user_indexesビュー	302
pg_stat_user_tablesビュー	301
pg_tblspcディレクトリ	257
pg_temp_1スキーマ	77
pg_toast_temp_1スキーマ	77
pg_toastスキーマ	77
pg_total_relation_size関数	305
pg_upgrade	324, 325
PGUSER	251
pg_verify_checksums	265
pg_walディレクトリ	258

pg_xlog	258
PHP	118
break;	149
ctype_digit関数	147, 221
empty関数	134
fetchAllメソッド	133, 134
filter_input関数	164
hash_equals関数	164
htmlspecialchars関数	135, 139, 142, 143, 145, 147, 162
if	133, 134
mb_check_encoding関数	170
number_format関数	135
password_hash関数	179, 187
password_verify関数	187
queryメソッド	133
random_bytes関数	164
rawurlencode関数	141, 145
session_regenerate_id関数	184
spl_autoload_register関数	165
switch文	149
インストール	118-120
制御構造	133
phpinfoファイル	125
php.ini	121
php.ini-development	121
php.ini-production	121, 131
pi関数	87
postgres	20
postgres（プロセス）	245, 246
POSTGRES	4
Postgres95	4
PostgreSQL	4
アンインストール	25
アンインストール（Yum）	31
インストール	10, 12-20
インストール（Yum）	28
公式Webサイト	7
データベースファイル	254
動作環境	11
～の起動	31, 266
～の停止	267
～のプロセス	244
バージョニングルール	323
バージョンアップ	323
postgresql11-contrib	322
postgresql.auto.conf	269
postgresql.conf	34, 267, 268, 274, 294
postmaster	245, 246

pow関数	87
PRIMARY KEY	97
psコマンド	305
psql	20, 39, 72, 129, 248
-c	73
-f	73
-h	73
-l	73, 260
-p	73
〜の起動	72
バックスラッシュコマンド	74
publicスキーマ	77
Punycode変換	178

Q

queryメソッド	133
query_start	304

R

random_bytes関数	164
rawurlencode関数	141, 145
RDBMS	3
READ COMMITTED	103
READ UNCOMMITTED	103
RECURSIVE修飾子	236
REFERENCESキーワード	98, 99
REFERENCES…ON DELETE CASCADE	160
REINDEX	315
reject	277
REPEATABLE READ	103
REPLACEMENT CHARACTER	144
RESTRICT	101
REVOKE	283
RLS	281
ROLLBACK	105, 241

S

SAVEPOINT	106, 107
scコマンド	
delete	37
startコマンド	37
stopコマンド	37
scram-sha-256	278, 279
search_path	285
SELECT	84
SELECT…AS	89
SELECT…FOR UPDATE	109
SELECT権限がない場合	287
SERIALIZABLE	103

session_regenerate_id関数	184
SETコマンド	269
DEFAULT	101
NULL	101
shared_buffers	253
SHOW	78
SJIS	262
SP-GiST	95
spl_autoload_register関数	165
SQL	72
遅い〜	296
〜の処理	246
SQLインジェクション	140
SQL文の終わり	75
ssl_ciphers	291
stats collector	247
stddev関数	86
su - コマンド	38
substring関数	87
sum関数	86
switch文	149
synchronous_commit	351
syslog	305
systemctlコマンド	38

T

TOAST	257
topコマンド	305
TRUNCATE	116
trust	276
tup_deleted	301
tup_fetched	301
tup_inserted	301
tup_returned	301
tup_updated	301

U

UNION	236
UNION ALL	236
UNIQUE制約	96, 159
UPDATE権限	287
UPDATEコマンド	87
UPDATE文	147, 149
USING句	95
UTF-8	122
UTF8	264
UTF-8N	130
UTF16	264

V

VACUUM	308, 309, 311
FULL	317
VERBOSE	311
～の状況確認	312
vacuum_cost_delay	311
vacuumdb	20
vacuum_defer_cleanup_age	367
variance関数	86
version関数	87
vmstat コマンド	305

W

WAL (Write Ahead Log)	253, 258, 335
WALバッファ	253
WALログ	335
wait_event	304
wait_event_type	304
wal_keep_segments	358
wal_level	351
wal_log_hints	348, 351
walreceiver	248
walsender	248
walwriter	247
WHERE句	86
Windows-31j	262
WITH問い合わせ	234, 235
WITH RECURSIVE	161, 236, 237
workerプロセス	111
work_mem	253, 254

X

xact_commit	301
xact_rollback	301
xact_start	304
XSS	139

Y

Yum (Yellowdog Updater Modified)	26
Yumリポジトリの設定	26

あ

アーカイブWAL	357
アクセス制御	274
データベースオブジェクトへの～	281, 282
ユーザーによる～	280, 281

い

一時ファイルの情報	298

インデックス	93, 314
使用時の注意点	94
～の一覧を表示	75
～の削除	95
～の作成	94
～の種類	95
～の断片化	314
～の肥大化対策	317
インデックススキャン	319, 320

え

エクゼキュータ	246
エラー出力に関する考え方	131
エラーメッセージ	76

お

遅いSQL文	296
大文字と小文字の区別	76
オブジェクトサイズ	304
オブジェクト識別子	256
オプティマイザ	246

か

カーソル	111
外部キー	99
外部キー制約	98
被参照列の更新時および削除時の振る舞い	101
格納パラメータ	271
隔離レベル	102, 103, 112
カスケードレプリケーション	359
稼働統計情報	247, 300, 310
可用性	344
環境変数の設定	122–125
関係	3
関係モデル	3
関数	87
～の一覧を表示	75

き

幾何型	80
旧プライマリの再組み込み	364
行セキュリティポリシー	281, 289
行の参照の許可	289
共有メモリバッファ	247, 252

く

クエリツール	60
クォーラムコミット	356
クライアントエンコーディング	261, 262

373

クライアント認証	275
クラスタ化	315, 316
グループロール	65, 68
クロスサイトスクリプティング	139
クロスサイトリクエストフォージェリ	163

け

結合	91
WHERE句を使って〜	92
権限	
〜の確認	286
〜の種類	286
〜の剥奪	283, 284
権限の付与	283
オブジェクトへの〜	283
スキーマへの〜	284

こ

降順	193
コマンドの取り消し	88
コミット	104

さ

サーチパス	285
〜の保護	284
サーバー	
〜の起動	34
〜の自動起動（Linux）	38
〜自動起動（Windows）	35
〜の設定	33
〜の追加（pgAdmin 4）	43
〜の停止	34
サービス	
〜の登録	38
〜の登録解除	36
再帰クエリ	236, 237
再帰SQL	161
サブクエリ	92
三項演算子	147
参照列	99

し

シーケンス	81
〜の一覧を表示	75
〜の削除	81
〜の作成	81
システムカタログ	256
システムテーブル	111
〜の一覧を表示	75

実行計画	113, 246, 318
〜の確認ポイント	322
自動VACUUM	310
集約関数	86
主キー	52
主キー制約	97
手動VACUUM	311
昇順	193
所有者	282

す

数値型	79
スーパーユーザー	282
スキーマ	77, 284
〜の削除	78
〜の作成	77
〜の有効利用	78
スタックビルダ	20
スタンバイ	345
ストリーミングレプリケーション	344, 345
〜環境の構築	347
主要なパラメータ	351
スロークエリ	296

せ

正規表現	158, 159
制約	48, 52, 96
制約違反	57
セーブポイント	106
セッション固定化攻撃	122
接続の制御	274
全文検索	95, 314

そ

ソルト	179
ソルトハッシュ	179

た

ターゲットリスト	85
ダーティバッファ	247
ダーティリード	103

ち

チェックサム	265
チェック制約	98
チェックポイント	247, 298

つ

追記型アーキテクチャ	308

374

通信の暗号化 290

て

停止モード 267
データ
　〜の格納 54, 55
　〜の検索 58, 84
　〜の更新 87
　〜の削除 57, 88
　〜の挿入 82
データ型 79
データ操作文 82
データ定義文 77
データベース 2
　〜の可用性 344
　〜の構築 46
　〜の作成 39, 129
　〜への接続 130
　〜へのログイン 40
データベースエンコーディング 261
データベース管理システム 2
データベースクラスタ 31, 32
　〜のバージョンアップ 37
データベースファイルの格納場所 254
データベースプログラミングの要点 151
データモデル 3
テーブル 3
　〜の結合 91
　〜の削除 81
　〜の作成 79, 129
　〜の作成（pgAdmin 4） 48
　〜の肥大化対策 317
テーブル空間 47
テーブルスペース 47, 63
テーブル名 79
テキストエディタ 130
デフォルト制約 98

と

同期レプリケーション 352
　〜環境の構築 353
統計情報コレクタ 247, 300
統計情報
　稼働〜 247, 300, 310
　〜の解析 313
　〜の更新 62
同時実行制御 2
トランザクション 88, 101, 241
　〜の開始 102
　〜の隔離レベル 102, 103, 112
　〜のコミット 104
　〜のロールバック 105
トランザクション処理 240
トリガ 282

な

内部結合 191

に

二重引用符 76
日本語の扱い 260
認証 275, 278, 279

ね

ネットワークアドレス型 80

は

パーサー 246
ハードディスクの空き容量 10
バイナリセーフでない関数 170
バイナリ列データ型 80
パスワード
　〜に "ソルト" を加える 179
　〜を変更したい場合 15
パスワード認証 278
パスワードファイル 251
バックアップ 69
バックエンド 244
バックエンドプロセス 245
バックエンドプロトコル 250
バックスラッシュコマンド 74, 75
ハッシュ 95
パラレル安全 111
パラレルクエリ 110, 113, 248
　〜が実行される条件 111
　〜を使うための設定 112
反復不能読み取り 103

ひ

被参照列 99
日付／時間型 79
ビットデータ型 80
非同期レプリケーション 352
ビュー 246, 270
　〜の一覧を表示 75
ビルトインウェブサーバーの起動 **125-128 125
ヒントビット 351

375

ふ

ファイルノード番号	256
ファントムリード	103
フェイルオーバー	361
フェイルバック	364
負荷分散	344
副問い合わせ	92
プライマリ	345
プランナ	246
プリペアドステートメント	137, 140
プログラム	244
プロセス	244
フロントエンド	244
フロントエンドプロセス	248
フロントエンドプロトコル	250
プロンプト	73, 74

へ

別名	89

ま

マイナーバージョンアップ	323

め

メジャーバージョンアップ	324
メタ文字	159
メモリ構造	252
メモリの容量	10
メンテナンス	62
メンテナンスワークメモリ	254

も

文字エンコーディング	122
文字型	79
文字コード	130, 261
～を確認する	264
文字実体参照	135

ゆ

ユーザー	
～の一覧を表示	75
～の環境設定	30
～の作成	38
～を削除したい場合	15
ユーザー定義関数	290
ユニーク制約	96

り

リカバリ	336, 345

リ

リストア	70
リライタ	246
リレーショナルデータベース管理システム	3
リレーション	3

る

ループバックアドレス	274

れ

列挙型	80
列の参照の許可	287
列名	79
レプリケーション	344
～状況の確認	360
～の衝突	366
～の遅延	357
レプリケーションスロット	358

ろ

ロール	65
ロールバック	105
ログ	335
～の監視	294
～の出力先	294
ログアウト	40
ログイン	40
ログインロール	65
ログ出力内容の設定	296
ログ先行書き込み	335
ログレベル	294, 295
ログローテーション	299
ロケール	260
ロジカルレプリケーション	344, 346
ロック	108
ロック獲得待ちの情報	298
論理値型	80
～の値の挿入方法	83
論理バックアップ	324

わ

ワークメモリ	253

■監修者紹介

石井 達夫 (いしい たつお)

SRA OSS, Inc.日本支社で支社長として経営に携わりつつ、PostgreSQL関連の研究開発を担当。PostgreSQL開発には初期の頃から関わっているほか、PostgreSQL専用のクラスタ管理ソフトPgpool-IIの開発者でもある。趣味はプログレからクラシックまでの幅広い（節操がないとも言う）音楽鑑賞。

■執筆者紹介

近藤 雄太 (こんどう ゆうた)

2013年にSRA OSS, Inc.日本支社に入社後、一貫してPostgreSQLのビジネスに従事。近年は、PostgreSQLのサポートや技術支援の担当のほか、PostgreSQLをベースにしたデータベース製品PowerGresの開発リーダーを務める。趣味はカラオケ。

正野 裕大 (まさの ゆうた)

2012年にSRA OSS, Inc.日本支社に入社。現在はPostgreSQLトレーニングのリーダーとして、運営管理、講師、テキスト開発を行うほか、PostgreSQLのサポートや技術支援を担当する。趣味は散歩。

坂井 潔 (さかい きよし)

システムエンジニアとしてソフトウェアハウスに勤務後、フリーランス契約スタッフとして（有）第四企画に在籍。大規模企業システムなどでPostgreSQLを使ったサイト構築を行う。趣味は歩くこと。

鳥越 淳 (とりこし あつし)

株式会社NTTデータ所属。2008年頃からオープンソースソフトウェアの技術調査や案件導入に従事。PostgreSQLについては、NTTデータおよびNTT OSSセンタにてトラブルシュートや技術調査を実施してきた。最近の趣味は河豚の飼育と観察。

笠原 辰仁 (かさはら たつひと)

株式会社NTTデータ所属。2004年頃より、PostgreSQLのサポートや開発、検証業務に従事。最近は社内でのPostgreSQL適用に向けた技術支援や技術者育成などに注力。趣味はお酒。

装丁&本文デザイン	轟木亜紀子／阿保裕美（株式会社トップスタジオ）
DTP	川月現大（有限会社風工舎）
レビュー協力	藤井雅雄

PostgreSQL 徹底入門 第4版
インストールから機能・仕組み、アプリ作り、管理・運用まで

2019年10月 4日　初版第1刷発行
2024年 3月 5日　初版第4刷発行

著　者	近藤 雄太（こんどう ゆうた）
	正野 裕大（まさの ゆうた）
	坂井 潔（さかい きよし）
	鳥越 淳（とりこし あつし）
	笠原 辰仁（かさはら たつひと）
監　修	石井 達夫（いしい たつお）
発行人	佐々木 幹夫
発行所	株式会社 翔泳社（https://www.shoeisha.co.jp）
印刷・製本	日経印刷株式会社

©2019　Tatsuo Ishii / Yuta Kondo / Yuta Masano / Kiyoshi Sakai /
Atsushi Torikoshi / Tatsuhito Kasahara

※本書は著作権法上の保護を受けています。本書の一部または全部について、
　株式会社 翔泳社から文書による許諾を得ずに、いかなる方法においても無断
　で複写、複製することは禁じられています。
※本書へのお問い合わせについては、下記の内容をお読みください。落丁・乱
　丁はお取り替えいたします。03-5362-3705までご連絡ください。

ISBN 978-4-7981-6043-6　　　　　　　　　　Printed in Japan

本書内容に関するお問い合わせについて

本書に関するご質問、正誤表については下記のWebサイトをご参照ください。
お電話によるお問い合わせについては、お受けしておりません。

　　正誤表　　　　　　　　● https://www.shoeisha.co.jp/book/errata/
　　書籍に関するお問い合わせ ● https://www.shoeisha.co.jp/book/qa/

インターネットをご利用でない場合は、FAXまたは郵便にて、下記にお問い合わせください。

　　送付先住所 〒160-0006　東京都新宿区舟町5
　　（株）翔泳社 愛読者サービスセンター　　FAX番号：03-5362-3818

ご質問に際してのご注意

本書の対象を超えるもの、記述個所を特定されないもの、また読者固有の環境に起因するご質問等にはお答えできませんので、あらかじめご了承ください。

※本書に記載されたURL等は予告なく変更される場合があります。
※本書の出版にあたっては正確な記述につとめましたが、著者や出版社などのいずれも、本書の内容に対してなんらかの保証をするものではなく、内容やサンプルに基づくいかなる運用結果に関してもいっさいの責任を負いません。
※本書に掲載されているサンプルプログラムやスクリプト、および実行結果を記した画面イメージなどは、特定の設定に基づいた環境にて再現される一例です。
※本書に記載されている会社名、製品名はそれぞれ各社の商標および登録商標です。